怎样识读
建筑电气施工图

刘利国　主编

中国电力出版社
CHINA ELECTRIC POWER PRESS

内 容 提 要

全书共分七章，主要内容包括：建筑电气施工识图基本知识、动力及照明系统施工图识读、建筑变配电施工图识读、送电线路工程图识读、常用建筑电气设备控制电路图识读、建筑弱电工程施工图的识读、建筑防雷与接地工程图识读。

本书以建筑电气工程图识读的基本知识和方法为主线，强调了在理解电气系统图原理的基础上，如何掌握快速识图的方法和技巧。内容全面、实用；以"易学、易懂、易掌握"为指导，以通俗易懂的文字、图表为主的表现形式，有条理、有重点、有指导性地阐述了工程图绘制与识读的相关专业知识，具有很强的实用价值。

本书可作为高职高专建筑工程技术及相关专业的教材，也可作为建筑电气工程技术人员的参考书。

图书在版编目（CIP）数据

怎样识读建筑电气施工图/刘利国主编. —北京：中国电力出版社，2016.7（2019.8重印）
ISBN 978-7-5123-9219-9

Ⅰ. ①怎… Ⅱ. ①刘… Ⅲ. ①建筑工程-电气施工-建筑制图-识别 Ⅳ. ①TU85

中国版本图书馆 CIP 数据核字（2016）第 077807 号

中国电力出版社出版、发行

（北京市东城区北京站西街 19 号　100005　http：//www. cepp. sgcc. com. cn）

航远印刷有限公司印刷

各地新华书店经售

*

2016 年 7 月第一版　2019 年 8 月北京第三次印刷

787 毫米×1092 毫米　16 开本　21.25 印张　492 千字

印数 4001—5500 册　定价 55.00 元

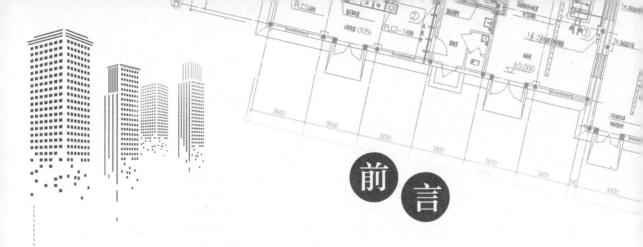

前言

　　计算机、通信等新技术向建筑领域的拓展应用，使得建筑电气技术发生了很大变化，建筑电气的概念超出了传统的范畴，特别是弱电系统内容迅速扩充，向智能化建筑方向飞速发展。同时，建筑电气工程的内容越来越丰富，电气施工图不论是数量或是内容都发生了很大的变化。

　　本书内容主要包括：建筑电气施工识图基本知识、动力及照明施工图识读、建筑变配电施工图识读、送电线路工程图识读、常用建筑电气设备控制电路图识读、建筑弱电工程施工图的识读、建筑防雷与接地工程图识读。

　　本书以建筑电气工程图识读的基本知识和方法为主线，强调了在理解电气系统图原理的基础上，如何掌握快速识图的方法和技巧。本书内容全面、实用；以"易学、易懂、易掌握"为指导，以通俗易懂的文字、图表为主的表现形式，有条理、有重点、有指导性地阐述了工程图绘制与识读的相关专业知识，具有很强的实用价值。

　　本书由刘利国主编，参加编写人员有：张能武、陶荣伟、邵健萍、周斌兴、陈晞、许君辉、王华、祝海钦、刘振阳、莫益栋、陈思宇、林诚也、杨杰、黄波、陈超、郭大龙、王荣、蒋勇、薛国祥、李桥、蒋超、王首中、张云龙、冯立正、龚庆华、杨小荣、张茂龙、刘瑞、刘玉妍、周小渔、王春林、李桥、邓杨、陈利军、夏卫国、张洁等同志。本书在编写过程中，参考了大量的书刊杂志和有关资料，并引用了其中的一些资料。在此，编者谨向有关书刊和资料的作者表示诚挚的谢意！并得到江南大学机械工程学院的领导和部分老师的大力支持和帮助，在此表示衷心感谢。

　　本书图文并茂，内容丰富，浅显易懂，取材实用而精练。可供技工学校、职业技术院校广大师生实习、建筑工人、建筑电气从业人员和从事管理工作的人员参考。

　　由于时间仓促、编者水平有限，书中不妥之处在所难免，敬请广大读者批评指正。

编　者

目录

第一章

建筑电气施工识图基本知识

建筑电气工程在电气工程中占有很重要的地位，涉及到土建、暖通、设备、管道、装饰、空调制冷等专业。因此，从技术的角度上讲，建筑电气要求高而难度大。在高层建筑、工业车间及其生产线、宾馆饭店、民用住宅、体育场馆、剧院会堂、经贸商厦、教学课堂、实验楼、写字楼等建筑物内，照明动力、电热空调、通信广播、防灾保安、微机监控、仪表监测、自动装置等电气功能俱全，构成了错综复杂的电气系统，使建筑物的功能实现了自动化，并使其功能完善、舒适、安全。特别是电梯空调、火灾报警、防盗保安、微机管理等进入建筑物，更是加快了人们工作和生活的节奏，丰富了人们的业余生活。

电气工程的门类繁多，其中，我们常把电气装置安装工程中的照明、动力、变配电装置、35kV 及以下架空线路及电缆线路、桥式起重机电气线路、电梯、通信系统、广播系统、电缆电视、火灾自动报警及自动消防系统、防盗保安系统、空调及冷库电气装置、建筑物内微机监测控制系统及自动化仪表等，与建筑物关联的新建、扩建和改造的电气工程统一称作建筑电气工程。

读图是电气安装工程中最重要的一步。图样是工程的依据，是指导人们安装的技术文件。工程图样具有法律效力，工程人员要对任何违背图样的施工或误读而导致的损失负法律责任。因此，电气安装人员要通过读图来熟悉图样、熟悉工程，并且进行正确安装，这是半点也不能含糊的，对初学者来说尤为重要。

第一节　电气施工图的格式与分类

一、电气图的一般规定

电气图样属于严肃的技术文件，它的绘制格式及各种表达方式都必须遵守相关的规定。阅读电气图前必须熟悉以下规定。

❶ 纸的幅面及格式

图纸通常由边框线、图框线、标题栏、会签栏等组成，其格式如图 1-1 所示。

标题栏又称图标，是用以标注图样名称、图号、比例、张次、日期及有关人员签名等内容的栏目。标题栏的方位一般在图样的右下角，有时也设在下方或右侧。标题栏中的文字方向为看图方向，即图中的说明、符号等均应与标题栏的文字方向一致。会签栏设在图样的左上角，用于图样会审时各专业负责人签署意见，通常可以省略。

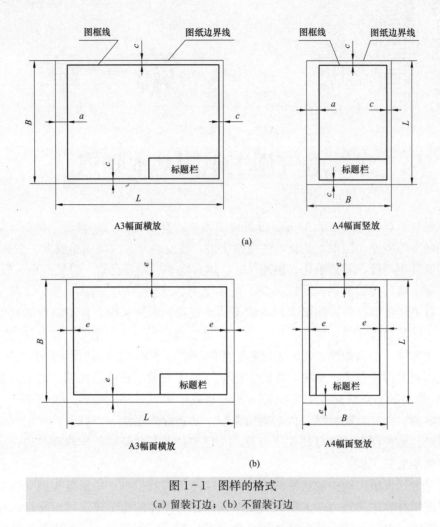

图 1-1　图样的格式

（a）留装订边；（b）不留装订边

　　图样的幅面一般分为 A0 号、A1 号、A2 号、A3 号和 A4 号五种标准图幅，具体尺寸见表 1-1。根据需要可以对图样进行加长：A0 号图样以长边的 1/8 为最小加长单位，最多可加长到标准图幅长度的 2 倍；A1、A2 号图样以长边的 1/4 为最小加长单位，A1 号图样最多可加长到标准图幅长度的 2.5 倍，A2 号图样最多可加长到标准图幅长度的 5.5 倍；A3、A4 号图样以长边的 1/2 为最小加长单位。A3 号图样最多可加长到标准图幅长度的 4.5 倍，A4 号图样最多可加长到标准图幅长度的 2 倍。

表 1-1　　　　　　　　　　　　　　图　幅　尺　寸　　　　　　　　　　　　　单位：mm

图幅代号	A0	A1	A2	A3	A4
宽×长（BL）	841×1189	594×841	420×594	297×420	210×297
留装订边时的边宽（c）	10	10	10	5	5
不留装订边时的边宽（e）	20	20	10	10	10
装订侧边宽（a）	25	25	25	25	25

　　图纸幅面的选用，应以保持图面布局紧凑、清晰明了和使用方便为前提。根据设计对

象的规模、复杂程度、资料的详细程度，以及复印、缩扩、计算机辅助设计的要求，尽量选用较小的幅面，同时也便于装订和管理。

② 图框格式

标题栏位于边框的右下角，其格式和尺寸无统一规定，由设计单位或生产单位自定。边框可定为 25×10×10×10，25×20×20×2，25×5×5×5。

③ 图幅分区

为了快速查找图上各部分内容及项目的位置，可在图纸上分区表示，如图 1-2 所示。

图 1-2　图幅分区

二、电气图的绘图要求

① 绘图比例

图样的比例是指图形的大小与实际物件的大小之比。

电气制图中需要按比例绘制的图，通常是平面、剖面布置图等用于安装电气设备及布线的简图，一般在 1∶10、1∶20、1∶50、1∶100、1∶200 及 1∶500 系列中选用，如需用其他比例，应按国家有关标准选用。

② 图线

绘制工程图样所用的各种线条统称为图线。为了使图形所表达的内容清晰、重点突出，国家标准中对图线的形式、宽度和间距作了明确规定，图线形式详见表 1-2。

表 1-2　　　　　图　线　形　式　　　　　单位：mm

代号	图线名称	图线形式	图线宽度	一般应用
A	粗实线	——	$b=0.5\sim2$	电气图中简图主要内容用线，可见导线、图框线及可见重要轮廓线等
—	中实线*	——	约 $b/2$	土建平、立面图上门、窗等的外轮廓线
B	细实线	——	约 $b/3$	尺寸线、尺寸界线、剖面线、引出线、分界线、范围线、辅助线、弯折线及指引线等
C	波浪线	～	约 $b/3$	图形未全画出时的拆断界线，中断线，局部剖视图或局部放大图的边界线
D	折断线	—／—	约 $b/3$	被断开部分的分界线
F	虚线	------	约 $b/3$	辅助线型，屏蔽线，不可见轮廓线，不可见导线，计划扩展内容用线及地下管道及屏蔽线等

续表

代号	图线名称	图线形式	图线宽度	一般应用
G	细点划线	—— · —— · ——	约 $b/3$	物体（或建筑物、构筑物）的中心线，对称线，回转体轴线，分界线，结构围框线，功能框线，分组围框线等
J	粗点划线	—— · —— · ——	b	有特殊要求的线或表面的表示线，平面图中大型构件的轴线位置线，起重机轨道
K	双点划线	—— · · —— · · ——	约 $b/3$	运动零件在极限或中间位置时的轮廓线，辅助用零件的轮廓线及其剖面线，剖视较长中被剖去的前面部分的假想投影轮廓线，中断线，辅助围框线

注　*中实线非国家标准，因绘图时需要而列于此。

图线宽度分为 0.25、0.35、0.5、0.7、1.0、1.4，单位为 mm。在同一张图中通常只选取两种宽度的图线，即粗线和细线，粗线的宽度为细线的两倍。如果某种电路图中需要两种以上宽度的图线，则线的宽度以两倍依次递增。同一图样中，同类图线宽度应保持一致。

当图中出现平行线时，其最小间距应不小于粗线宽度的两倍，同时不得小于 0.7mm。虚线、点画线及双点画线的线段长短和间隔各自大致相等。

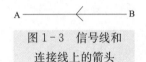

图 1-3　信号线和连接线上的箭头

3　箭头和指引线

（1）箭头。在电气制图中，为了区分不同的含义，规定信号线和连接线上的箭头必须开口，如图 1-3 所示。而指引线上的箭头必须是实心的，如图 1-4（b）所示。

（2）指引线。指引线规定用细实线表示，且指向被注释处，并根据不同情况在指引线的末端加注标记。

指引线末端在轮廓线内，用一黑点表示，如图 1-4（a）所示。

指引线末端在轮廓线上，用一箭头表示，如图 1-4（b）所示。

指引线末端在回路线上，用一短线表示，如图 1-4（c）所示。

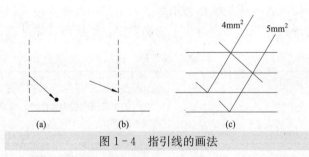

图 1-4　指引线的画法

4　尺寸标注和标高

图样中的尺寸数据是制作和施工的主要依据。尺寸由尺寸线、尺寸界线、尺寸起止点的箭头或 45°斜划线、尺寸数字 4 个要素组成。尺寸的单位除标高、总平面图和一些特大构件以米（m）为单位外，其余一律以毫米（mm）为单位，所以一般工程图上的尺寸数字都不标注单位。

标高有绝对标高与相对标高两种表示方法。绝对标高是以我国青岛市外黄海平面作为零点而确定的高度尺寸，又称海拔。相对标高是选定某一参考面或参考点为零点而确定的高度尺寸。在工程图中多采用相对标高，一般取建筑物首层室内地坪高度为±0.000m。

在电气工程图上有时还标有另一种标高，即敷设标高。它是指电气设备或线路安装敷设位置与该层地坪面或楼面的高差。

⑤ 图幅分区与定位轴线

对于那些幅面大而内容复杂的图，在读图或更改图的过程中，为了迅速找到图上的某一内容，需要有一种确定图上位置的方法，而图幅分区法就是一种广泛使用的方法。

图幅分区的方法是将图样上相互垂直的两对边各自加以等分。分区的数目视图的复杂程度而定，但每边分区的数目必须为偶数。每一分区的长度一般不小于25mm且不大于75mm。分区线用细实线。每个分区内，竖边方向用大写英文字母编号，横边方向用阿拉伯数字编号。编号的顺序应从图样左上角开始，如图1-5所示。分区代号用字母和数字表示，字母在前，数字在后，如B3、D4等。

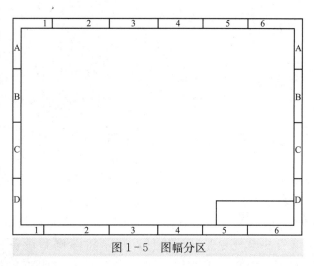

图1-5　图幅分区

在建筑图上，凡承重墙、柱子、大梁或屋架等主要承重构件的位置都画有定位轴线并编上轴线号，如图1-6所示。定位轴线编号的原则：在水平方向采用阿拉伯数字，由左向右注写；在垂直方向采用汉语拼音字母（I、O、Z不用）由下向上注写；这些数字与字母均用点划线引出。

定位轴线可以帮助人们明确各种电气设备的具体安装位置，以及计算电气管线的长度等。

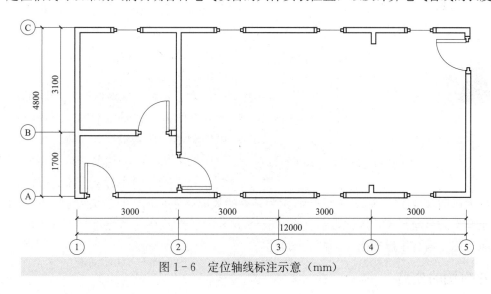

图1-6　定位轴线标注示意（mm）

⑥ 详图及其索引

详图用以详细表明某些细部的结构、做法及安装工艺要求。根据不同的情况，详图可以与总图画在同一张图样上，也可以画在另外的图样上。因此，需要用一标志将详图和总图联系起来，这种联系标志称为详图索引，如图1-7所示。图1-7（a）所示表示2号详图与总图画在同一张图上，图1-7（b）所示表示2号详图画在第三张图样上，图1-7（c）所示表示5号详图被索引在本张图样上，图1-7（d）所示表示5号详图被索引在第2张图样上。

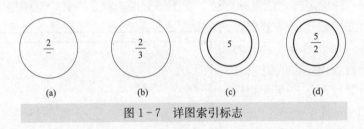

（a）　　　　　（b）　　　　　（c）　　　　　（d）

图1-7　详图索引标志

❼ 图例、设备材料表与说明

图例采用表格的形式列出了图样中使用的各种图形符号或文字符号，以便于读图者阅图。设备材料表用以表述图样所涉及的工程设备与主要材料的名称、型号规格和单位数量等内容，设备材料表备注栏内有时还标注一些特殊的说明。设备材料表中的数量一般只作为粗略概算，不能作为设备和材料的供货依据。目前为了简化起见，一些流行的电气专业设计软件，通常将图例和设备材料表统一列在一起。图样中的设计说明采用文字表述的形式，用以补充说明工程特点、设计思想、施工方法、维护管理方面的注意事项以及其他图中交待不清或没有必要用图表示的要求、标准、规范等。

❽ 方位、风向频率标记

各类工程图样一般均是按上北下南、左西右东来表示方位的，但在很多情况下尚需用方位标记表示图样方位。常用方位标记如图1-8（a）所示，其中箭头方向表示正北方向（N）。

为了表示工程地区一年四季的风向情况，在图上往往还需标注风向频率标记。风向频率标记是根据某一地区多年统计的风向发生频率的平均值，按一定比例绘制而成的。风向频率标记形似一朵玫瑰花，

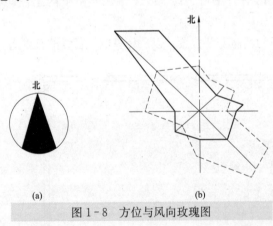

图1-8　方位与风向玫瑰图

故又称为风向玫瑰图。图1-8（b）所示为某地的风向频率标记，其箭头表示正北方向，实线表示全年的风向频率，虚线表示夏季（6～8月）的风向频率。由此可知，该地区常年以西北风为主，而夏季以东南风和西北风为主。

三、电气图的分类

电气图是电气工程中各部门进行沟通、交流信息的载体。同一套电气设备，可以有不同类型的电气图，以适应不同使用对象的要求。例如，表示系统的规模、整体方案、组成

情况、主要特性，用概略图；表示系统的工作原理、工作流程和分析电路特性，需用电路图；表示元件之间的关系、连接方式和特点，需用接线图。在数字电路中，由于各种数字集成电路的应用，使电路能实现逻辑功能，因此就有反映集成电路逻辑功能的逻辑图。下面介绍在电工实践中最常用的概略图、电路图、位置图、接线图和逻辑图。

（一）概略图

概略图（也称系统图或框图）是用电气符号或带注释的方框，概略表示系统或分系统的基本组成、相互关系及其主要特征的一种简图。它通常是某一系统、某一装置或某一成套设计图中的第一张图样。

概略图可分不同层次绘制，可参照绘图对象的逐级分解来划分层次。较高层次的概略图，可反映对象的概况；较低层次的概略图，可将对象表达得较为详细。

概略图可作为教学、训练、操作和维修的基础文件，使人们对系统、装置、设备等有一个概略的了解，为进一步编制详细的技术文件以及绘制电路图、接线图和逻辑图等提供依据，也为进行有关计算、选择导线和电气设备等提供了重要依据。

电气系统图和框图原则上没有区别。在实际使用时，电气系统图通常用于系统或成套装置，框图则用于分系统或设备。

概略图布局采用功能布局法，能清楚地表达过程和信息的流向，为便于识图，控制信号流向与过程流向应互相垂直。概略图的基本形式有以下 3 种。

❶ 用一般符号表示的概略图

这种概略图通常采用单线表示法绘制。如图 1-9（a）所示为供电系统的概略图；如图 1-9（b）所示为住宅楼照明配电系统的概略图。

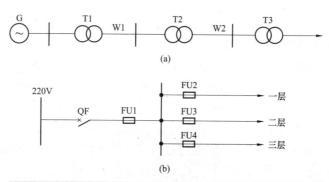

(a)

(b)

图 1-9 供配电系统的概略图
(a) 供电系统的概略图；(b) 住宅楼照明配电系统的概略图

❷ 框图

主要采用方框符号的概略图称为框图。通常用框图来表示系统或分系统的组成。如图 1-10所示为无线广播系统框图。

❸ 非电过程控制系统的概略图

在某些情况下，非电过程控制系统的概略图能更清楚地表示系统的构成和特征。如图 1-11所示为水泵的电动机供电和给水系统的概略图。它表示了电动机供电、水泵供水和控制三部分间的连接关系。

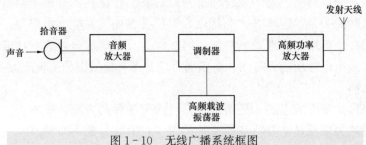

图 1-10 无线广播系统框图

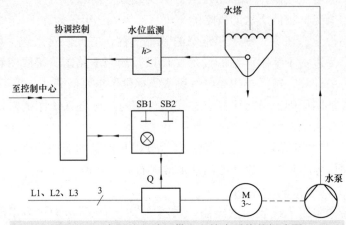

图 1-11 水泵的电动机供电和给水系统的概略图

(二)电路图

1 电路图的基本特征和用途

电路图是以电路的工作原理及阅读和分析电路方便为原则，用国家统一规定的电气图形符号和文字符号，按工作顺序从上而下或从左而右排列，详细表示电路、设备或成套装置的工作原理、基本组成和连接关系的简图。电路图表示电流从电源到负载的传送情况和电气元件的工作原理，而不表示电气元件的结构尺寸、安装位置和实际配线方法。

电路图可用于详细了解电路工作原理，分析和计算电路的特性及参数，为测试和寻找故障提供信息，为编制接线图提供依据，为安装和维修提供依据。

2 电路图的绘制原则

(1) 设备和元件的表示方法。在电路图中，设备和元件采用符号表示，并应以适当形式标注其代号、名称、型号、规格、数量等。

(2) 设备和元件的工作状态。设备和元件的可动部分通常应表示在非激励或小工作的状态或位置。

(3) 符号的布置。对于驱动部分和被驱动部分之间采用机械联结的设备和元件（例如，接触器的线圈、主触头、辅助触头），以及同一个设备的多个元件（例如，转换开关的各对触头），可在图上采用集中、半集中或分开布置。

3 电路图的基本形式

(1) 集中表示法。把电气设备或成套装置中一个项目各组成部分的图形符号在简图上绘制在一起的方法，称为集中表示法。这种表示方法使用于简单的图，如图 1-12（a）所示是继电器 KA 的线圈和触头的集中表示。

（2）半集中表示法。为了使设备或装置的布置清晰、易于识别，把同一项目中某些部分图形符号在简图上集中表示，另一部分分开布置，并用机械连接符号（虚线）表示它们之间关系的方法，称为半集中表示法。其中，机械连接线可以弯折、分支或交叉，如图 1-12（b）所示。

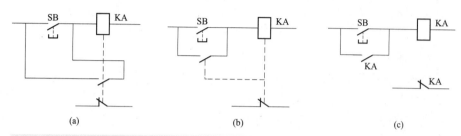

图 1-12　电气元件的集中、半集中和分开表示法示例
（a）集中表示法；（b）半集中表示法；（c）分开表示法

（3）分开表示法。把同一项目中的不同部分的图形符号在简图上按不同功能和不同回路分开表示的方法，称为分开表示法。不同部分的图形符号用同一项目代号表示，如图 1-12（c）所示。分开表示法可以避免或减少图线交叉，因此图面清晰，而且也便于分析回路功能及标注回路标号。

由于采用分开表示法的电气图省去了项目各组成部分的机械连接线，查找某个元件的相关部分比较困难，为识别元件符组成部分或寻找它在图中的位置，除重复标注项目代号外，还采用引入插图或表格等方法表示电气元件各部分的位置。

④ 电路图的分类

按照电路图所描述对象和表示的工作原理，电路图可分为以下几种。

（1）电力系统电路图。电力系统电路图分为发电厂输变电电路图、厂矿变配电电路图、动力及照明配电电路图。其中，每种又分主电路图和副电路图。主电路图也称主接线图或一次电路图。电力系统电路图中的主电路图（主接线图）实际上就是电力系统的系统图。

主电路图是把电气设备或电气元件，如隔离开关、断路器、互感器、避雷器、电力电容器、变压器、母线等（称为一次设备），按一定顺序连接起来，汇集和分配电能的电路图。

副电路图也称二次接线图或二次电路图，以下称其为二次电路图。为了保证一次设备安全可靠地运行及操作方便，必须对其进行控制、提示、检测和保护，这就需要许多附属设备。我们把这些设备称为二次设备，将表示二次设备的图形符号按一定顺序绘制成的电气图，称为二次电路图。

（2）生产机械设备电气控制电路图。对电动机及其他用电设备的供电和运行方式进行控制的电气图，称为生产机械设备电气控制电路图、生产机械设备电气控制电路图一般分为主电路和辅助电路两部分。主电路是指从电源到电动机或其他用电装置大电流所通过的电路。辅助电路包括控制电路、照明电路、信号电路和保护电路等。辅助电路主要由继电器或接触器的线圈、触头、按钮、照明灯、信号灯及控制变压器等电气元件组成。

（3）电子控制电路图。反映由电子电气元件组成的设备或装置工作原理的电路图，称为电子控制电路图。

（三）位置图（布置图）

位置图是指用正投法绘制的图。位置图是表示成套装置和设备中各个项目的布局、安装位置的图。位置图一般用图形符号绘制。

（四）接线图或接线表

表示成套装置、设备、电气元件的连接关系，用以进行安装接线、检查、试验与维修的一种简图或表格，称为接线图或接线表。接线图（表）可分为单元接线图（表）、互联接线图（表）、端子接线图（表），以及电缆配置图（表）。

（五）逻辑图

逻辑图是用二进制逻辑单元图形符号绘制，以实现一定逻辑功能的一种简图，可分为理论逻辑图（纯逻辑图）和工程逻辑图（详细逻辑图）两类。理论逻辑图只表示功能而不涉及实现方法，因此是一种功能图；工程逻辑图不仅表示功能，而且有具体的实现方法，因此是一种电路图。

四、电气图的简化画法

为了清晰、简明地表示电路，电路图应尽量简化。一般有下列几种简化情况。

❶ 主电路的简化

在发电厂、变配电站和工厂电气控制设备等电路中，主电路通常为三相三线制或三相四线制的对称电路或基本对称电路。在电路图中，可将主电路或部分主电路简化成用单线表示的图，而对于不对称部分及装有电流互感器、热继电器的局部电路，则用多线图（一般为三线图）表示。如图 1-13（a）所示是三相三线制及三相四线制电路简化成用单线表示的方法；如图 1-13（b）所示则为对两相式电流互感器及热继电器用三线图表示的局部电路。

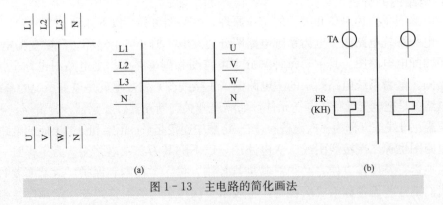

图 1-13　主电路的简化画法

❷ 并联电路的简化

多个相同的支路并联时，可用标有公共联接符号的一个支路来表示，但仍要标出全部项目代号及并联支路数，如图 1-14（a）所示。为了简化表示几条具有动合触头的并联支路，可简化成用一对动合触头支路表示，但各项目代号 K11、K13、K15 仍要标明。

如图 1-14（b）所示是表示含有熔断器 FU、二极管 V、电阻 R、电容 C 的相同元件且连接关系相同的 4 个并联支路的简化画法。

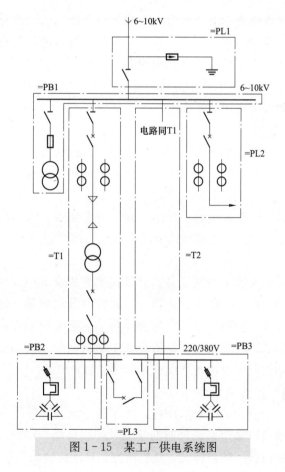

(a)　　　　　　　　(b)

图 1-14　并联电路的简化画法示例

③ 相同电路的简化

在同一张电气图中，相同电路仅需详细表示出其中一个，其余电路可用点划线围框表示，但仍要绘出各电路与外部连接的有关部分，并在围框内适当加以说明，如"电路同上""电路同左"等，如图 1-15 所示。但在供配电电气主接线图中，一般对相同的电路都要分别画出，只是在标注装置、设备的型号规格时用"设备同左"等字样简化。

图 1-15　某工厂供电系统图

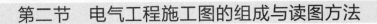

第二节　电气工程施工图的组成与读图方法

一、电气工程施工图的组成

建筑电气工程施工图是阐述电气工程的结构和功能，描述电气装置的工作原理，提供安装接线和维护使用信息的施工图。由于每一项电气工程的规模不同，所以反映该项工程的电气图种类和数量也不尽相同，建筑电气工程的图样一般由电气总平面图、电气系统图、电气设备平面图、控制原理图、接线图、大样图、电缆清册、图例及设备材料等组成。

❶ 电气总平面图

电气总平面图是在建筑总平面图上表示电源及电力负荷分布的图样，主要表示各建筑物的名称或用途、电力负荷的装机容量、电气线路的走向及变配电装置的位置、容量和电源进户的方向等。通过电气总平面图可了解该项工程的概况，掌握电气负荷的分布及电源装置等。一般大型工程都有电气总平面图，中小型工程则由动力平面图或照明平面图代替。

❷ 电气系统图

电气系统图是用单线图表示电能或电信号按回路分配出去的图样，主要表示各个回路的名称、用途、容量以及主要电气设备、开关元件及导线电缆的规格型号等。通过电气系统图可以知道该系统的回路个数及主要用电设备的容量、控制方式等。建筑电气工程中系统图用得很多，动力、照明、变配电装置、通信广播、电缆电视、火灾报警、防盗保安、微机监控、自动化仪表等都要用到系统图。

❸ 电气设备平面图

电气设备平面图是在建筑物的平面图上标出电气设备、元件、管线实际布置的图样，主要表示其安装位置、安装方式、规格型号数量及接地网等。通过平面图可以知道每幢建筑物及其各个不同的标高上装设的电气设备、元件及其管线等。建筑电气平面图用得很多，动力、照明、变配电装置、各种机房、通信广播、电缆电视、火灾报警、防盗保安、微机监控、自动化仪表、架空线路、电缆线路及防雷接地等都要用到平面图。

❹ 控制原理图

控制原理图是单独用来表示电气设备及元件控制方式及其控制线路的图样，主要表示电气设备及元件的启动、保护、信号、连锁、自动控制及测量等。通过控制原理图可以知道各设备元件的工作原理、控制方式，掌握建筑物的功能实现的方法等。控制原理图用得很多，动力、变配电装置、火灾报警、防盗保安、微机监控、自动化仪表、电梯等都要用到控制原理图，较复杂的照明及声光系统也要用到控制原理图。

❺ 二次接线图（接线图）

二次接线图是与控制原理图配套的图样，用来表示设备元件外部接线以及设备元件之间的接线。通过接线图可以知道系统控制的接线及控制电缆、控制线的走向及布置等。动力、变配电装置、火灾报警、防盗保安、微机监控、自动化仪表、电梯等都要用到接线图。

一些简单的控制系统一般没有接线图。

⑥ 大样图

大样图一般是用来表示某一具体部位或某一设备元件的结构或具体安装方法的，通过大样图可以了解该项工程的复杂程度。一般非标准的控制柜、箱，检测元件和架空线路的安装等都要用到大样图，大样图通常均采用标准通用图集。剖面图也是大样图的一种。

⑦ 电缆清册

电缆清册是用表格的形式表示该系统中电缆的规格、型号、数量、走向、敷设方法、头尾接线部位等内容，一般使用电缆较多的工程均有电缆清册，简单的工程通常没有电缆清册。

⑧ 图例

图例是用表格的形式列出该系统中使用的图形符号或文字符号，目的是使读图者容易读懂图样。

⑨ 设备材料表

设备材料表一般都要列出系统主要设备及主要材料的规格、型号、数量、具体要求或产地。但是表中的数量一般只作为概算估计数，不作为设备和材料的供货依据。

⑩ 设计说明

设计说明主要标注图中交待不清或没有必要用图表示的要求、标准、规范等。

上述图样类别具体到工程上则根据工程的规模大小、难易程度等原因有所不同。其中，系统图、平面图、原理图是必不可少的，也是读图的重点，是掌握工程进度、质量、投资及编制施工组织设计和预决算书的主要依据。

二、读图的顺序、要点和方法

① 读图顺序

通常的读图顺序是按照设计说明、电气总平面图、电气系统图、电气设备平面图、控制原理图、二次接线图与电缆清册、大样图、设备材料表和图例并进，如图1-16所示。

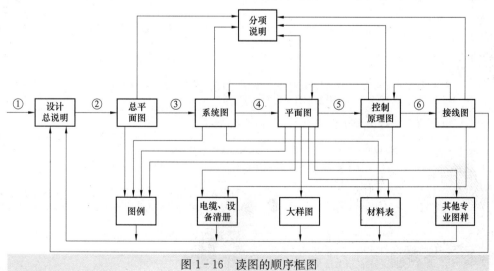

图1-16 读图的顺序框图

❷ 读图要点

读图要点见表1-3。

表1-3　　　　　　　　　　　　　　　读　图　要　点

读图要点	说　　明
设计说明	设计说明主要阐述电气工程设计的依据、基本指导思想和原则，以及图样未能清楚表明的工程特点、安装方法、工艺要求、特殊设备的安装使用说明和有关注意事项的补充说明等。阅读设计说明时，要注意并掌握下列内容： 　　(1) 工程规模概况、总体要求、采用的标准规范、标准图册及图号、负荷级别、供电要求、电压等级、供电线路及杆号、电源进户要求和方式、电压质量、弱电信号分贝要求等。 　　(2) 系统保护方式及接地电阻要求、系统防雷等级、防雷技术措施及要求、系统安全用电技术措施及要求、系统对过电压和跨步电压及漏电采取的技术措施。 　　(3) 工作电源与备用电源的切换程序及要求、供电系统短路参数、计算电流、有功负荷、无功负荷、功率因数及要求、电容补偿及切换程序要求、调整参数、试验要求及参数、大容量电动机启动方式及要求、继电保护装置的参数及要求、母线联络方式、信号装置、操作电源、报警方式。 　　(4) 高低压配电线路型式及敷设方法要求、厂区线路及户外照明装置的型式、控制方式。某些具体部位或特殊环境 (爆炸及火灾危险、高温、潮湿、多尘、腐蚀、静电、电磁等) 安装要求及方法，系统对设备、材料、元件的要求及选择原则，动力及照明线路的敷设方法及要求。 　　(5) 供电及配电采用的控制方式、工艺装置采用的控制方法及连锁信号、检测和调节系统的技术方法及调整参数、自动化仪表的配置及调整参数、安装要求及其管线敷设方式、系统联动或自动控制的要求及参数、工艺系统的参数及要求。 　　(6) 弱电系统的机房安装要求、供电电源的要求、管线敷设方式、防雷接地要求及具体安装方法、探测器、终端及控制报警系统安装要求，信号传输分贝要求、调整及试验要求。 　　(7) 铁构件加工制作和控制盘柜制作要求、防腐要求、密封要求、焊接工艺要求、大型部件吊装要求、混凝土基础工程施工要求、标号、设备冷却管路试验要求、蒸馏水及电解液配制要求、化学法降低接地电阻剂配制要求等非电气的有关要求。 　　(8) 所有图中交待不清、不能表达或没有必要用图表示的要求、标准、规范、方法等。 　　(9) 除设计说明外，其他每张图上的文字说明或注明的个别、局部的一些要求等，如相同或同一类别元件的安装标高和要求。 　　(10) 土建、暖通、设备、管道、装饰、空调制冷等专业对电气系统的要求或相互配合的有关说明、图样，如电气竖井、管道交叉、抹灰厚度、基准线等
电气总平面图	阅读电气总平面图时，要注意并掌握以下有关内容： 　　(1) 建筑物名称、编号、用途、层数、标高、等高线、用电设备容量及大型电机容量台数、弱电装置类别、电源及信号进户位置。 　　(2) 变配电所位置、变压器台数及容量、电压等级、电源进户位置及方式、系统架空线路及电缆走向、杆型及路灯、拉线布置、电缆沟及电缆井的位置、回路编号、主要负荷导线截面及根数、电缆根数、弱电线路的走向及敷设方式、大型电动机及主要用电负荷位置以及电压等级、特殊或直流用电负荷位置、容量及其电压等级等。 　　(3) 系统周围环境、河道、公路、铁路、工业设施、电网方位及电压等级、居民区、自然条件、地理位置、海拔等。 　　(4) 设备材料表中的主要设备材料的规格、型号、数量、进货要求、特殊要求等。 　　(5) 文字标注、符号意义以及其他有关说明、要求等
电气系统图	阅读变配电装置系统图时，要注意并掌握以下有关内容： 　　(1) 进线回路个数及编号、电压等级、进线方式 (架空、电缆)、导线电缆规格型号、计量方式、电流、电压互感器及仪表规格型号数量、防雷方式及避雷器规格型号数量。 　　(2) 进线开关规格型号及数量、进线柜的规格型号及台数、高压侧联络开关规格型号。 　　(3) 变压器规格型号及台数、母线规格型号及低压侧联络开关 (柜) 规格型号。 　　(4) 低压出线开关 (柜) 的规格型号及台数、回路个数用途及编号、计量方式及表计、有无直控电动机或设备及其规格型号台数起动方法、导线电缆规格型号，同时对照单元系统图和平面图查阅送出回路是否一致。 　　(5) 有无自备发电设备或连续不间断供电电源 (UPS)，其规格型号容量与系统连接方式及切换方式、切换开关及线路的规格型号、计量方式及仪表。 　　(6) 电容补偿装置的规格型号及容量、切换方式及切换装置的规格型号

续表

读图要点	说　明
动力系统图	阅读动力系统图时，要注意并掌握以下内容： (1) 进线回路编号、电压等级、进线方式、导线电缆及穿管的规格型号。 (2) 进线盘、柜、箱、开关、熔断器及导线规格型号、计量方式及表计。 (3) 出线盘、柜、箱、开关、熔断器及导线规格型号、回路个数用途、编号及容量、穿管规格、启动柜或箱的规格型号、电动机及设备的规格型号容量、启动方式，同时核对该系统动力平面图回路标号与系统图是否一致。 (4) 自备发电设备或 UPS 情况。 (5) 电容补偿装置情况
照明系统图	阅读照明系统图时，要注意并掌握以下内容： (1) 进线回路编号、进线线制（三相五线、三相四线、单相两线制）、进线方式、导线电缆及穿管的规格型号。 (2) 照明箱、盘、柜的规格型号、各回路开关熔断器及总开关熔断器的规格型号、回路编号及相序分配、各回路容量及导线穿管规格、计量方式及表计、电流互感器规格型号，同时核对该系统照明平面图回路标号与系统图是否一致。 (3) 直控回路编号、容量及导线穿管规格、控制开关型号规格。 (4) 箱、柜、盘有无漏电保护装置，其规格型号，保护级别及范围。 (5) 应急照明装置的规格型号、台数
弱电系统图	弱电系统图通常包括通信系统图、广播音响系统图、电缆电视系统图、火灾自动报警及消防系统图、保安防盗系统图等，阅读时，要注意并掌握以下内容： (1) 设备的规格型号及数量、外线进户对数、电源装置的规格型号、总配线架或接线箱的规格型号及接线对数、外线进户方式及导线电缆穿管规格型号。 (2) 系统各分路送出导线对数、房号插孔数量、导线及穿管规格型号，同时对照平面布置图，核对房号及编号。 (3) 各系统之间的联络方式

❸ 读图步骤及方法

阅读电气工程施工图时，一般可分 3 个步骤，见表 1-4。

表 1-4　　　　　　　　　　　　读图步骤及方法

读图方法	读　图　步　骤
粗读	就是将施工图从头到尾大概浏览一遍，主要了解工程的概况，做到心中有数。此外，主要是阅读电气总平面图、电气系统图、设备材料表和设计说明
细读	就是按前面介绍的读图顺序和读图要点，仔细阅读每一张施工图，达到读图要点中的要求，并对以下内容做到了如指掌： (1) 每台设备和元件安装位置及要求。 (2) 每条管线线缆走向、布置及敷设要求。 (3) 所有线缆连接部位及接线要求。 (4) 所有控制、调节、信号、报警工作原理及参数。 (5) 系统图、平面图及关联图样标注一致，无差错。 (6) 系统层次清楚、关联部位或复杂部位清楚。 (7) 土建、设备、采暖、通风等其他专业分工协作明确
精读	就是将施工图中的关键部位及设备、贵重设备及元件、电力变压器、大型电机及机房设施、复杂控制装置的施工图重新仔细阅读，系统掌握中心作业内容和施工图要求，不但做到了如指掌，而还应做到胸有成竹、滴水不漏

三、识图的基本方法、步骤及注意事项

① 识图的基本方法

（1）结合电工、电子线路等相关基础知识看图。

（2）结合电路元器件的结构和工作原理看图。无论何种电气图，都是由各种电子元器件组成的，只要了解这些元器件的性能、结构、工作原理、相互控制关系以及在整个电路中的地位和作用，要看懂电气图就不难了。

（3）结合典型电路看图。典型电路就是常见的基本电路，如电动机正、反转控制电路，顺序控制电路，行程控制电路等，不管多么复杂的电路，总能将其分割成若干个典型电路，先搞清每个典型电路的原理和作用，然后再将典型电路串联组合起来看，就能大体把一个复杂电路看懂了。

（4）结合有关图纸说明看图。在看各种电气图时，一定要看清电气图的技术说明，它有助于了解电路的大体情况，便于抓住看图重点，达到顺利看图的目的。

（5）结合电气图的制图要求看图。电气图的绘制有一些基本规则和要求。这些规则和要求是为了加强图纸的规范性、通用性和示意性而规定的。

② 识图的基本步骤

（1）阅读说明书。对任何一个系统、装置或设备，在看图之前应首先了解它们的机械结构、电气传动方式、对电气控制的要求、电动机和电器元件的大体布置情况以及设备的使用操作方法，各种按钮、开关、指示器等的作用。此外还应了解使用要求、安全注意事项等。对系统、装置或设备有一个较全面完整的认识。

（2）看图纸说明。图纸说明包括图纸目录、技术说明、元器件明细表和施工说明书等。识图时，首先要看清楚图纸说明书中的各项内容，弄清设计内容和施工要求。这样就可以了解图纸的大体情况并抓住识图重点。

（3）看标题栏。图纸中标题栏也是重要的组成部分，它包括电气图的名称及图号等有关内容，因此可对电气图的类型、性质、作用等有明确认识，同时可大致了解电气图的内容。

（4）看概略图（系统图或框图）。看图纸说明后，就要看概略图，从而了解整个系统或分系统的概况，即它们的基本组成、相互关系及其主要特征，为进一步理解系统或分系统的工作方式、原理打下基础。

（5）看电路图。电路图是电气图的核心，对于一些小型设备，电路不太复杂，看图相对容易些。对于一些大型设备，电路比较复杂，看图难度较大。不论怎样都应按照由简到繁、由易到难、由粗到细的步骤逐步看深、看透，直到完全明白、理解。一般应先看相关的逻辑图和功能图。

（6）看接线图。接线图是以电路图为依据绘制的，因此要对照电路图来看接线图。看接线图时，也要先看主电路，再看辅助电路。看接线图要根据端子标志、回路标号，从电源端顺次查下去，弄清楚线路的走向和电路的连接方法。即弄清楚每个元器件是如何通过连线构成闭合回路的。

③ 识图的注意事项

（1）必须熟悉电气施工图的图例、符号、标注及画法。

（2）必须具有相关电气安装与应用的知识和施工经验。

（3）能建立空间思维，正确确定线路走向。

（4）电气图与土建图对照识读。

（5）明确施工图识读的目的，准确计算工程量。

（6）善于发现图中的问题，在施工中加以纠正。

第三节 建筑电气常用符号和图形

一、电气文字符号

❶ 电气设备种类的基本分类符号

电气设备种类的基本分类符号见表1-5。

表1-5 电气设备种类的基本分类符号

符号	种 类	举 例
A	组件部件	分离元件放大器、磁放大器、激光器、微波激射器、印制电路板等
B	变换器（从非电量到电量或相反）	送话器、热电池、光电池、测功计、晶体换能器、自整角机、拾音器、扬声器、耳机、磁头等
C	电容器	可变电容器、微调电容器、极性电容器等
D	二进制逻辑单元、延迟器件、存储器件	数字集成电路和器件、延迟线、双稳态元件、单稳态元件、寄存器
E	杂项、其他元件	光器件、热器件
F	保护器件	熔断器、避雷器等
G	电源、发电机、信号源	电池、电源设备、振荡器、石英晶体振荡器
H	信号器件	光指示器、声指示器
K	继电器、接触器	—
M	电动机	—
N	模拟集成电路	运算放大器、模拟/数字混合器件
P	测量设备、试验设备	指示、记录、积算、信号发生器、时钟
Q	电力电路的开关	断路器、隔离开关
R	电阻器	可变电阻器、电位器、变阻器、分流器、热敏电阻等
S	控制电路的开关选择器	控制开关、按钮、限制开关、选择开关、选择器等
T	变流器	电压、电流互感器
U	调制器、变换器	鉴频器、解调器、变频器、编码器等
V	电真空器件、半导体器件	电子管、晶体管、二极管、显像管等
W	传输通道、波导、天线	导线、电缆、波导、偶极天线、拉杆天线等
X	端子、插头、插座	插头和插座、测试塞孔、端子板、焊接端子片、连接片
Y	电气操作的机械装置	制动器、离合器、气阀等
L	电感器、电抗器	感应线圈、线路陷波器、电抗器等

❷ 电气设备和元件新旧的文字符号

电气设备和元件的新旧文字符号见表1-6。

表1-6　　　　　　　　　　　　电气设备和元件的新旧文字符号

名称	新符号	旧符号	名称	新符号	旧符号
发电机	G	F	频敏变阻器	RF	PR
直流发电机	GD	ZF	电感器	L	L
交流发电机	GA	JF	电抗器	L	DK
同步发电机	GS	TF	启动电抗器	LS	QK
异步发电机	GA	YF	电容器	C	C
永磁发电机	GH	YCF	整流器	U	ZL
电动机	M	D	变流器	U	BL
直流电动机	MD	ZD	逆变器	U	NB
交流电动机	MA	JD	变频器	U	BP
同步电动机	MS	TD	压力变换器	BP	YB
异步电动机	MA	YD	位置变换器	BQ	WZB
笼型电动机	MC	LD	温度变换器	BT	WDB
励磁机	GE	L	速度变换器	BV	SDB
电枢绕组	WA	SQ	频率继电器	KF	PJ
定子绕组	WS	DQ	压力继电器	KP	YLJ
转子绕组	WR	ZQ	控制继电器	KC	KJ
励磁绕组	WC	KQ	限位开关	SQ	XK
电力变压器	TM	B	终点开关	SE	ZDK
控制变压器	TC	KB	微动开关	SS	WK
自耦变压器	TA	OB	接近开关	SP	JK
整流变压器	TR	ZB	按钮	SB	AN
电炉变压器	TF	LB	合闸按钮	SBC	HA
稳压器	TS	WY	停止按钮	SBS	TA
电流互感器	TA	LH	试验按钮	SBT	YA
电压互感器	TV	YH	合闸线圈	YC	HQ
熔断器	FU	RD	跳闸线圈	YT	TQ
断路器	QF	DL	接线柱	X	JX
接触器	KM	C	连接片	XB	LP
调节器	A	T	插座	XS	CZ
继电器	K	J	插头	XP	CT
电阻器	R	R	端子板	XT	DB
压敏电阻器	RV	YR	测量设备（仪表）	P	—
启动电阻器	RS	QR	电流表	PA	A
制动电阻器	RB	ZDR	电压表	PV	V

续表

名称	新符号	旧符号	名称	新符号	旧符号
有功功率表	PW	W	重合闸继电器	KRr	CJ
无功功率表	PR	var	阻抗继电器	KZ	ZKJ
送话器	B	S	零序电流继电器	KCZ	NJ
受话器	B	SH	电磁铁	YA	DT
扬声器	B	Y	制动电磁铁	YB	ZDT
避雷器	F	B	电磁阀	YY	DCF
母线	W	M	电动阀	YM	DF
电压小母线	WV	YM	牵引电磁铁	YT	QYT
控制小母线	WC	KM	起重电磁铁	YL	QZT
合闸小母线	WCL	HM	电磁离合器	YC	CLH
信号小母线	WS	XM	开关	Q	K
事故音响小母线	WFS	SYM	隔离开关	QS	G
预告音响小母线	WPS	YBM	控制开关	SA	KK
闪光小母线	WF	（+）SM	选择开关（转换开关）	SA	KZ
直流母线	WB	ZM	负荷开关	QL	FK
电力干线	WPM	LG	自动开关	QA	ZB
照明干线	WLM	MG	刀开关	QK	DK
电力分支线	WP	LFZ	行程开关	ST	CK
照明分支线	WL	MFZ	频率表	PF	HZ
应急照明干线	WEM	YJG	功率因数表	PPF	COS
应急照明分支线	WE	YJZ	指示灯	HL	D
插接式母线	WIB	CJM	红色指示灯	HR	HD
继电器	K	J	绿色指示灯	HG	LD
电流继电器	KA（或KI）	U	蓝色指示灯	HB	LAD
电压继电器	KV	YJ	黄色指示灯	HY	UD
时间继电器	KT	SJ	白色指示灯	HW	BD
差动继电器	KD	CJ	照明灯	EL	ZD
功率继电器	KP	GJ	蓄电池	GB	XDC
接地继电器	KE	JDJ	光电池	B	GDC
瓦斯继电器	KB	WSJ	电子管	VE	G
逆流继电器	KR	NLJ	二极管	VD	D
中间继电器	KA	ZJ	三极管	V	BG
信号继电器	KS	XJ	稳压管	VS	WY
闪光继电器	KFR	DMJ	晶闸管	VT	GZ
热继电器（热元件）	KH	lu	单结晶管	V	BG
温度继电器	KTE	WJ	电位器	RP	W

续表

名称	新符号	旧符号	名称	新符号	旧符号
调节器	A	T	电能表	PJ	Wh
放大器	A	FD	有功电能表	PJ	Wh
测速发电机	BR	CSF	无功电能表	RJR	varh

3 电气工程常用辅助文字符号

电气工程常用辅助文字符号见表1-7。

表1-7　　　　　　　　　　电气工程常用辅助文字符号

序号	文字符号	名称	序号	文字符号	名称
1	A	电流	29	H	高
2	A	模拟	30	IN	输入
3	AC	交流	31	INC	增
4	A、AUT	自动	32	IND	感应
5	ACC	加速	33	L	左
6	ADD	附加	34	L	限制
7	ADJ	可调	35	L	低
8	AUX	辅助	36	LA	闭锁
9	ASY	异步	37	M	主
10	B BRK	制动	38	M	中
11	BK	黑	39	M	中间线
12	BL	蓝	40	M、MAN	手动
13	BW	向后	41	N	中性线
14	C	控制	42	OFF	断开
15	CW	顺时针	43	ON	闭合
16	CCW	逆时针	44	OUT	输出
17	D	延时（延迟）	45	P	压力
18	D	差动	46	P	保护
19	D	数字	47	PE	保护接地
20	D	降	48	PEN	保护接地与中性线共用
21	DC	直流	49	PU	不接地保护
22	DEC	减	50	R	记录
23	E	接地	51	R	右
24	EM	紧急	52	R	反
25	F	快速	53	RD	红
26	FB	反馈	54	R、RST	复位
27	FW	正，向前	55	RES	备用
28	GN	绿	56	RUN	运转

续表

序号	文字符号	名称	序号	文字符号	名称
57	S	信号	65	T	时间
58	ST	启动	66	TE	无噪声（防干扰）接地
59	S、SET	置位，定位	67	V	真空
60	SAT	饱和	68	V	速度
61	STE	步进	69	V	电压
62	STP	停止	70	WH	白
63	SYN	同步	71	YE	黄
64	T	温度			

二、电气工程基本图形符号

电气工程基本图形符号及说明见表1-8。

表1-8　　　　　　　　　　电气工程基本图形符号及说明

新符号	旧　符　号	说　　明
 ┅┅	 ───	直流
 ∼	 ∼	交流
 ≈	 ≈	交直流
 ∼	 ∼	低频（工频）
 ≋	 ≋	中频（音频）
 ≋≋	 ≋≋	高频（超声频、载频或射频）
 ∽┅	 ∼	具有交流分量的整流电流
M	M	中间线
N	N	中性线
＋	＋	正极
－	－	负极
 （接触器符号）	 （接触器符号）	接触器（在非动作位置触点断开）
 （接触器符号）	 （接触器符号）	接触器（在非动作位置触点闭合）
 （负荷开关符号）	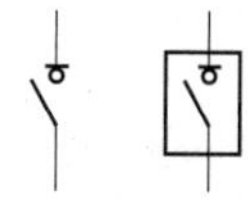 （负荷开关符号）	负荷开关（负荷隔离开关）

续表

新符号	旧符号	说明
		具有自动释放功能的负荷开关
		熔断器式断路器
		断路器
		隔离开关
		熔断器一般符号
		熔断器式开关
		熔断器式隔离开关
		熔断器式负荷开关
		当操作器件被吸合时延时闭合的动合（常开）触点
		当操作器件被释放时延时断开的动合（常开）触点
		当操作器件被释放时延时闭合的动断（常闭）触点
		当操作器件被吸合时延时断开的动断（常闭）触点

续表

新符号	旧 符 号	说 明
		当操作器件被吸合时延时闭合和释放时延时断开的动合（常开）触点
	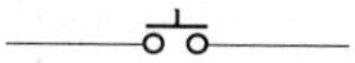	按钮开关动合按钮
	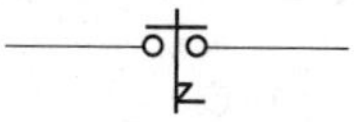	旋钮开关、旋转开关（闭锁）
		位置开关和限制开关的动合（常开）触点
		位置开关和限制开关的动断（常闭）触点
 θ	$t°>$	热敏开关，动合（常开）触点 θ 可用动作温度代替
	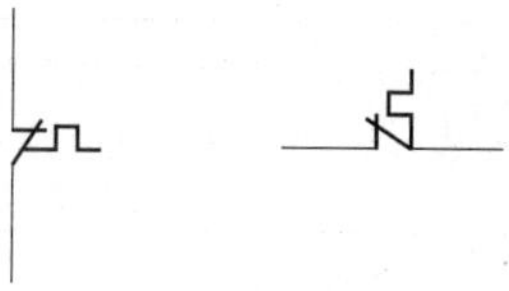	热敏自动开关的动断（常闭）触点，注意区别此触点和下图所示热继电器的触点
	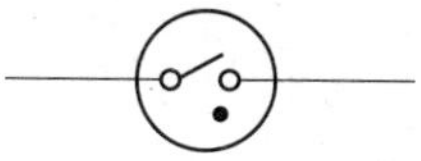	具有热元件的气体放电管荧光灯启动器
	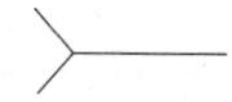	阴接触件（连接器的）插座
	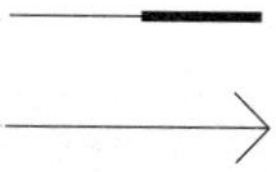	阳接触件（连接器的）插头
		插头和插座
	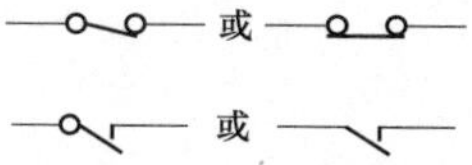 或	动断（常闭）触点
	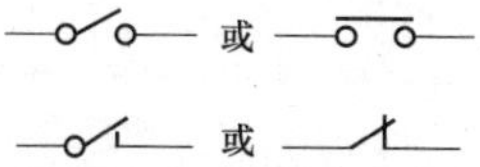 或	动合（常开）触点
	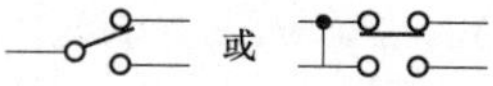 或	先断后合的转换触点

续表

新符号	旧符号	说明
	或	当操作器件被吸合时延时闭合的动合（常开）触点
	或	中间断开的双向触点
		当操作器件被释放时延时断开的动合（常开）触点
		当操作器件被吸合时延时断开的动断（常闭）触点
		当操作器件被释放时延时闭合的动断（常闭）触点
	或	开关一般符号
E-⅂-\		带动断（常闭）和动合（常开）触点的按钮
		接触器（在非动作位置触点断开）
		手动开关一般符号
		断开的连接片
或		接通的连接片
		手动操作
		贮存机械能操作
M	D	电动机操作

续表

新符号	旧 符 号	说 明
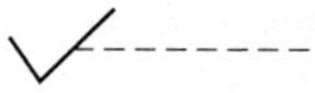		脚踏操作
		凸轮操作
		接地一般符号
		抗干扰接地，无噪声接地
		保护接地
		接机壳或接底板
		闪络、击穿
		导线对地绝缘击穿
		故障
	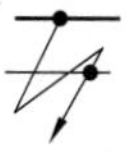	导线间绝缘击穿
		理想电流源
		理想电压源
		柔软导线
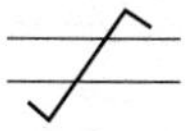	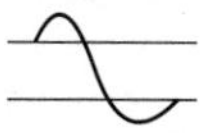	二股绞合导线

续表

新符号	旧　符　号	说　　明
		电缆直通接线盒（示出带三根导线）单线表示
		电缆连接盒，电缆分线盒（出示带三根导线 T 形连接）单线表示
		架空线路
F T V S F	F T V S F	电话 电报和数据传输 视频通路（电视） 声道（电视或无线路或电广播） 示例：电话线路或电话电路
		地下线路
		滑触线
		中性线
		保护线
		具有保护线和中性线的三相配线
(1) (2)		接地装置 (1) 有接地极 (2) 无接地极
○	○ 或 ∅	端子
		同轴电缆
		导线的 T 型连接
或	或	导线的双重连接
		电缆终端头
		滑动（滚动）连接器
		电阻器的一般符号
	或	可变电阻器

续表

新符号	旧 符 号	说 明
		压敏电阻器
		滑线式电阻器
		两个固定抽头的可变电阻器
		两个固定抽头的电阻器
		极性电容器
		滑动触点电位器
	或	可变电容器
		电感器、线圈、绕组、扼流圈
		磁芯（铁芯）有间隙的电感器
		带磁芯（铁芯）的电感器
		带磁芯（铁芯）连续可调的电感器
		分流器
		半导体二极管一般符号
		发光二极管
		隧道二极管
		单向击穿二极管（稳压二极管）
		双向击穿二极管（双向稳压二极管）
		双向二极管、交流开关二极管
		PNP 型半导体管
		NPN 型半导体管
		集电极接管壳的 NPN 型半导体管

续表

新符号	旧符号	说明
		光电二极管
	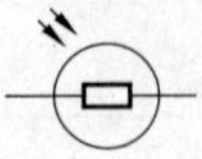	光敏电阻
		光电池
		两相绕组
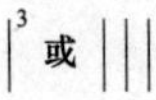		三个独立绕组
		三角形联结的三相绕组
		开口三角形联结的三相绕组
		中性点引出的星形联结的三相绕组
		星形联结的三相绕组
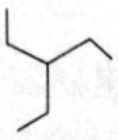	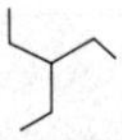	曲折形或双星形互相连接的三相绕组
		双三角连接的六相绕组
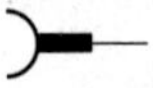	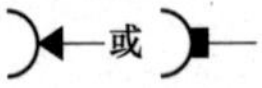	集电环或换向器上的电刷
		直流电动机
		直流发电机
		交流发电机
		交流电动机
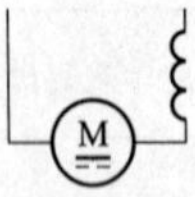	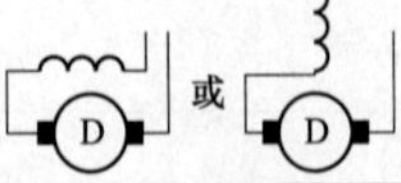	串励直流电动机
	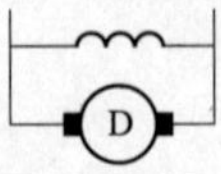	并励直流电动机
	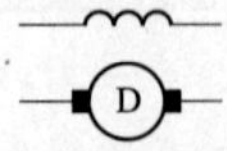	他励直流电动机

续表

新符号	旧 符 号	说 明
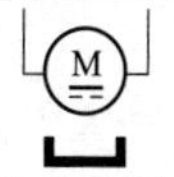	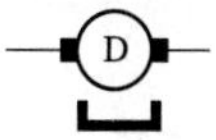	永磁直流电动机
	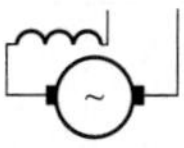	单相交流串励电动机
		单相永磁同步电动机
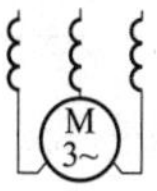		三相交流串励电动机
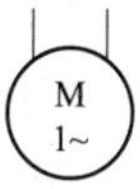		单相笼形异步电动机
		三相笼形异步电动机
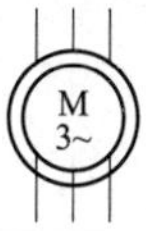	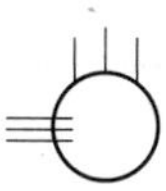	三相绕线转子异步电动机
		交流测速发电机
		电磁式直流测速发电机
		永磁式直流测速发电机
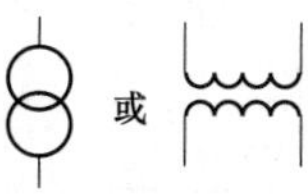 或	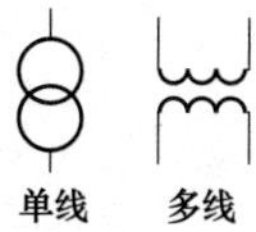 单线 多线	双绕组变压器一般符号
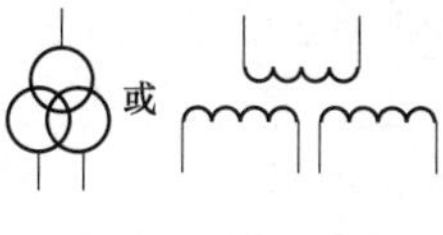 或	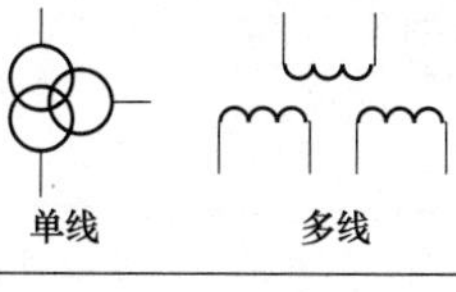 单线 多线	三绕组变压器一般符号
 或	 单线 多线	自耦变压器一般符号

续表

新符号	旧　符　号	说　　明
 或	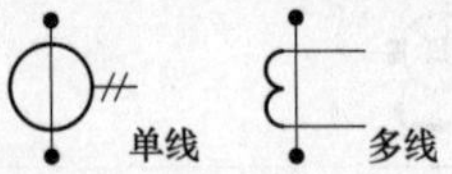 单线　　多线	电流互感器、脉冲变压器
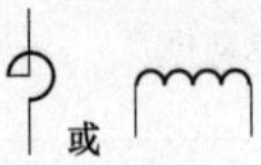 或		电抗器、扼流圈一般符号
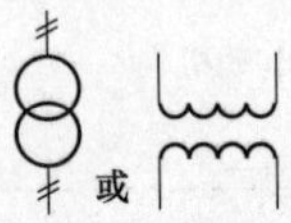 或	 单线　　多线	电压互感器
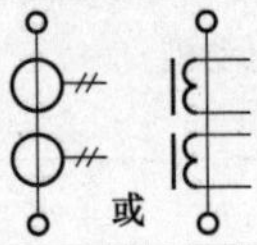 或	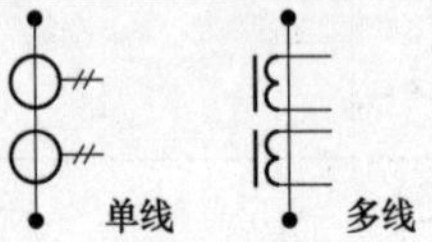 单线　　多线	具有两个铁芯和两个二次绕组的电流互感器
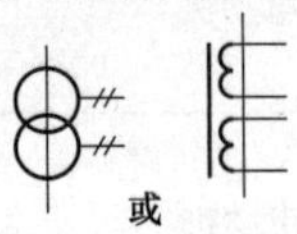 或	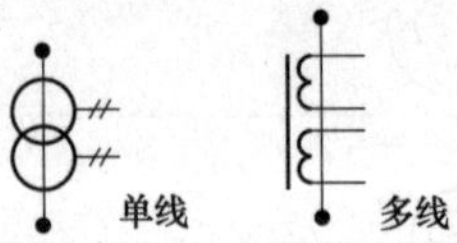 单线　　多线	在一个铁芯上有两个二次绕组的电流互感器
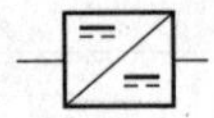		直流变流器方框符号
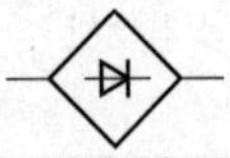		桥式全波整流器方框符号
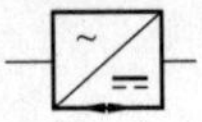		整流器/逆变器方框符号
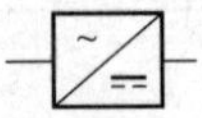		整流器方框符号
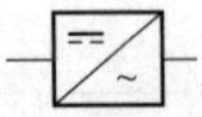		逆变器方框符号
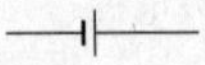	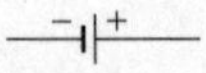	原电池或蓄电池，原电池组或蓄电池组
 $U<$	 $U<$	欠压继电器线圈
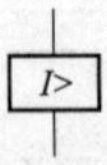 $I>$	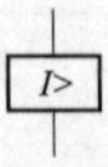 $I>$	过流继电器线圈
V	V	电压表
W	W	功率表
A	A	电流表

续表

新符号	旧符号	说明
A 1sinφ	A	无功电流表
var		无功功率表
cosφ	cosφ	功率因数表
Hz	f	频率表
n	n	转速表
*	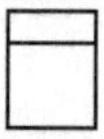	积算仪表，如电能表（星号按照规定予以代替）
Ah	Ah	安培小时计
Wh	Wh	电能表（瓦时计）
		示波器
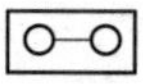		直流电焊机
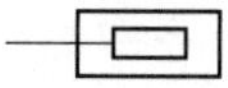	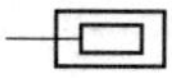	电阻加热装置
P−Q		减法器
Σ		加法器
Π		乘法器
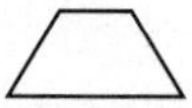	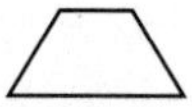	火灾报警装置
		热
		烟
		易爆气体
		手动启动
		电铃

续表

新符号	旧　符　号	说　明
		扬声器
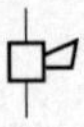	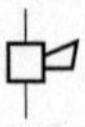	发声器
		电话机
		照明信号
		手动报警器
		感烟火灾探测器
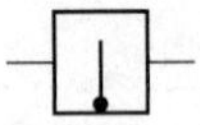	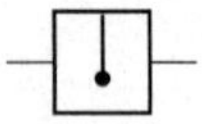	感温火灾探测器
		气体火灾探测器
		火警电话机
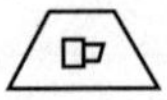	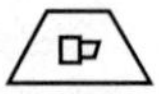	报警发声器
		有视听信号的控制和显示设备
		在专用电路上的事故照明灯
		自带电源的事故照明灯装置（应急灯）
	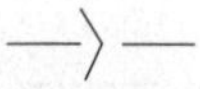	逃生路线，逃生方向
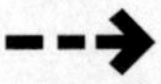		逃生路线，最终出口
		二氧化碳消防设备辅助符号
		氧化剂消防设备辅助符号
		卤代烷消防设备辅助符号

三、电气工程平面图常用图形符号

电气工程平面图常用图形符号见表1-9。

表 1 - 9　　　　　　　　　　电气工程平面图常用图形符号

符号	说　明	符号	说　明
	单相插座		带保护接点插座及带接地插孔的单相插座
	暗装		暗装
	密闭（防水）		密闭（防水）
	防爆		防爆
	带接地插孔的三相插座		单极开关
	暗装		暗装
	密闭（防水）		密闭（防水）
	防爆		防爆
	双极开关		三极开关
	暗装		暗装
	密闭（防水）		密闭（防水）
	防爆		防爆
	带熔断器的插座		电信插座的一般符号，可用文字或符号加以区别，如：TP—电话、TX—电传 TV—电视、M—传声器、*—扬声器（符号表示）、FM—调频
	开关一般符号		
	单极拉线开关	(a)	一般或保护型按钮盒（a）示出一个按钮；（b）示出两个按钮
	单极双控拉线开关	(b)	

续表

符号	说　明	符号	说　明
	单极限时开关		钥匙开关
	多拉开关（如用于不同照度）		定时开关
	中间开关 等效电路图	示例：	荧光灯一般符号，发光体一般符号 　示例：三管荧光灯 　　　　五管荧光灯
	调光器		气体放电灯的辅助设备，仅用于辅助设备与光源不在一起时
	灯的一般符号		自带电源的事故照明灯
	投光灯一般符号		在专用电路上的事故照明灯
	聚光灯		分线盒的一般符号 　注：可加注 $\dfrac{A-B}{C}D$ 　式中　A——编号；B——容量； 　　　　C——线序；D——用户数
	泛光灯		
	示出配线的照明引出线位置		室内分线盒
	在墙上的照明引出线（示出来自左边的配线）		室外分线盒
	鼓形控制器		分线箱
	自动开关箱		壁盒分线箱
	避雷针		刀开关箱
	电源自动切换箱（屏）		带熔断器的刀开关箱
	电阻箱	t	限时装置 定时器
	深照明灯		组合开关箱

续表

符号	说 明	符号	说 明
	广照型灯（配照型灯）	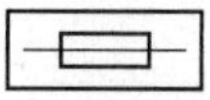	熔断器箱
	防水防尘灯		安全灯
	球形灯		壁灯
	局部照明灯		天棚灯
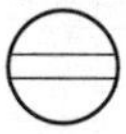	矿山灯		花灯
	隔爆灯		弯灯

四、常用建筑图形符号

常用建筑图形符号见表1-10。

表1-10 常 用 建 筑 图 形 符 号

名 称	图 例	名 称	图 例
普通砖墙	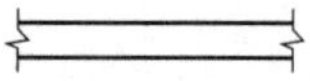	不可见孔洞	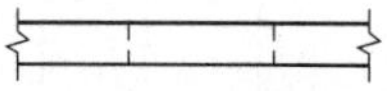
普通砖墙	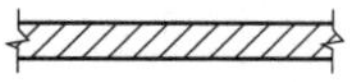	可见孔洞	
普通砖柱		标高符号（用m表示）	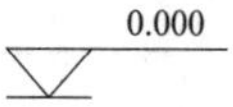 0.000
钢筋混凝土柱		轴线号与附加轴线号	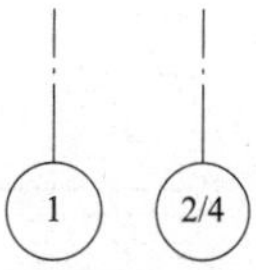 1 2/4
窗户	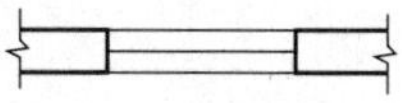	自然土壤	
窗	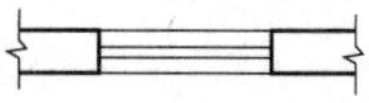	砂、灰土及粉刷材料	
单扇门	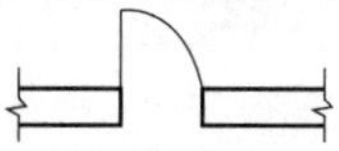	普通砖	
双扇门		混凝土	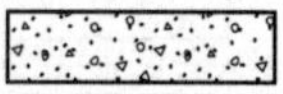
双扇弹簧门		钢筋混凝土	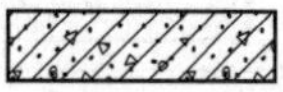

续表

名　称	图　例	名　称	图　例
金属	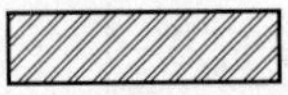	墙内单扇推拉门	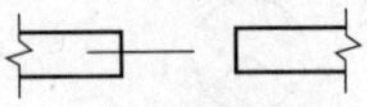
木材		污水池	
玻璃	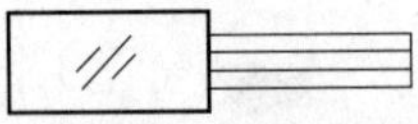	楼梯 底层	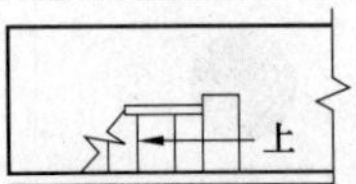 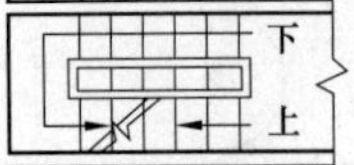 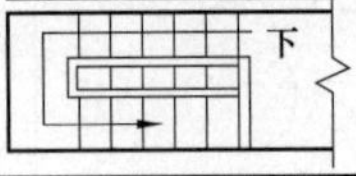 上
素土夯实	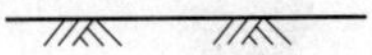	中间层	下 上
空门洞		顶层	下

五、有关施工用电平面图的基本图例

有关施工用电平面图的基本图例及说明见表 1 - 11

表 1 - 11　　　　　　　　　　有关施工用电平面图的基本图例及说明

图　例	名　称	说　明
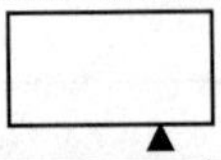	新建建筑物	▲表示出入口，图形内右上角点数或数字表示层数
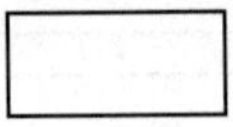	原有建筑物	
	计划扩建的预留地或建筑物	
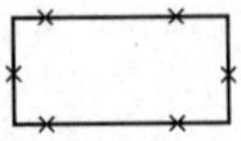	拆除的建筑物	
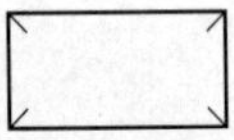	临时房屋密闭式	
	临时房屋敞棚式	
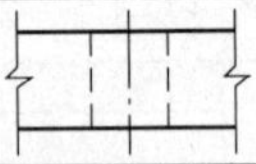	建筑物下面的通道	
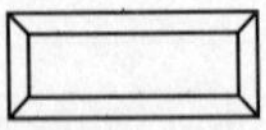	散状材料露天堆场	需要时可注明材料名称
	其他材料露天堆场或露天作业场	
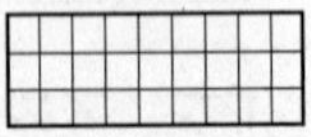	铺砌场地	

续表

图 例	名 称	说 明
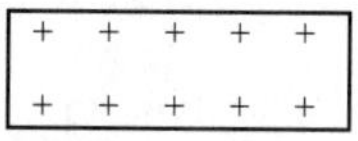	敞棚或敞廊	
	水池、坑槽	
 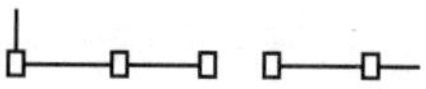	围墙及大门	左上图为实体性质的围墙，下图为通透性质的围墙，若仅表示围墙时不画大门
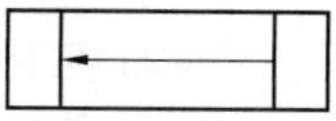	台阶	箭头指向表示向下
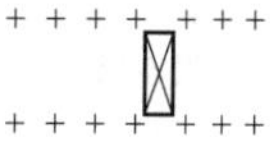	露天桥式吊车	
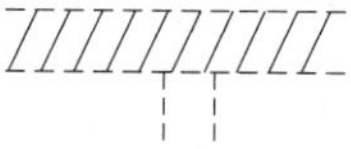	施工用临时道路	
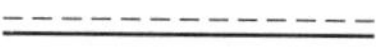	挡土墙	被挡土在"突出"的一侧
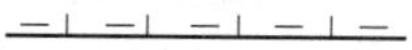	挡土墙上设围墙	
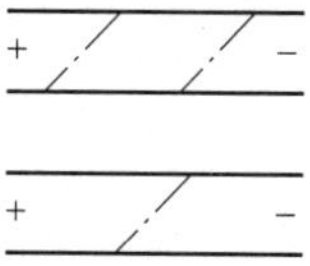	填方区、挖方区、未整平区及零点线	"+"表示填方区； "−"表示挖方区； 中间为未整平区； 点划线为零点线
	填挖边坡	
	护坡	下边线为虚线时表示填方
	地表排水方向	
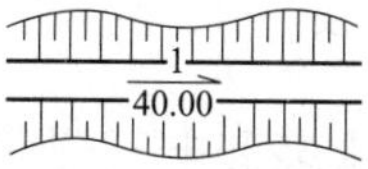	截水沟或排水沟	"1"表示 1‰ 的沟底纵向坡度，"40.00"表示变坡点间距离，箭头表示水流方向
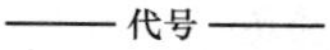 ——代号——	管线	管线代号按国家现行有关标准的规定标注
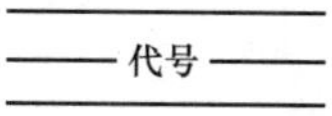 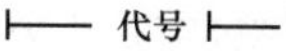 ——代号——	地沟管线	
├—代号—┤		
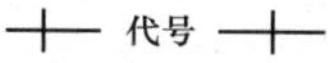 ┼—代号—┼	管桥管线	

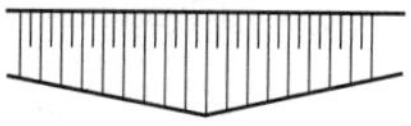

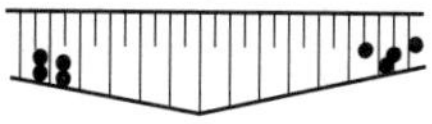

六、常用施工机械图例

常用施工机械图例见表 1−12。

表 1－12　　　　　　　　　　常用施工机械图例

图　例	名　称	图　例	名　称
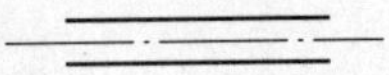	塔轨	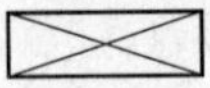	井架
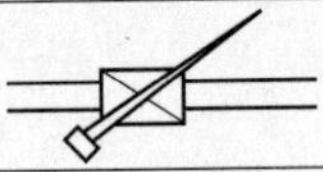	塔吊	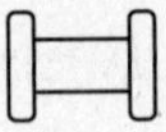	门架
	少先吊		外用电梯
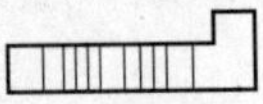	卷扬机	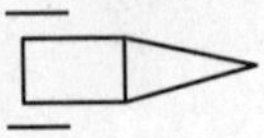	履带式起重机
	缆式起重机	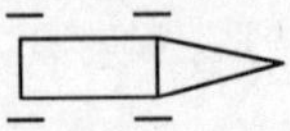	汽车式起重起
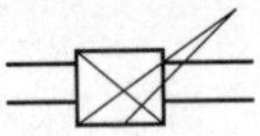	铁路式起重机	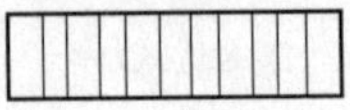	皮带运输机
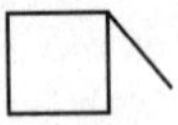	多斗挖土机	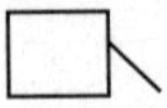	推土机
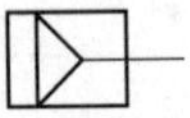	铲运机	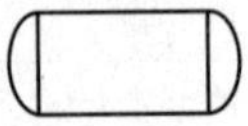	混凝土搅拌机
	灰浆搅拌机	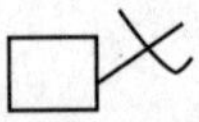	挖土机：
	洗石机		正铲
	打桩机	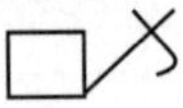	反铲
	水泵	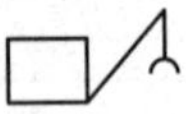	抓铲
	圆锯	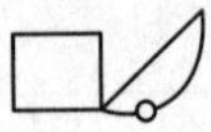	拉铲

七、电气照明平面布置图识读

电气照明平面布置图是设计单位供施工、使用单位进行电气照明安装和电气照明维护管理的电气基本图纸。掌握电气照明平面布置图的特点和识读方法十分重要。

❶ 照明平面图的主要内容

照明平面图的主要内容是照明电气线路和照明设备，包括下列各部分。

（1）电源进线和电源配电箱及各分配电箱的型式、安装位置，以及电源配电箱内的电气系统。

（2）照明线路中导线的根数、型号、规格（截面积）、线路走向、敷设位置、配线方式、导线的连接方式等。

（3）照明灯具的类型、灯泡灯管功率、灯具的安装方式、安装位置等。

（4）照明开关的类型、安装位置及接线等。

（5）插座及其他家用电器的类型、容量、安装位置及接线等。

② 照明线路和灯位的确定方法

由于照明线路和灯位采用图形符号和文字标注的方式表示，因此，在电气照明平面图上不表示出线路和灯具本身的形状和大小，但必须确定其敷设和安装位置。位置的确定方法如下。

（1）平面位置。电气平面图是在建筑平面图上绘制出来的，由建筑平面图的定位轴线以及某些构筑物（如梁、柱、门、窗等）可以清楚地确定照明线路和灯具的位置。

（2）垂直位置。电气照明平面图不可能直观表示出线路、灯位和安装的垂直高度，其垂直高度可用以下方式确定：标高，一般标注安装标高；文字符号标注，如灯具安装高度在符号旁按一定方式标注出具体尺寸；图注，用文字方式标注出某些共同设备的安装高度，如在注释中说明"所有控制开关离地平面1.3m"，这就是一种位置确定方法。

③ 接线方式的表示方法

照明器具、插座等通常都是并联连接于电源进线的两端，相线经开关至灯头，零线直接接灯头，保护地线与灯具金属外壳相连接。在一幢建筑物内灯具、插座等很多，通常采用两种方法连接，一种是直接接线方法，另一种是共头接线法。各照明器具、插座、开关等直接从电源干线上引接，导线中间允许有接头的安装接线法称为直接接线法。导线的连接只能通过开关、设备接线端子引线，导线中间不允许有接头的安装接线法称为共头接线法。共头接线法耗用导线较多，但接线可靠，是广泛采用的安装接线方法。

如图1-17所示是某建筑物两个房间电气照明平面布置图。图中3个灯分别用3个开关控制。如图1-17（a）所示为直接接线法，线路走向及导线根数已示于图中；如图1-17（b）所示为共头接线法，由于不能从中间分支接线，只能从开头和灯头引线，导线的根数也示于图中。很显然，图1-17（b）中所用导线根数较图1-17（a）要多一些。无论采用哪种接线方法，在电气照明平面图上导线都是很多的，显然在图中不能一一表示清楚，这就为识读带来了一定的困难。为了读懂电气照明平面图，可以另外画出照明器、开关、插座等的实际连接示意图，这种图称为斜视图，亦称透视图。

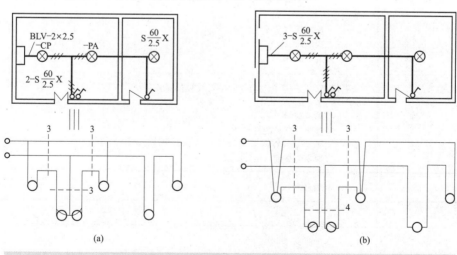

图1-17 照明电气接线方法示例

（a）直接接法；（b）共头接线法

八、电气设备及线路的标注方法

① 用电设备的标注

电气工程图中常用一些文字（包括英文、汉语拼音字母）和数字按照一定的书写格式表示电气设备及线路的规格型号、编号、容量、安装方式、标高及位置等。这些标注方法必须熟练掌握，在读图中有很大用途。电气设备及线路的标注方式及说明见表 1-13。

表 1-13　　　　　　　　　　　电气设备及线路的标注方式及说明

标注方式	说　　明
$\dfrac{a}{b}$ 或 $\dfrac{a}{b}+\dfrac{c}{d}$	用电设备。 a——设备编号； b——额定功率（kW）； c——线路首端熔断或自动开关释放器的电流（A）； d——标高（m）
① $a\dfrac{b}{c}$ 或 $a-b-c$； ② $a\dfrac{b-c}{d(e\times f)-g}$	电力和照明设备。①一般标注方法；②当需要标注引入线的规格时。 a——设备编号； b——设备型号； c——设备功率（kW）； d——导线型号； e——导线根数； f——导线截面（mm^2）； g——导线敷设方式及部位
① $a\dfrac{b}{c/i}$ 或 $a-b-c/i$； ② $a\dfrac{b-c/i}{d(e\times f)-g}$	开关及熔断器。①一般标注方法；②当需要标注引入线的规格时。 a——设备编号； b——设备型号； c——额定电流（A）； i——整定电流（A）； d——导线型号； e——导线根数； f——导线截面（mm^2）； g——导线敷设方式
$a/b-c$	照明变压器。 a——一次电压（V）； b——二次电压（V）； c——额定电流（A）
① $a-b\dfrac{c\times d\times L}{e}f$； ② $a-b\dfrac{c\times d\times L}{\_}$	照明灯具。①一般标注方法；②灯具吸顶安装。 a——灯数； b——型号或编号； c——每盏照明灯具的灯泡数； d——灯泡容量（W）； e——灯泡安装高度（m）； f——安装方式； L——光源种类
① a； ② $\dfrac{a-b}{c}$	照明照度检查点。①a——水平照度（1x）；②$a-b$——双侧垂直照度（1x）。 c——水平照度（1x）

标注方式	说　明
$\dfrac{a-b-c-d}{e\cdot f}$	电缆与其他设施交叉点。 a——保护管根数； b——保护管直径（mm）； c——管长（m）； d——地面标高（m）； e——保护管埋设深度（m）； f——交叉点坐标
① ▽ ±0.000 ； ② ▽ ±0.000	安装或敷设标高（m）。①用于室内平面、剖面图上；②用于总主平面图上的室外地面
① ——／／／——； ② ——／——（3）； ③ ——／——（n）	导线根数，当用单线表示一组导线时，若需要示出导线数，可用加小短斜线或画一条短斜线加数字表示。①表示3根；②表示3根；③表示 n 根
$\dfrac{3\times16}{\phi 2\frac{1}{2}''}$ $\dfrac{3\times10}{}$	① $3\times16\text{mm}^2$ 导线改为 $3\times10\text{mm}^2$；②无穿管敷设改为导线穿管 $\left(\phi 2\dfrac{1}{2}''\right)$ 敷设
V	电压损失（%）
$=\!=220\text{V}$	直流电压220V
$m\sim fU$	交流电。 m——相数； f——频率（Hz）； U——电压（V）。 例：示出交流，三相带中性线 N，50Hz，380V
L1（可用A） L2（可用B） L3（可用C） U V W	交流系统电源第一相； 交流系统电源第二相； 交流系统电源第三相； 交流系统设备端第一相； 交流系统设备端第二相； 交流系统设备端第三相
N	中性线
PE	保护线
PEN	保护和中性共用线

❷ 电力和照明设备的标注

一般标注方法为 $a\dfrac{b}{c}$ 或 $a-b-c$，如 $5\dfrac{\text{Y}200\text{L}-4}{30}$ 或 $5-(\text{Y}200\text{L}-4)-30$，表示这台电动机在该系统的编号为第5，型号是 Y 系统笼型电动机，机座中心高200mm，机座为长机座，4极，同步转速为 1500r/min，额定功率为 30kW。需要标注引入线时的标注为

$a\dfrac{b-c}{d(e\times f)-g}$，如 $5\dfrac{(\text{Y}200\text{L}-4)-30}{\text{BL}\ (3\times35)\ \text{G}40-\text{DA}}$，表示这台电动机在系统的编号为第 5，Y 系统笼型电动机，机座中心高 200mm，机座为长机座，4 极，同步转速为 1500r/min，功率为 30kW，3 根 35mm² 的橡胶绝缘铝芯导线穿直径为 40mm 的焊接钢管，沿地板埋地敷设引入电源负荷线。

有关电气工程图中表达线路敷设方式标注的文字代号及电气工程图中表达线路敷设部位标注的文字代号见表 1-14、表 1-15。

表 1-14　　　　　　　　电气工程图中表达线路敷设方式标注的文字代号

表达内容	英文代号	汉语拼音代号
用薄电线管敷设	TC	DG
用厚电线管敷设	—	—
用焊接钢管敷设	SC	G
用金属线槽敷设	SR	GC
用轨型护套线敷设	—	—
用塑制线敷设	PR	XC
用硬质塑管线敷设	PC	VG
用半硬塑管线敷设	FEC	ZVG
用可挠型塑制管敷设	—	—
用电缆桥架（或托盘）敷设	CT	—
用瓷夹敷设	PL	CJ
用塑制夹敷设	PCL	VT
用蛇皮管敷设	CP	—
用瓷瓶式或瓷柱式绝缘子敷设	K	CP

表 1-15　　　　　　　　电气工程图中表达线路敷设部位标注的文字代号

表达内容	英文代号	汉语拼音代号
暗敷在梁内	BC	LA
暗敷在柱内	CLC	ZA
暗敷在墙内	WC	QA
沿钢索敷设	SR	S
沿屋架或层架下弦敷设	BE	LM
沿柱敷设	CLE	ZM
沿墙敷设	WE	QM
沿天棚敷设	CE	PM
在能进人的吊顶内敷设	ACE	PNM
暗敷在屋面内或顶板内	CC	PA
暗敷在地面内或地板内	FC	DA
暗敷在不能进人的吊顶内	AC	PNA

③ 配电线路的标注

配电线路的标注一般为 $a-b(c\times d+n\times h)e-f$，如 $24-BV(3\times70+1\times50)G70-DA$，表示这条线路在系统的编号为第 24，聚氯乙烯绝缘铜芯导线 $70mm^2$ 的 3 根、$50mm^2$ 的一根穿直径为 70mm 的焊接钢管沿地板埋地敷设。在工程中若采用三相四线制供电，一般均采用上述的标注方式；如为三相三线制供电，则上式中的 n 和 h 则为 0；如为三相五线制供电，若采用专用保护零线，则 n 为 2，若利用钢管作为接零保护的接地公用线，则 n 为 1。

上述 3 例的回路编号在实际工程中有时不单独采用数字，有时在数字的前面或后面常标有字母（英文或汉语拼音），这个字母是设计者为了区分复杂而多个回路时设置的，在制图标准中没有定义，读图时应按设计者的标注去理解，如 M1、1M 或 3M1 等。

④ 用电设备的标注

用电设备的标注一般为 $\dfrac{a}{b}$ 或 $\dfrac{a}{b}+\dfrac{c}{d}$，如 $\dfrac{15}{75}$ 表示这台电动机在系统中的编号为第 15，电动机的额定功率为 75kW；如 $\dfrac{15}{75}+\dfrac{200}{0.8}$ 表示这台电动机的编号为第 15，额定功率为 75kW，自动开关脱扣器电流为 200A，安装标高为 0.8m。

⑤ 照明灯具的标注

按国标 GB/T 4728.11—2000 的规定，一般灯具标注文字的确书写格式为：

$$a-b\frac{c\times d\times l}{e}f$$

式中　a——灯上数量；

b——灯具型号；

c——灯具内灯泡数；

d——单只灯泡功率（W）；

e——灯具安装高度（m）；

f——安装方式；

l——光源种类。

例如 $9-YZ40RR\dfrac{2\times40}{2.5}Ch$，表示这个房间或某一区域安装 9 只型号为 YZ40RR 的荧光灯，直管形、日光色，每只灯 2 根 40W 灯管，用链吊安装，安装高度 2.5m（指灯具底部与地面距离）。光源种类 l，设计者可不标出，因为灯具型号已示出光源的种类。f 表达照明灯具安装方式，若吸顶安装，安装方式 f 和安装高度就不再标注，如某房间灯具的标注为 $2-JXD6\dfrac{2\times60}{\quad}$，表示这个房间安装两只型号为 JXD6 灯具，每只灯具两个 60W 的白炽灯泡，吸顶安装。

光源种类 l 主要指：白炽灯（IN）、荧光灯（FL）、荧光高压汞灯（Hg）、高压钠灯（Na）、碘钨灯（I）、红外线灯（IR）、紫外线灯（UV）等。

有关标注方式中照明灯具安装方式标注的代号及意义见表 1-16。

表 1－16　　　　　　　　　　　照明灯具安装方式标注的代号及意义

表达内容	标注代号	
	新代号	旧代号
线吊式	CP	
自在器线吊式	CP	X
固定线吊式	CP1	X1
防水线吊式	CP2	X2
吊线器式	CP3	X3
链吊式	Ch	L
管吊式	P	G
吸顶式或直附式	S	D
嵌入式（嵌入不可进入的顶棚）	R	R
顶棚内安装（嵌入可进入的顶棚）	CR	DR
墙壁内安装	WR	BR
台上安装	T	T
支架上安装	SP	J
壁装式	W	B
柱上安装	CL	Z
座装	HM	ZH

❻ 开关及熔断器的标注

一般标注方法为 $a\dfrac{b}{c/i}$ 或 $a-b-c/i$，如 $m_3\dfrac{DZ20Y-200}{200/200}$ 或 $m_3-(DZ20Y-200)-200/200$，表示设备编号为 m_3，开关的型号为 DZ20Y－200，即额定电流为 200A 的低压空气断路器，断路器的整定值为 200A。

需要标注引入线时的标注方法为 $a\dfrac{b-c/i}{d(e\times f)-g}$，如 $m_3\dfrac{DZ20Y-200-200/200}{BV\times(3\times50)K-BE}$，表示为设备编号为 m_3，开关型号为 DZ20Y－200 低压空气断路器，整定电流为 200A，引入导线为塑料绝缘铜线，三根 50mm²，用瓷瓶式绝缘子沿屋架敷设。

❼ 电缆的标注方式

电缆的标注方式基本与配电线路标注的方式相同，当电缆与其他设施交叉时的标注用下面的方式，$\dfrac{a-b-c-d}{e-f}$，如 $\dfrac{4-100-8-1.0}{0.8-f}$ 表示 4 根保护管，直径 100mm，管长 8m 于标高 1.0m 处且埋深 0.8m，交叉点坐标 f 一般用文字标注，如与××管道交叉，××管应见管道平面布置图。

第二章

动力及照明系统施工图识读

第一节 动力与照明工程概述

动力与照明工程主要是指建筑内各种照明及其控制装置、配电线路和插座等安装工程。照明与动力施工图是电气工程施工安装依据的技术图样，是建筑电气最基本的内容，包括动力与照明供电系统图、动力与照明平面布置图、非标准件安装制作大样图及有关施工说明、设备材料表等。因此，要识读照明系统电路图，必须掌握动力与照明工程的基本知识。

一、常用照明设备材料简介

（一）常用绝缘导线

常用绝缘导线的种类按其绝缘材料划分有橡皮绝缘线（BX、BLX）和塑料绝缘线（BV、BLV）；按其线芯材料划分有铜芯线和铝芯线。建筑物内多采用塑料绝缘线。常用绝缘导线的型号及用途见表2-1。

表2-1　　　　　　　　　　　常用绝缘导线的型号及用途

型号	名称	主要用途
BV	铜芯聚氯乙烯绝缘电线	用于交流500V及直流1000V及以下的线路中，供穿钢管或PVC管，明敷或暗敷
BLV	铝芯聚氯乙烯绝缘电线	
BVV	铜芯聚氯乙烯绝缘聚氯乙烯护套电线	用于交流500V及直流1000V及以下的线路中，供沿墙、沿平顶、线卡明敷用
BLVV	铝芯聚氯乙烯绝缘聚氯乙烯护套电线	
BVR	铜芯聚氯乙烯软线	与BV同，安装要求采用柔软导线时使用
RV	铜芯聚氯乙烯绝缘软线	供交流250V及以下各种移动电器接线用，大部分用于电话、广播、火灾报警等，常用RVS绞线
RVS	铜芯聚氯乙烯绝缘绞型软线	
BXF	铜芯氯丁橡皮绝缘线	具有良好的耐老化性和不延燃性，并具有一定的耐油、耐腐蚀性能，适用于用户敷设
BLXF	铝芯氯丁橡皮绝缘线	
BV-105	铜芯耐105℃聚氯乙烯绝缘电线	供交流500V及直流1000V及以下电力、照明、电工仪表、电信电子设备等温度较高的场所使用
BLV-105	铝芯耐105℃聚氯乙烯绝缘电线	
RV-105	铜芯耐105℃聚氯乙烯绝缘软线	供250V及以下的移动式设备及温度较高的场所使用

（二）常用保护管及线槽

常用保护管及线槽的文字符号及规格见表2-2。

表 2-2　　　　　　常用保护管及线槽的文字符号及规格　　　　单位：mm

名称	文字符号	常用规格
穿硬质塑料管敷设	PC	16、20、25、32、40、50
穿焊接钢管敷设	SC	15、20、25、32、40、50、70、80、100
穿电线钢管敷设	MT	15、20、25、32、40、50
穿金属线槽敷设	MR	45×30、55×40、45×45、120×65、50×25、70×36

二、电气照明分类

在建筑电气工程中，常用电气照明的分类见表 2-3。

表 2-3　　　　　　　　　常用电气照明的分类

类别	说　　明
正常照明	在正常情况下，使用的室内外照明称为正常照明。所有正在使用的房间及供工作、生活、运输、集会等公共场所均应设置正常照明。常用的工作照明均属于正常照明。正常照明一般单独使用，也可与应急照明、值班照明同时使用，但控制线路必须分开
事故照明	事故照明是指在正常照明因故障熄灭后，供事故情况下暂时继续工作或疏散人员的照明。在由于工作中断或误操作容易引起爆炸、火灾和人身事故和将造成严重政治后果和经济损失的场所，应设置事故照明。事故照明宜布置在可能引起事故的工作场所以及主要通道和出入口。暂时继续工作用的事故照明，其工作面上的照度不低于一般照明照度的 10%；疏散人员用的事故照明，主要通道上的照度不应低于 0.5Lx
值班照明	在工作和非工作时间内供值班人员用的照明。值班照明可利用正常照明中能单独控制的一部分或全部，也可利用应急照明的一部分或全部作为值班照明使用
警卫照明	警卫照明是指用于警卫地区周围的照明，可根据警戒任务的需要，在厂区或仓库区等警卫范围内装设
障碍照明	障碍照明是指装设在飞机场四周的高建筑上或有船舶航行的河流两岸建筑上表示障碍标志用的照明，可按民航和交通部门的有关规定装设

三、常用照明灯具与照明控制电路

（一）常用照明灯具

❶ 常用照明灯具的分类

照明灯具的种类很多，常用照明灯具的分类见表 2-4。

表 2-4　　　　　　　　　常用照明灯具的分类

分类	说　　明
按光源种类分类	照明灯具按光源种类分为热辐射光源灯具和气体放电光源灯具两类。热辐射光源灯具主要包括白炽灯（即"灯泡"）和卤钨灯。气体放电光源灯具主要包括荧光灯（即"日光灯"）、高压汞灯、高压钠灯、金属卤化物灯和氙灯等。其中白炽灯和荧光灯的使用最广

续表

分类	说　明
按安装 方式分类	照明灯具按安装方式分类，主要包括链吊灯、管吊灯、线吊灯、杆吊灯、吸顶灯、壁灯、落地灯、嵌入灯等多种类型。 　　(1) 链吊灯一般用于荧光灯具，灯具依靠爪子链悬吊。 　　(2) 管吊灯用钢管悬吊灯具，可用于荧光灯具，也可用于其他需要悬吊安装的灯具，如标志灯、装饰灯具等。 　　(3) 线吊灯用花线悬吊灯具，仅适用于悬吊白炽灯泡等较轻的灯具。 　　(4) 杆吊灯用圆钢悬吊灯具，用于悬吊较重的灯具，如很重的花灯和组合灯具等。 　　(5) 吸顶是将灯具紧贴楼板的顶板或者装饰吊顶面安装，除较重者需用吊杆（圆钢）悬吊吸顶外，一般的当紧贴楼板顶板安装吸顶灯时，用塑料胀塞或膨胀螺栓固定灯具；当吸顶灯具贴在吊顶上安装时，除较重的吸顶灯具（如组合灯具）需用吊杆圆钢悬吊外，一般的吸顶灯具用自攻螺丝直接在吊顶龙骨上安装。 　　(6) 壁灯是指灯具安装在墙上或柱子上，用塑料胀塞生根固定，如座灯和弯灯等。 　　(7) 落地灯是指灯具直接或者通过支架安装在地板上，如某些投光灯具。 　　(8) 嵌入灯是灯具嵌装在吊顶内，使灯具在安装后仅露出底面的灯罩。当灯具较重时，用吊杆圆钢悬吊；当灯具不重时，可用自攻螺丝将灯具固定于相应的加固的龙骨上
按灯具 结构分类	照明灯具按灯具结构的特点分为开启式灯具、保护式灯具、密闭式灯具和防爆式灯具等。 　　(1) 开启式灯具无透明罩、光源与外界直接相通。 　　(2) 保护式灯具有闭合透光罩。 　　(3) 密闭式灯具将灯具内部和外部分开，如防水防尘灯等。 　　(4) 防爆式灯具是用于易燃易爆场所的安全灯具
按灯具 用途分类	照明灯具按灯具的用途可分为正常工作用照明灯具和事故状态时的照明灯具。事故照明又分为工作用事故照明和疏散用事故照明。 　　(1) 工作用事故照明，一般在建筑的工作区域由于故障使工作照明灯具熄灭后，当会产生爆炸、火灾或人身伤害时，用于保护建筑、设备和人身的安全。疏散用事故照明，一般在建筑的工作区域由于故障使工作照明灯具熄灭后，用于指示人们离开该区域的路径，供人们有序地疏散。工作用事故照明一般安装在顶部的吊顶上或楼板上，与正常工作用照明灯具按设计所规定的排列顺序间隔安装，一般采用事故荧光灯具。 　　(2) 疏散用事故照明用疏散指示标志灯。在疏散指示标志灯上，有用于指导人们疏散的标志，一般安装在安全门和楼梯口的顶部，或者安装在距地面高度1m的墙面上和走廊转弯处。 　　(3) 事故照明所使用的灯具统称为应急照明灯具。灯具的应急电源由灯具配套设置的镉镍电池提供。正常工作时，由来自照明配电箱的交流电源给镉镍电池充电，当故障停电后，镉镍电池（即应急电源）向灯具供电

❷ 常用照明灯具简介

常用照明灯具类型与说明见表 2-5。

表 2-5　　　　　　　　　　　常用照明灯具类型与说明

类型	说　明
白炽灯	白炽灯是第一代电光源的代表作。它主要由灯丝、灯头和玻璃灯泡等组成，灯丝是由高熔点的钨丝绕制而成，并被封入抽成真空状的玻璃泡内。为了提高灯泡的使用寿命，一般在玻璃泡内再充入惰性气体氩或氮。应用在照度和光色要求不高，频繁开关的室内外照明。除普通灯泡外，还有低压灯泡 6～36V，用作局部安全照明和携带式照明。 　　当电流通过白炽灯的灯丝时，由于电流的热效应，使灯丝达到白炽状（钨丝的温度可达到 2400～2500℃）而发光。它的优点是构造简单，价格低，安装方便，便于控制和启动迅速，但因白炽灯吸收的电能只有不到 20% 被转换成了光能，其余的均被转换为红外线辐射能和热能浪费了，所以它的发光效率较低，现逐渐被节能灯所替代。 　　在安装使用时应注意：电压波动会造成其寿命降低或光能量降低；因白炽灯表面温度较高，故严禁在易燃物中安装

类型	说　明
H形节能荧光灯	H形节能荧光灯结构如图2-1所示。它具有光色柔和、显色性好、体积小、造型别致等特点。发光效率比普通荧光灯提高30％左右，是白炽灯的5～7倍。 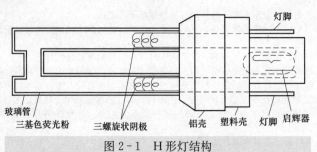 图2-1　H形灯结构 H形灯与电感式镇流器配套使用时，将启辉器装在灯头塑料外壳内并与灯丝连接好，另两根灯丝引线由灯脚引出。电感式镇流器装在一塑料外壳内，外壳一端是灯插接孔，另一端做成螺丝灯头与电源相接。使用时灯插在插接孔内，再将整个灯装在螺丝灯座上即可。H形灯的接线与普通型日光灯完全相同
荧光灯	荧光灯又称日光灯，是第二代电光源的代表作。它主要由荧光灯管、镇流器和启辉器等组成，如图2-2所示。其安装接线工作如图2-3所示 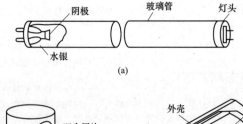 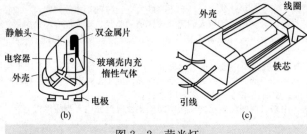 图2-2　荧光灯 (a) 荧光灯管；(b) 启辉器；(c) 镇流器 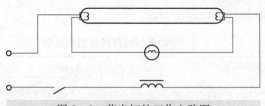 图2-3　荧光灯的工作电路图 　　一般荧光灯有多种颜色：日光色、白色、冷白色和暖白色以及各种彩色。灯管外形有直管形、U形、圆形、平板形等多种，常用的是 YZ 系列日光色荧光灯，即日光灯。 　　荧光灯优点很多，如光色好，特别是日光灯接近天然光；发光效率高，比白炽灯高2～3倍；在不频繁启燃工作状态下，其寿命较长，可达3000h以上。因此，荧光灯的应用非常广泛。 　　但荧光灯带有镇流器，其对环境的适应性较差，如温度过高或过低会造成启辉困难；电压偏低，会造成荧光灯启燃困难甚至不能启燃；同时，普通荧光灯启燃需一定的时间，因此，不适用于要求照明不间断的场所

续表

类型	说　明
卤钨灯	卤钨灯是卤钨循环白灯泡的简称，是一种较新型的热辐射光源。它是由具有钨丝的石英灯管内充入微量的卤化物（碘化物或溴化物）和电极组成，如图2-4所示。其发光效率高、光色好，适合大面积、高空间场所照明。 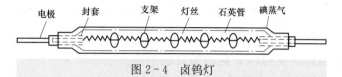 图2-4　卤钨灯 　　卤钨灯的安装必须保持水平，倾斜角不得超过±4°，否则会缩短灯管寿命；灯架距可燃物的净距不得小于1m，离地垂直高度不宜少于6m。它的耐震性较差，不宜在有震动的场所使用，也不宜做移动式照明电器使用。卤钨灯需配专用的照明灯具，室外安装应有防雨措施
金属卤化物灯	金属卤化物灯是近年发展起来的新型光源。与高压汞灯类似，在放电管内除充有汞和惰性气体外，还加入发光的金属卤化物（以碘化物为主）。当放电管工作而产生弧光放电时，金属卤化物被气化并向电弧中心扩散，在电弧中心处，卤化物被分离成金属和卤素原子。由于金属原子被激发，极大地提高了发光效率。因此，与高压汞灯相比，金属卤化物灯的发光效率更高，而且紫外辐射弱，但其寿命较高压汞灯短。目前，生产的金属卤化物灯，多为镝灯和钠铊铟灯。使用中应配用专用镇流器或采用触发器启动点燃灯管
高压水银灯	高压水银灯又称高压汞灯，是一种较新型的电光源，它主要由涂有荧光粉的玻璃泡和装有主、辅电极的放电管组成。玻璃泡内装有与放电管内辅助电极串联的附加电阻及电极引线，并将玻璃泡与放电管间抽成真空，充入少量惰性气体，如图2-5所示。 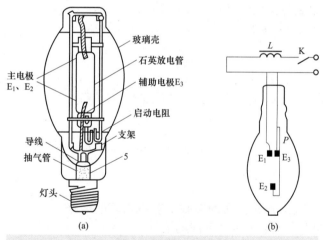 图2-5　高压汞灯 （a）高压汞灯的构造；（b）高压汞灯的工作电路图 　　高压汞灯分为普通高压汞灯和自镇流式高压汞灯两类。自镇流式高压汞灯的结构与普通汞灯基本一致，只是在石英管的外面绕了一根钨丝，与放电管串联，起到镇流器的作用。自镇流式高压汞灯具有发光效率高，寿命长、省电，耐震的优点，且对安装无特殊要求，所以被广泛用于施工现场、广场、车站等大面积场所的照明。其缺点是启动到正常亮度的时间较长，约需几分钟。而且，高压汞灯对电源电压的波动要求较高，如果电源电压突然降低5%以上时，可能造成高压汞灯的自行熄灭，且再启动点亮也需5～10s的时间
高压钠灯	与高压汞灯相似，在放电发光管内除充有适量的汞和惰性气体（氩或氙）以外，还加入足够的钠，由于钠的激发电位比较低得多，故放电管内以钠的放电放光为主。提高钠蒸气的压力即为高压钠灯。高压钠灯具有光效高、紫外线辐射小、透雾性能好、可以任意位置点燃、抗震性能好等优点。其缺点是发光强度受电源电压波动影响较大，约为电压变化率的2倍。如果电压降低5%以上时，可能造成高压钠灯的自行熄灭，电源电压恢复后，再启动时间较长，为10～15s

续表

类型	说　明
氙灯	氙灯灯管内充有高压的惰性气体，为惰性气体放电弧灯，其光色接近太阳光，具有耐低温、耐高温、抗震性能好、能瞬时启动、功率大等特点。启动方式为触发器启动，缺点是光效没有其他气体放电灯高、寿命短、价格高，在启动时有较多的紫外线辐射，人不能长时间靠近

（二）常用照明灯具控制电路

①　一只单联开关控制一盏白炽灯的电路

一只单联开关控制一盏白炽灯电路如图2-6所示。

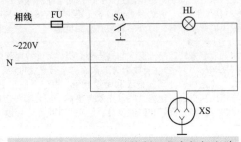

图2-6　一只单联开关控制1盏白炽灯电路

②　一只单联开关控制多盏白炽灯的电路

一只单联开关控制多盏白炽灯电路如图2-7所示。

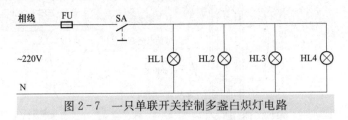

图2-7　一只单联开关控制多盏白炽灯电路

③　用两只双掷开关在两地控制1盏白炽灯的电路

将两只双掷开关安装于两个不同的地方，在两个地方通过两只开关中任意一个开关都可以控制1盏白炽灯（其他灯也可以）的开或者关。例如在第二层楼安1盏灯，两只开关分别安装于第一层楼和第二层楼。在第一层楼可以扳动开关SA1使灯EL亮或者灭，也可以在第二层楼扳动开关SA2使灯EL亮或者灭。用两只双掷开关在两地控制1盏白炽灯的电路如图2-8所示。

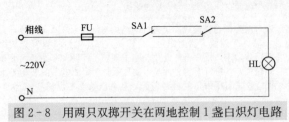

图2-8　用两只双掷开关在两地控制1盏白炽灯电路

④　高压灯控制电路

高压灯也是管形氙灯。这种灯和触发控制器相连接后，再接于单相220V电源。触发控制器有6个接线端子（X_1、X_2、X_3、X_4、X_5、X_6）。接线端X_1和X_2接管形氙灯，X_1是高压端子，应该注意加强绝缘。X_3 和 X_4 分别接单相电源的相线和中线（零线），X_5 和 X_6 接启动继电器 KA（CJ20-20）的常开触点。管形氙灯接线线路图如图 2-9 所示。

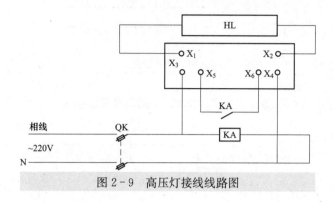

图 2-9　高压灯接线线路图

这种灯启辉时，启动电流大。当我们按下启动按钮时，启动继电器 KA 得电动作，KA 继电器的常开触点闭合，以便供给灯管较大的启动电流。当灯启辉完毕时，应及时松开启动按钮，使 KA 继电器断电，常开触点断开，氙灯依靠触发控制器供电发光。

⑤ 高压水银灯控制电路

高压水银灯具有节省电能、发光效率高、使用寿命长、安装线路简单、外形美观等优点。目前被广泛用于公共场所照明。

使用高压水银灯应该注意以下两个方面。

（1）电源电压不能波动过大。如果电压波动使线路电压降落 $5\%U_N$，可能使正在正常亮着的灯自然熄灭。高压水银灯自动熄灭后，不能立即复明，必须经过一段时间后才能复明。

（2）灯泡和镇流器要匹配使用。高压水银灯的灯座耐热性能要高，以防止灯泡热量过高烧毁灯座。高压水银灯控制电路图如图 2-10 所示。

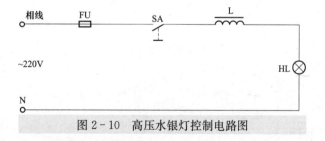

图 2-10　高压水银灯控制电路图

⑥ 荧光灯和黑色管灯的接线线路

荧光灯和黑色管灯工作原理相同，只是灯管内壁涂荧光粉不同，两种灯的接线线路也相同。荧光灯和黑色管灯接线线路图如图 2-11 所示。

⑦ 荧光灯与四线镇流器的接线线路

荧光灯接线线路使用的镇流器是双线镇流器，也就是镇流器只有两个接线端。四线镇流器有四个接线端。四线镇流器的四个接线端接线方法标注于镇流器上面，具体接线时，一定要严格按照镇流器上标明的方式接线。荧光灯四线镇流器接线线路如图 2-12 所示。

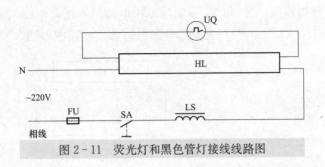

图2-11 荧光灯和黑色管灯接线线路图

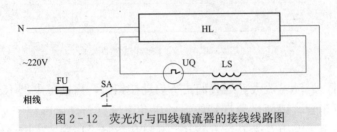

图2-12 荧光灯与四线镇流器的接线线路图

8 自制大功率"流水式"彩灯的控制电路

大功率"流水式"彩灯已广泛应用于剧院、舞厅和建筑物灯光装饰。现在介绍一种元件少、功率大、线路简单,可以同时点亮60只20W彩灯的"流水式"彩灯控制电路。自制大功率"流水式"彩灯控制电路如图2-13所示。图中各元器件明细见表2-6。

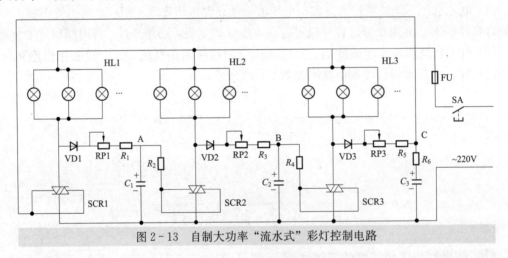

图2-13 自制大功率"流水式"彩灯控制电路

表2-6　　　　　　　　　　　图2-13中各元器件明细

符号	名称	型号	规格	数量
SCR1～SCR3	双向晶闸管	KS10	10A/600V	3
C_1、C_2、C_3	电解电容器		20μF/300V	3
R_1、R_3、R_5	电阻器		3.5kΩ	3
R_2、R_4、R_6	电阻器		10kΩ	3
VD1、VD2、VD3	二极管	2CP3C	300mA　U_R＝400V	3

续表

符号	名称	型号	规格	数量
EL1、EL2、EL3	三组彩灯		每组彩灯功率1000W以内	3
RP1、RP2、RP3	小型电位器		0～10Ω 可变	3
FU	熔断器	RL16	熔芯5A	1
SA	手动开关	LS2-2	380V/10A	1

图 2-13 所示电路分为三个单元电路，每个单元电路由一组彩灯、一个双向可控硅、一个触发电路组成。当闭合开关 SA 时，三个触发电路同时导通，电容器 C_1、C_2、C_3 开始充电。通过调节 RP_1、RP_1、RP_1 的电阻值，改变三个电容器的充电时间常数，造成 A 点、B 点、C 点电位升高的速度不同。例如，C 点电位先升高到触发 SCR1 需要的电压值时，SCR1（晶闸管）先导通，彩灯 HL1 先亮。电容器 C_3 通过 R_6 和 SCR1 放电，C 点电位会下降，SCR1 会自然关断。在 HL1 灯亮的过程中 C_1 和 C_2 充电。若 C_1 充电使 A 点电位升高，可触发 SCR2，使 SCR2 导通，灯 HL2 亮。C_1 通过 R_2 和 SCR2 放电，A 点电位下降，SCR2 也会自然关断。接着 B 点电位升高到能触发 SCR3 使 SCR3 导通，HL3 灯亮。C_2 通过 R_4 和 SCR3 放电，SCR3 自然关断。如此循环下去，三组灯轮流点亮，形成"流水式"效果。

四、电气照明线路

1 照明供电线路

照明供电线路一般有单相制（220V）和三相四线制（380V/220V）两种。

（1）220V 单相制。一般小容量（负荷电流为 15～20A）照明负荷，可采用 220V 单相二线制交流电源，如图 2-14 所示。它由外线路上一根相线和一根中性线组成。

（2）380V/220V 三相四线制。大容量（负荷电流在 30A 以上）照明负荷，一般采用 380V/220V 三相四线制中性点直接接地的交流电源。这种供电方式先将各种单相负荷平均分配，再分别接在每一根相线和中性线之间，如图 2-15 所示。当三相负荷平衡时，中性线上没有电流，所以在设计电路时应尽可能使各相负荷平衡。

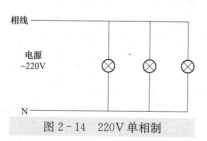

图 2-14　220V 单相制

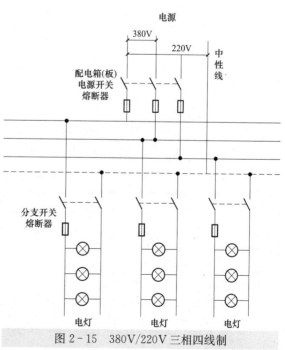

图 2-15　380V/220V 三相四线制

❷ 照明线路的基本组成

照明线路的基本组成如图 2-16 所示。图中由室外架空线路电杆上到建筑物外墙支架上的线路称为引下线（即接户线）；从外墙到总配电箱的线路称为进户线；由总配电箱至分配电箱的线路称为干线；由分配电箱至照明灯具的线路称为支线。

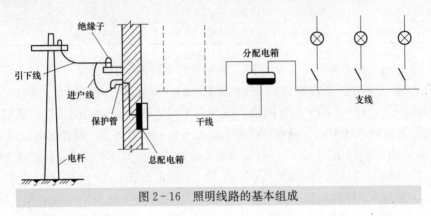

图 2-16　照明线路的基本组成

❸ 干线配线方式

由总配电箱到分配电箱的干线有放射式、树干式和混合式三种供电方式，如图 2-17 所示。

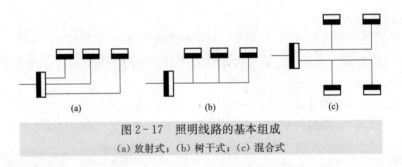

图 2-17　照明线路的基本组成
(a) 放射式；(b) 树干式；(c) 混合式

❹ 照明支线

照明支线又称照明回路，是指分配电箱到用电设备这段线路，即将电能直接传递给用电设备的配电线路。照明支线布置形式见表 2-7。

表 2-7　　　　　　　　　　　　　　　　照明支线布置形式

布置形式	说　　明
电器设置	通常，单相支线长度为 20~30m，三相支线长度为 60~80m，每相电流不超过 15A，每一单相支线上所装设的灯具和插座不应超过 20 个。在照明线路中，插座的故障率最高，如果插座安装数量较多，则应专设支线对插座供电，以提高照明线路供电的可靠性
导线截面	通常，室内照明支线线路较长，转弯和分支较多，因此，从敷设施工方便考虑，支线截面不宜过大，一般应在 1.0~4.0mm² 以内，最大不应超过 6.0mm²。如果单相支线电流大于 15A 或截面大于 6.0mm²，则应采用三相支线或两条单相支线供电

续表

布置形式	说　明
频闪效应的限制措施	为限制交流电源的频闪效应（电光源随交流电的频率变更而发生的明暗变化，称为交流电的频闪效应），三相支线上的灯具可实行按相序排列（如图2-18所示），并使三相负载接近平衡，以保证电压偏移的均衡 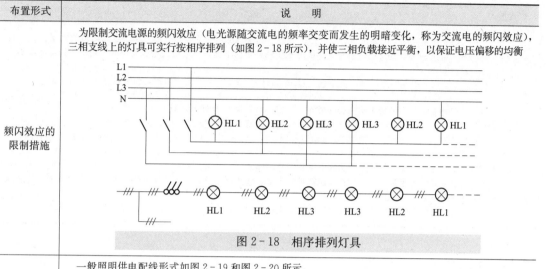 图2-18　相序排列灯具
配线形式	一般照明供电配线形式如图2-19和图2-20所示 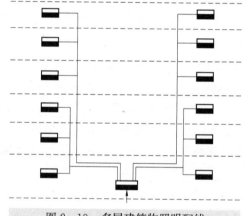 图2-19　多层建筑物照明配线 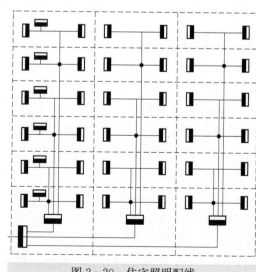 图2-20　住宅照明配线

续表

布置形式	说　明
支线的布置	（1）首先将用电设备进行分组，即把灯具、插座等尽可能均匀地分成几组，有几组就有几条支线，即每一组为一供电支线；分组时应尽可能地使每相负荷平衡，一般最大相负荷与最小相负荷的电流差不宜超过30%。 （2）每一单相回路，其电流不宜超过16A；灯具采用单一支线供电时，灯具数量不宜超过25盏。 （3）作为组合灯具的单独支路其电流不宜超过25A，光源数量不宜超过60个；而建筑物的轮廓灯每一单相支线其光源数不宜超过100个，且这些支线应采用铜芯绝缘导线。 （4）插座宜采用单独回路，单相独立插座回路所接插座不宜超过10组（每一组为一个二孔加一个三孔插座），且一个房间内的插座宜同一回路配电；当灯具与插座共支线时，其中插座数量不宜超过5个（组）。 （5）备用照明、疏散照明回路上不宜设置插座。 （6）不应将照明支线敷设在高温灯具的上部，接入高温灯具的线路应采用耐热导线或者采用其他的隔热措施。 （7）回路中的中性线和接地保护线的截面应与相线截面相同

五、室内配线方式

室内配线方式是指动力和照明线路在建筑物内的安装方法，根据建筑物的结构和要求的不同，室内配电方式可以分为明配线和暗配线两大类。

目前，建筑物内多采用穿保护管暗配线及穿管或金属线槽明配线的配线方法。

❶ 穿保护管暗配线

穿保护管暗配线，把穿线管敷设在墙壁、楼板、地面等的内部，要求管路短、弯头少、不外露。暗配线一般采用阻燃硬质塑料穿线管或金属管。敷设时，保护层厚度不小于15mm，配管时应根据管路的长度、弯头数量等因素，在管路的适当部位留接线盒。设置接线盒的原则如下。

（1）安装电器的位置应设置接线盒。

（2）线路分支处或导线规格改变处要设置接线盒。

（3）水平敷设管路遇下列情况之一时，中间应增设接线盒，且接线盒的位置应便于穿线。

1）管子长度每超过30m，无弯头。

2）管子长度每超过20m，有1个弯头。

3）管子长度每超过15m，有2个弯头。

4）管子长度每超过8m，有3个弯头。

（4）垂直敷设的管路遇下列情况之一时，应增加固定导线的接线盒。

1）导线截面50mm² 及以下，长度每超过30m。

2）导线截面70～95mm²，长度每超过20m。

3）导线截面120～240mm²，长度每超过18m。

（5）管子穿过建筑物变形缝时应增设接线盒。

❷ 金属线槽配线

（1）金属线槽内的导线敷设，不应出现挤压、扭结、损伤绝缘等现象，应将放好的导线按回路或系统整理成束，做好永久性的编号标记。

（2）线槽内的导线规格数量应符合设计规定；当设计无规定时，导线总截面积（包括绝缘层），强电不宜超过槽截面积的 20%，载流导体的数量不宜超过 30 根；弱电不宜超过槽截面积的 50%。

（3）多根导线在线槽内敷设时，载流量将会明显下降。导线的接头，应在线槽的接线盒内。

（4）载流导线采用线槽敷设时，因为导线数量多，散热条件差，载流量会有明显的下降，设计施工时应充分注意这一点，否则，将会给工程留下安全隐患。

（5）金属线槽应可靠接地，金属线槽与 PE 线连接应不少于两处，线槽的连接处应做跨接。金属线槽不可作为设备的接地导体。

六、照明配电方式与配电系统

① 照明配电方式

所谓照明配电方式，就是由低压配电屏或照明总配电盘以不同方式向各照明分配电盘进行配电。照明配电方式有多种，可根据实际情况选定。而基本的配电方式见表 2-8。

表 2-8　　　　　　　　　　　照明配电方式

配电方式	简图	说明
放射式	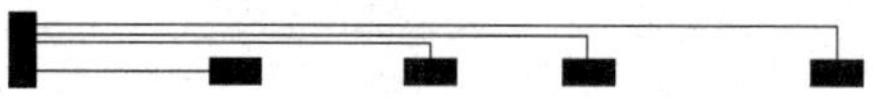 如左图所示为放射式配电系统，其优点是各负荷独立受电，线路发生故障时，不影响其他回路继续供电，故可靠性较高；回路中电动机启动引起的电压波动，对其他回路的影响较小。其缺点是建设费用较高，有色金属耗量较大。放射式配电一般用于重要的负荷	
树干式	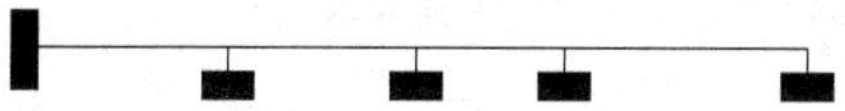 如左图所示为树干式配电系统。与放射式相比，其优点是建设费用低，但干线出现故障时影响范围大，可靠性差	
混合式	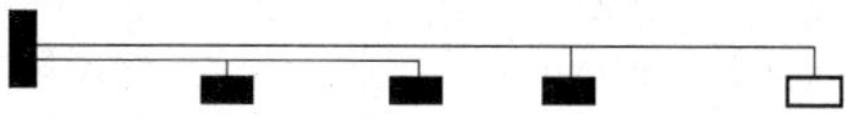 如左图所示为混合式配电系统。它是放射式和树干式的综合运用，具有两者的优点，所以在实际工程中应用最为广泛	
链式	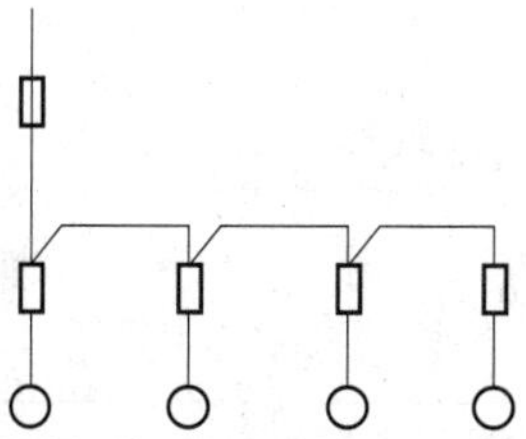 如左图所示为链式配电系统。它与树干式相似，适用于距离配电所较远，而彼此之间相距又较近的不重要的小容量设备，链接的设备一般为 3～4 台	

在实际应用中，各类建筑的照明配电系统都是上述四种基本方式的综合。

② 照明配电箱

照明配电箱应尽量靠近负载中心偏向电源的一侧，并应放在便于操作、便于维护、适当兼顾美观的位置。配电盘的作用半径主要决定于线路电压损失、负载密度和配电支线的数目，单相分配电箱的作用半径一般不宜超过 30m。

在配电箱内应设置总开关。至于每个支路是否需要设开关，主要决定控制方式，但每个支路应设置保护装置。为了出线方便，一个分配电盘的支路一般不宜超过 9 个。各支路的负载应尽可能三相平衡，最大相和最小相负载的电流差不大于30%。

照明配电箱的每一出线回路（一相线一零线）是直接和灯相连接的照明供电线路。每一出线回路的负载不宜超过2kW，熔断器不宜超过20A，所接灯数不应超过25只（若接有插座时，每一插座可按60W考虑），在次要场所可增至30只。若每个灯具内装有两只荧光灯管，允许接50只灯管。

3 常用照明配电系统

常用照明配电系统说明见表2-9。

表2-9   常用照明配电系统说明

类 别	说 明
智能建筑的直流配电系统	直流供电系统主要用于向智能建筑的电话交换机及其他需要直流电源的设备和系统供电，供电电压一般为48V、30V、24V和12V等。智能建筑中常采用半分散供电方式，即将交流配电屏、高频开关电源、直流配电屏、蓄电池组及其监控系统组合在一起构成智能建筑的交直流一体化电源系统。也可用多个架装的开关电源和AC—DC变换器组成的组合电源向负载供电。这种由多个一体化电源或组合电源分别向不同的智能化子系统供电的供电方式称为分散式直流供电系统。分散式直流供电系统如图2-21所示 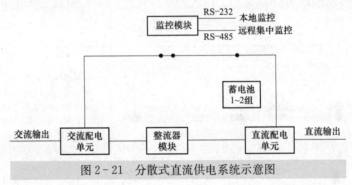 图2-21 分散式直流供电系统示意图
住宅照明配电系统	如图2-22所示为典型的住宅照明配电系统。它以每一楼梯间作为一单元，进户线引至楼的总配电箱，再由干线引至每一单元的配电箱，各单元配电箱采用树干式（或放射式）向各层用户的分配电箱馈电。 为了便于管理，住宅楼的总配电箱和单元配电箱一般装在楼梯公共过道的墙面上。分配电箱可装设电能表，以便用户单独计算电费 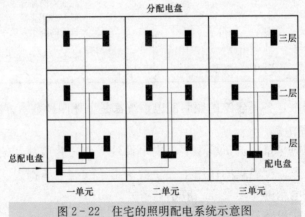 图2-22 住宅的照明配电系统示意图

续表

类别	说　明
多层公共建筑的照明配电系统	如图 7-23 所示为多层公共建筑（如办公楼、教学楼等）的照明配电系统。其进户线直接进入大楼的传达室或配电间的总配电箱，由总配电箱采取干线立管式向各层分配电箱馈电，再经分配电箱引出支线向各房间的照明器和用电设备供电 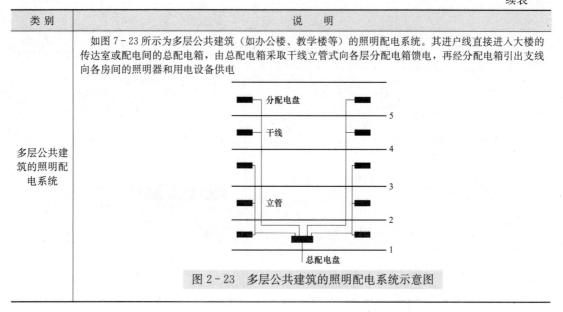 图 2-23　多层公共建筑的照明配电系统示意图

第二节　动力与照明系统图的识读

一、建筑动力系统图

动力系统图是用图形符号、文字符号绘制的，用来表达建筑物内动力系统的基本组成及相互关系的电气工程图，动力系统电气工程图通常用单线绘制，能够集中体现动力系统的计算电流、开关及熔断器、配电箱、导线或电缆的型号规格、保护套管管径和敷设方式、用电设备名称、容量及配电方式等。

❶ 低压动力配电系统接线形式

一般情况下，低压动力配电系统的电压等级为 380/220V 中性点直接接地系统，线路一般从建筑物变电所向建筑物各用电设备或负荷点配电，低压动力配电系统的接线方式有链式、树干式和放射式，具体说明见表 2-10。

表 2-10　　　　　　　　　低压动力配电系统接线方式说明

类别	说　明
链式	链式供电方式是由一条线路配电，先接一台设备，再由此台设备接到邻近的动力设备上。这样的接法，一条线路可以接 3～4 台设备，且总功率不可超过 10kW，链式动力配电系统方式可用于设备距离配电屏较远，且设备容量比较小时，链式动力配电系统方式如图 2-24 所示 ↓380/220V 图 2-24　链式动力系统接线图

续表

类别	说　明
树干式	树干式动力配电系统图中的垂直母线槽和插接式配电箱组成树干式配电系统，其系统的动力设备分布比较均匀，当系统设备容量差别不大，安装不太远时可采用此种方式，树干式动力配电系统接线大致形式如图 2-25 所示 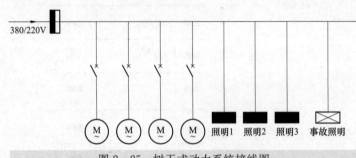 <div align="center">图 2-25　树干式动力系统接线图</div>
放射式	放射式动力系统接线方式的主配电箱安装在容量较大的设备附近。通常，分配电箱、控制开关和所控制的设备安装在一起。一般用于动力设备数量不多，且设备运行平稳的情况，放射式动力系统接线大致形式如图 2-26 所示 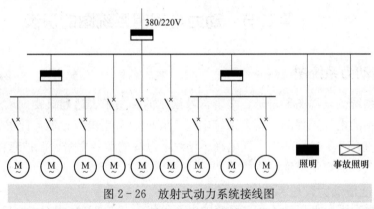 <div align="center">图 2-26　放射式动力系统接线图</div>

❷ 动力系统图的识读方法

　　建筑物的动力设备较多，包括电梯、空调、水泵以及消防设备等，下面以某教学大楼一至七层的动力系统图为例介绍动力系统图的识读方法。

　　某教学大楼一至七层的动力系统图，如图 2-27 所示。设备包括电梯和各层动力装置，其中电梯动力较简单，由低压配电室 AA4 的 WPM4 回路用电缆经竖井引至七层电梯机房，接至 AP-7-1 号箱上，箱型号为 PZ30-3003，电缆型号为 VV（5×10）铜芯塑缆。该箱输出两个回路，电梯动力 18.5kW，主开关为 C45N/3P（50A）低压断路器，照明回路主开关为 C45N/1P（10A）。

　　(1) 动力母线是用安装在电气竖井内的插接母线完成的，母线型号为 CFW-3A-400A/4，额定容量 400A，三相加一根保护线。母线的电源是用电缆从低压配电室 AA3 的 WPM2 回路引入的，电缆型号为 VV（3×120＋2×70）铜芯塑电缆。

　　(2) 各层的动力电源是经插接箱取得的，插接箱与母线成套供应，箱内设两只 C45N/

3P（32）、（50）低压断路器，括号内数值为电流整定值，将电源分为两路。

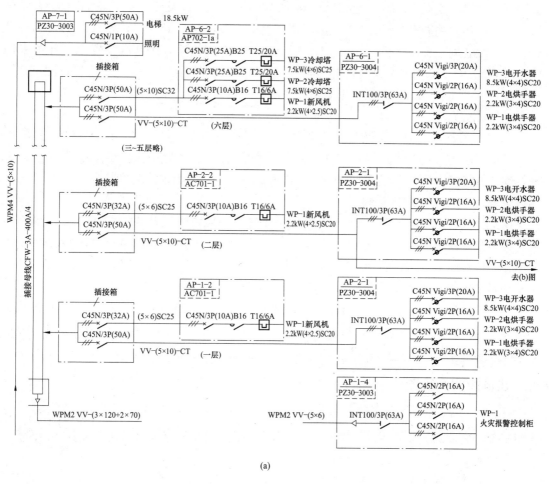

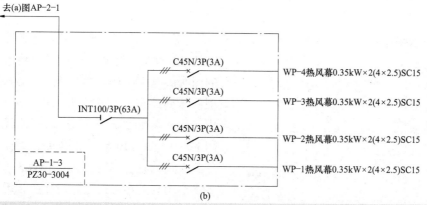

图 2 - 27 某教学大楼一至七层的动力系统图

（3）这里仅以一层为例加以说明。电源分为两路，其中一路是用电缆桥架（CT）将电缆 VV－（5×10）-CT 铜芯电缆引至 AP-1-1 号配电箱，型号为 PZ30－3004。另一路是用 5 根每根是 6mm² 导线穿管径 25mm 的钢管将铜芯导线引至 AP-1-2 号配电箱，型号为 AC701－1。

APL-1-1号配电箱分为四路，其中有一备用回路，箱内有C45N/3P（10A）的低压断路器，整定电流10A，B16交流接触器，额定电流16A，以及T16/6A热继电器，额定电流为16A，热元件额定电流为6A。总开关为隔离开关，型号INT100/3P（63A），第一分路WP-1为电烘手器2.2kW，用铜芯塑线（3×4）SC20引出到电烘手器上，开关采用CA5N Vigi/2P（16A），有漏电报警功能（Vigi）；第二分路WP-2为电烘手器，同上；第三分路为电开水器8.5kw，用铜芯塑线（4×4）SC20连接，采用C45N Vigi/3P（20A），有漏电报警功能。

AP-1-2号配电箱为一路WP-1，新风机2.2kW，用铜芯塑线（4×2.5）SC20连接。

二至六层与一层基本相同，但AP-2-1号箱增了一个回路，这个回路是为一层设置的，编号AP-1-3，型号为PZ30-3004，如图2-27（b）所示，四路热风幕，0.35kW×2，铜线穿管（4×2.5）SC15连接。

（4）六层与一层略有不同，其中AP-6-1号与一层相同，而AP-6-2号增加了两个回路，即两个冷却塔7.5kW，用铜塑线（4×6）SC25连接，主开关为C45N/3P（25A）低压断路器，接触器B25直接启动，热继电器T25/20A作为过载及断相保护。增加回路后，插接箱的容量也作了调整，两路均为C45N/3P（50A），连接线变为（5×10）SC32。

（5）一层除了上述回路外，还从低压配电室AA4的WLM2引入消防中心火灾报警控制柜一路电源，编号AP-1-4，箱型号为PZ30-3003，总开关为INT100/3P（63A）刀开关，分3路，型号均为C45N/ZP（16A）。

二、建筑照明系统图

建筑电气照明系统图是用来表示照明系统网络关系的图纸，系统图应表示出系统的各个组成部分之间的相互关系、连接方式，以及各组成部分的电器元件和设备及其特性参数。

照明系统图上需要表达以下几项内容。

（1）架空线路（或电缆线路）进线的回路数、导线或电缆的型号、规格、敷设方式及穿管管径。

（2）总开关及熔断器的型号规格，出线回路数量、用途、用电负载功率及各条照明支路的分相情况。如图2-28所示为某建筑的照明供电系统图，各回路采用的是DZ型低压断路器，其中N1、N2、N3线路用三相开关DZ10-50/310，其他线路均用DZ10-50/110型单相开关。为使三相负载大致均衡，N1～N10各线路的电源基本平均分配在L1、L2、L3三相中。

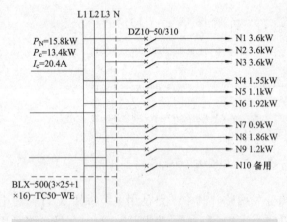

图2-28　照明供电系统图示例

（3）用电参数。照明配电系统图上，应表示出总的设备容量、需要系数、计算容量、计算电流、配电方式等，也可以列表表示。如2-28所示中，设备容量为

$P_N=15.8$kW，计算负荷 $P_c=13.4$kW，计算电流 $I_c=20.4$A。导线为 BLX－500$(3\times25+1\times16)$－TC50－WE。

（4）技术说明、设备材料明细等。

❶ 照明配电系统接线形式

照明配电系统有 380/220V 三相五线制（TT 系统 TN－S 系统）和 220V 单相两线制。在照明分支线中，一般采用单相供电，在照明总干线中，要采用三相五线制供电，并且要尽量把负荷均匀地分配到各线路上，以保证供电系统的三相平衡。根据照明系统接线方式的不同，照明配电系统可分为 3 种形式。

（1）单电源照明配电系统。照明线路与动力线路在母线上分开供电，事故照明线路与正常照明线路分开，如图 2－29 所示。

（2）有备用电源照明配电系统。照明线路与动力线路在母线上分开供电，事故照明线路由备用电源供电，如图 2－30 所示。

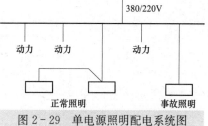

图 2－29　单电源照明配电系统图

（3）多层建筑照明配电系统。如图 2－31 所示，多层建筑照明一般采用干线式供电，总配电箱设在底层。

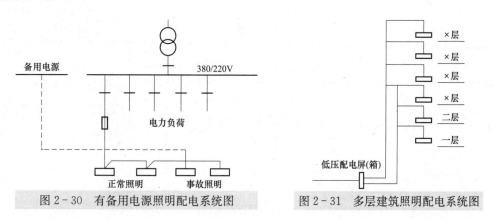

图 2－30　有备用电源照明配电系统图　　　图 2－31　多层建筑照明配电系统图

❷ 照明系统图的识读方法

在照明系统图中，可以清楚地看出照明系统的接线方式以及进线类型与规格、总开关型号、分开关型号、导线型号规格、管径及敷设方式、分支回路编号、分支回路设备类型、数量及计算总功率等基本设计参数。

以某幼儿园的照明系统图为例，介绍该动力、照明系统图（仅供参考，该幼儿园为三层楼建筑）。如图 2－32 和图 2－33 所示是该幼儿园的动力、照明配电系统图，由图 3－32 和图 2－33 可知：该幼儿园照明配电系统由一个总配电箱，6 个分配电箱和 1 个备用配电箱组成。进户线采用三相五线制，电源由室外 220/380V 引入，采用 YJV22 型电缆直埋敷设（暗敷在地面或地板内），即 4 根 120mm² 加 1 根 70mm² 的交联聚乙烯绝缘电力电缆，入户穿直径为 100mm 的钢管保护。总配电箱引出 6 条支路，其中 1、4 支路引至 1 层 AL－1 和 AL－K1 分配电箱，2、5 支路引至 2 层的 AL－2 和 AL－K2 分配电箱，3、6 支路引至 3 层的 AL－3 和 AL－K3 分配电箱，每层的照明、插座和空调回路均分开。室内配电支线采用

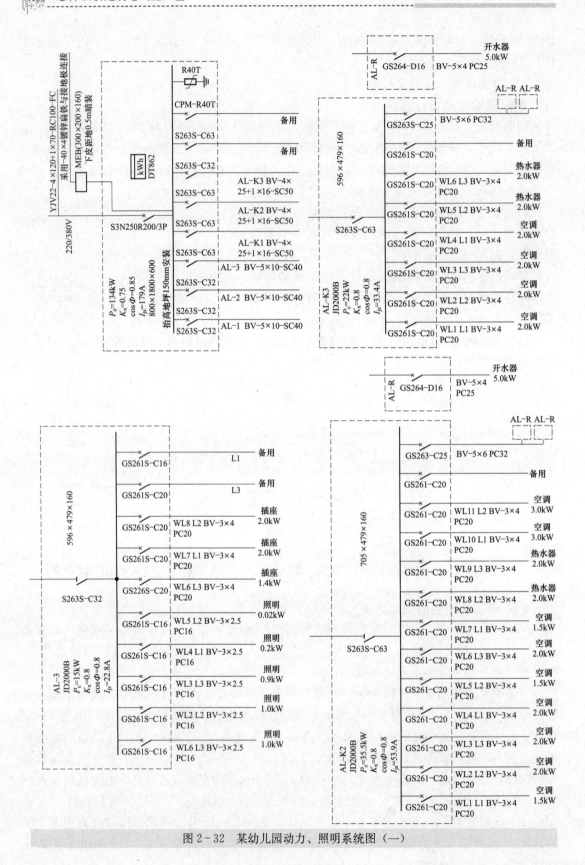

图2-32 某幼儿园动力、照明系统图（一）

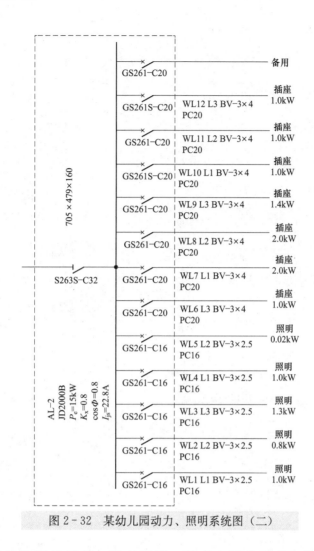

图 2-32　某幼儿园动力、照明系统图（二）

BV500V 聚氯乙烯绝缘铜芯导线，所有照明、插座支线均穿 PC 管沿墙及楼板暗敷。2.5mm² 的 2～3 根穿 PC16，4～5 根穿 PC20，6 根穿 PC25。所有空调、热水器支线均穿 PC 管沿墙及楼板暗敷。导线采用 4mm² 的 BV-500 型聚氯乙烯绝缘铜芯导线，空调支线穿 PC20，开水器支线穿 PC25。电源进线总断路器型号为 S3N250R200/3P，额定电流200A，3 极。各层分配电箱控制照明、插座的总断路器型号均为 S263S-C32，额定电流为32A，各层分配电箱控制空调的总断路器型号均为 S263S-C63，额定电流为 63A。该幼儿园采用总等电位 MEB 连接，将建筑物内保护干线、设备进线金属管等进行连接；各层分配电箱开关型号：照明、插座支路淋浴室，淋浴室做局部等电位连接。

　　下面再以某综合大楼照明系统图为例来说明。某综合大楼为三层砖沉结构，其照明系统图如图 2-34 所示。从图中可以看出，进线标注为 VV22-4×16SC50-FC，说明本楼使用全塑铜芯铠装电缆，规格为 4 芯，截面积 16mm²，穿直径 50mm 焊接钢管，沿地下暗敷设进入建筑物的首层配电箱。三个楼层的配电箱均为 PXT 型通用配电箱，一层 AL-1 箱尺寸为 700mm×650mm×200mm，配电箱内装一只总开关，使用 C45N-2 型单极组合断路器，容量 32A。总开关后接本层开关，也使用 C45N-2 型单极组合断路器，容量 15A。另

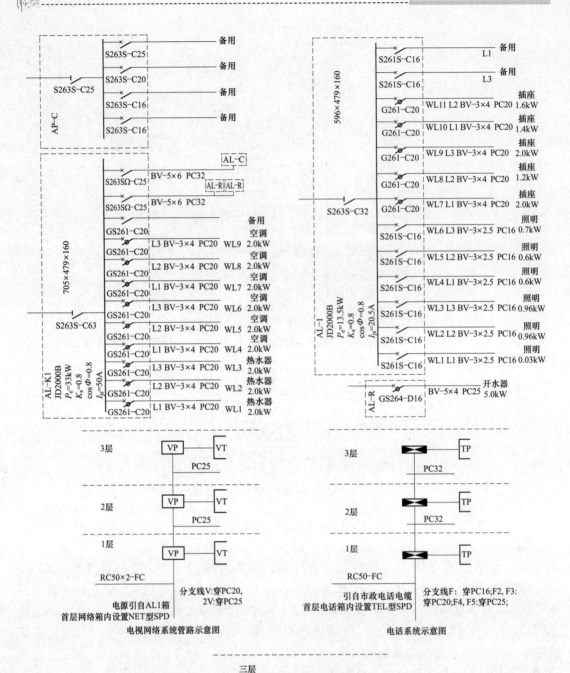

图 2-33　某幼儿园动力、照明系统图（三）

外的一条线路穿管引上二楼。本层开关后共有 6 个输出回路，分别为 WL1～WL6。其中 WL1、WL2 为插座支路，开关使用 C45N‑2 型单极组合断路器；WL3、WL4、WL5 为照明支路，使用 C45N‑2 型单极组合断路器；WL6 为备用支路。

一层到二层的线路使用 5 根截面积为 10mm² 的 BV 型塑料绝缘铜导线连接，穿直径 32mm 焊接钢管，沿墙内暗敷设。二层配电箱 AL‑2 与三层配电箱 AL‑3 相同，均为 PXT 型通用配电箱，尺寸为 500mm×280mm×160mm。箱内主开关为 C45N‑2 型 15A 单极组合断路器，在开关前分出一条线路接往三楼。主开关后为 7 条输出回路，其中：WL1、WL2 为插座支路，使用带漏电保护断路器；WL3、WL4、WL5 为照明支路；WL6、WL7 两条为备用支路。

从二层到三层使用 5 根截面积为 6mm² 的塑料绝缘铜线连接，穿 ϕ25mm 焊接钢管，沿墙内暗敷设。

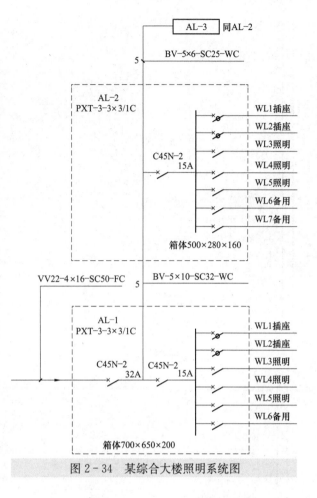

图 2‑34 某综合大楼照明系统图

如图 2‑35 所示为某住宅楼一至五层（节选）照明配电系统图。从图中可看出一至五层的照明母线同样采用竖井内插接母线 CFW‑3A‑400A，母线电源由低压配电室 AA5 柜 WLMI 回路电缆引出，电缆为 VV(4×150＋1×75) 铜芯电缆。

从图 2‑35 上可以看出一层的照明电源是经插接箱从插接母线取得的，插接箱共分三路，其中 AL‑1‑1 和 AL‑1‑2 是供一层照明回路的，而 AL‑1‑3 是供地下一层和二层照明回路的。插接箱内的三路均采用 C45N‑3P‑50A 低压断路器作为总开关，三相供电引入配电箱，配电箱均为 PZ30‑30□□型，方框内数字为回路数，用 INT100/3P‑63A 隔离开关作为分路总开关。

从一层照明配电系统图上可以看出配电箱照明支路采用单极低压断路器，型号为 C45N/1P(10A)，泛光照明采用三极低压断路器，型号为 C45N/3P(20A)，插座及风机盘管支路采用双极报警开关，型号为 DPNVigi/1P＋N‑(10/16A)，备用回路也采用 DPNVigi/1P＋N‑10A 型低压断路器。从插接箱到配电箱均采用 VV(5×10) 五芯铜芯电缆沿桥架敷设。

从二层到五层的照明配电系统中可以看出每层仅有两个回路，其他走向与一层相同。

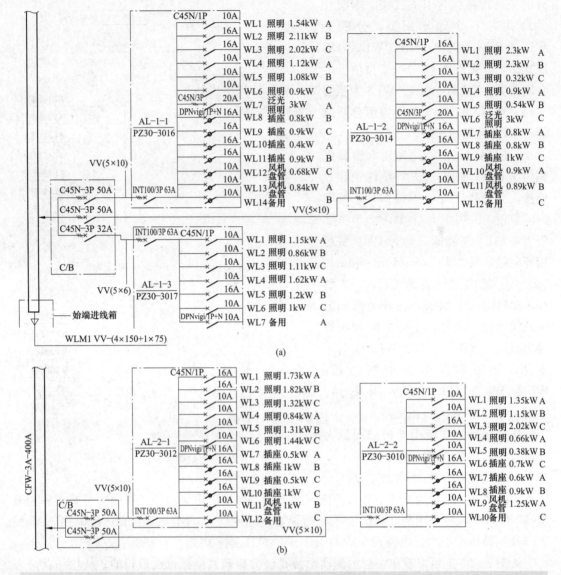

图 2-35 一至五层照明配电系统图

第三节　动力及照明施工平面图的识读

平面图是用国家标准规定的建筑和电气平面图图形符号及有关文字符号表示动力设备和照明区域内照明灯具、开关、插座及配电箱等的平面位置及其型号、规格、数量、安装方式，并表示线路的走向、敷设方式及其导线型号、规格、根数等的图样。

一、动力与照明平面图的识读要点

（1）首先应阅读动力与照明系统图。了解整个系统的基本组成，各设备之间的相互关系，对整个系统有一个全面了解。

（2）阅读设计说明和图例。设计说明以文字形式描述设计的依据、相关参考资料以及图中无法表示或不易表示但又与施工有关的问题。图例中常表明图中采用的某些非标准图形符号。这些内容对正确阅读平面图是十分重要的。

（3）了解建筑物的基本情况，熟悉电气设备、灯具在建筑物内的分布与安装位置。要了解电气设备、灯具的型号、规格、性能、特点以及对安装的技术要求。

（4）了解各支路的负荷分配和连接情况，明确各设备属于哪个支路的负荷，弄清设备之间的相互关系。读平面图时，一般从配电箱开始，一条支路一条支路地看。如果这个问题解决不好，就无法进行实际的配线施工。

（5）动力设备及照明灯具的具体安装方法一般不在平面图上直接给出，必须通过阅读安装大样图来解决，可以把阅读平面图和阅读安装大样图结合起来，以全面了解具体的施工方法。

（6）相互对照、综合看图。为避免建筑电气设备及线路与其他设备管线在安装时发生位置冲突，在阅读平面图时，要对照阅读其他建筑设备安装图。

（7）了解设备的一些特殊要求，做出适当的选择。如低压电器外壳防护等级、防触电保护的灯具分类、防爆电器等的特殊要求。

二、动力与照明平面图的识读方法

照明平面图上要表达的主要内容有：电源进线位置，导线型号、规格、根数及敷设方式，灯具位置、型号及安装方式，各种用电设备（照明分电箱、开关、插座、电扇等）的型号\规格\安装位置及方式等。

如图 2-36 所示为某建筑物第三层电气照明平面图，如图 2-37 所示为其供电系统图，表 2-11 是负荷统计表。

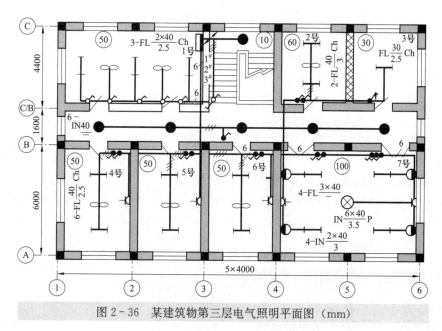

图 2-36　某建筑物第三层电气照明平面图（mm）

从系统图可见，该楼层电源引自第二层，单相～220V，经照明配电箱 XM1—16 分成（1～3）MFG3 条分干线，送到 1～7 号各室。

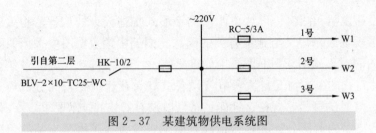

图 2-37 某建筑物供电系统图

表 2-11　　　　　　　　图 2-36、图 2-37 负荷统计表

线路编号	供电场所	负荷统计			
		灯具（个）	电扇（只）	插座（个）	计算负荷（kW）
1	1 号房间、走廊、楼道	9	2	—	0.41
2	4、5、6 号房间	6	3	3	0.42
3	2、3、7 号房间	12	1	2	0.48

注 1. 该层层高 4m，净高 3.88m，楼面为混凝土板。

2. 导线及配线方式：电源引自第二层，总线为 PG-BLV-500-2×10-TC25-WC；分干线为 (1~3)MFG-BLV-500-2×6 PC20-WC；各支线为 BLVV-500-2×2.5-PC15-WC。

3. 配电箱为 XM1-16 型，并按系统图接线。

图 2-36 可识读如下：

（1）建筑平面概况。为了清晰地表示线路、灯具的布置，图中按比例用细实线简略地绘制出了该建筑物的墙体、门窗、楼梯、承重梁柱的平面结构。至于具体尺寸，可查阅相应的土建图。

用定位轴线横向 1~6 纵向 A、B、B/C、C 和尺寸线表示了各部分的尺寸关系。

表 2-11 附的"施工说明"中已说明了楼层结构等，为照明线路和设备安装提供了土建资料。

（2）照明线路。共有 3 种不同规格敷设的线路，例如，照明分干线 MFG 为 BLV-500-2×6-PC20-WC，表示用的塑料绝缘导线（BLV），2 根截面 6mm²，采用直径 20mm 的硬质塑料管（PC20）沿墙暗敷（WC）。

（3）照明设备。图示照明设备有灯具、开关、插座、电扇等，照明灯具有荧光灯、吸顶灯、壁灯、花灯等。灯具的安装方式有链吊式（Ch）、管吊式（P）、吸顶式（S）、壁式（W）等。例如："$3-FL\dfrac{2\times40}{2.5}Ch$"表示该房间有 3 盏荧光灯（FL），每盏有两支 40W 的灯管，安装高度（灯具下端离房间地面）2.5m，链吊式（Ch）安装。

（4）照度。各房间的照度用圆圈中注阿拉伯数字（lx 勒克司）表示，如 7 号房间为 100 lx。

（5）图上位置。由定位轴线和标注的有关尺寸，可以很简便地确定设备、线路管线的安装位置，并计算出线管长度。

三、动力与照明施工平面图识读实例

（一）动力平面图识读

❶ 某办公大楼配电室平面图识读

本段以某办公大楼配电室平面布置图为例介绍动力平面图的识读方法。

某办公大楼配电室平面布置图如图 2-38 所示。图中还列出了剖面图和主要设备规格

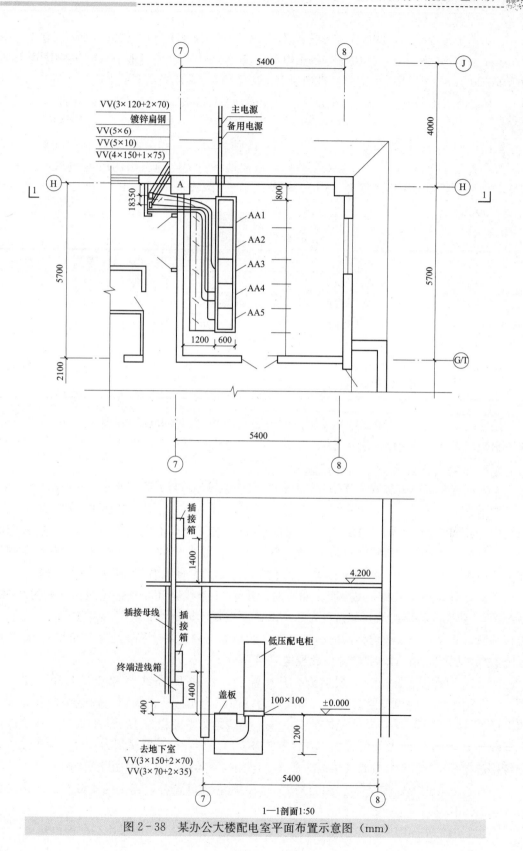

图 2-38　某办公大楼配电室平面布置示意图（mm）

型号。从图中可以看出，配电室位于一层右上角 7～8 轴和 H—G/I 轴间，面积 5400mm×5700mm。两路电源进户，其中有一备用电源，380V/220V 电缆埋地引入，进户位置 H 轴距 7 轴 1200mm 并引入电缆沟内，进户后直接接于 AA1 柜总隔离开关上闸口。进户电缆型号为 VV22(3×185＋1×95)×2，备用电缆型号为 VV22(3×185＋1×95)，由厂区变电所引来。

室内设柜 5 台，成列布置于电缆沟上，距 H 轴 800mm，距 7 轴 1200mm。出线经电缆沟引至 7 轴与 H 轴所成直角的电缆竖井内，通往地下室的电缆引出沟后埋地 0.8m 引入。柜体型号及元器件规格型号见表 2-12。槽钢底座采用 100mm×100mm 槽钢。电缆沟设木盖板厚 50mm。

表 2-12 设 备 规 格 型 号

编号	名称	型号规格	单位	数量	备注
AA1	低压配电柜	GGD2-15	台	1	
AA2	无功补偿柜	GGJ2-01	台	1	
AA3，AA5	低压配电柜	GGD2-38	台	2	
AA4	低压配电柜	GGD2-39	台	1	
	插接母线	CFW-3A-400A			92DQ5-133
	终端进线箱				

接地线由 7 轴与 H 轴交叉柱 A 引出到电缆沟内并引到竖井内，材料为—40mm×4mm 镀锌扁钢，系统接地电阻不大于 4Ω。

2　某幼儿园配电室平面图识读

本段从有关资料中选取了某幼儿园平面图（该建筑为三层）供参考。

如图 2-39、图 2-40 和图 2-41 所示是某幼儿园一至三层电气平面图，在一层电气平面图中，进线位于图左侧 D 轴线上方，连接到 2、3 轴线之间的配电箱 ALZ，从 ALZ 配电箱引出 2 个支路 AL-1 和 AL-K1。即一条支路位于轴线 E 的下方，连接到 6 轴线左侧的配电箱 AL-1，另一条支路位于轴线 E 的下方，连接到 8 轴线右侧的配电箱 AL-K1。

AL-1 配电箱是控制一层照明、插座的，共有 11 条线路和 2 条备用线路（见图 2-33 系统图），照明支路导线均为截面积为 2.5mm² 的聚氯乙烯绝缘铜芯导线穿 PC16 管沿墙及楼板暗敷，插座支路导线均为截面积为 4mm² 的聚氯乙烯绝缘铜芯导线穿 PC20 管沿墙及楼板暗敷（二层配电箱 AL-2 电源由此配电箱引入）。

AL-K1 配电箱是控制一层空调、开水器的，共有 10 条线路和 2 条备用线路（见图 2-33 系统图），空调支路共 6 条，导线均为截面积为 4mm² 的聚氯乙烯绝缘铜芯导线穿 PC20 管沿墙及楼板暗敷，热水器支路共 3 条，导线均为截面积为 4mm² 的聚氯乙烯绝缘铜芯导线穿 PC20 管沿墙及楼板暗敷，开水器 1 条支路，导线均为截面积为 6mm² 的聚氯乙烯绝缘铜芯导线穿 PC32 管沿墙及楼板暗敷（二层配电箱 AL-K2 电源由此配电箱引入）。

另外，电源进线处有一个等电位连接，位于图左侧 D 上方，连接到 1 轴线出，再与配电箱 ALZ 相连接。

在二层电气平面图中，控制照明、插座的配电箱 AL-2 的电源是由一层配电箱 AL-1

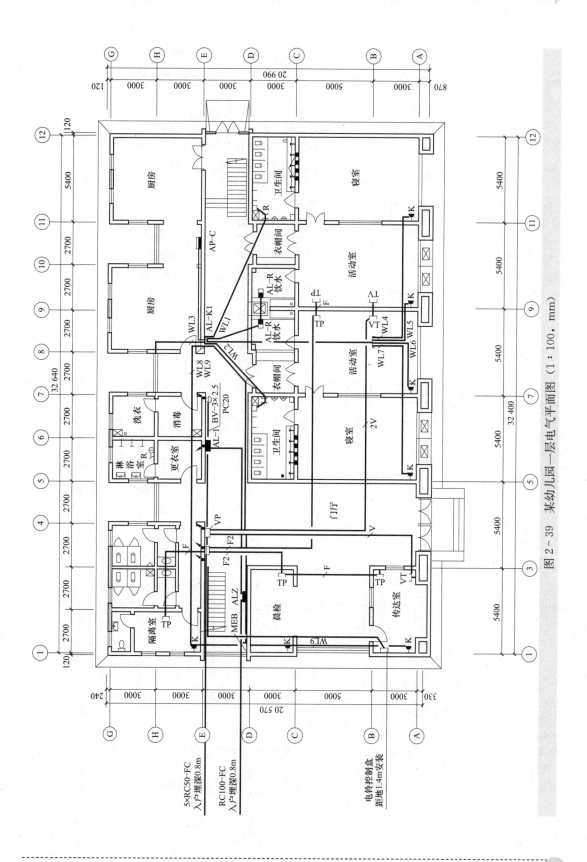

图 2-39 某幼儿园一层电气平面图 (1:100, mm)

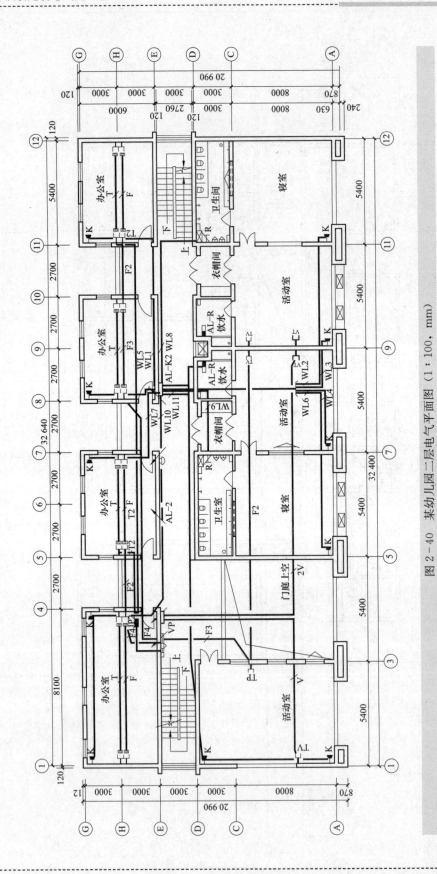

图 2－40　某幼儿园二层电气平面图（1：100，mm）

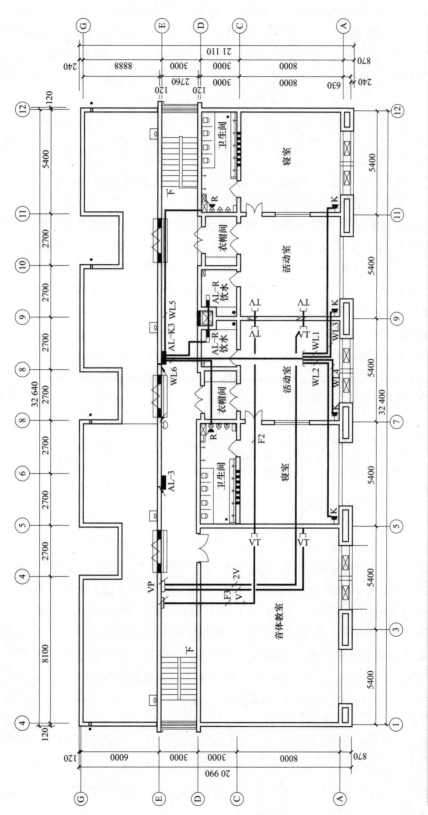

图 2 - 41 某幼儿园三层电气平面图 (1 : 100，mm)

引入的，配电箱 AL-2 位于轴线 E 的下方，连接到 6 轴线左侧，共有 12 条线路，1 条备用线路（见图 2-32 所示系统图）。照明支路共 5 条，导线均为截面积为 2.5mm² 的聚氯乙烯绝缘铜芯导线穿 PC16 管沿墙及楼板暗敷，插座支路共 7 条，导线均为截面积为 4mm² 的聚氯乙烯绝缘铜芯导线穿 PC20 管沿墙及楼板暗敷（三层配电箱 AL-3 电源由此配电箱引入）。

AL-K2 配电箱是控制二层空调、热水器的，共有 13 条线路和 1 条备用线路（见图 2-32 所示系统图），位于轴线 E 的下方，连接到 8 轴线右侧，空调支路共 9 条，热水器支路共 3 条，导线均为截面积为 4mm² 的聚氯乙烯绝缘铜芯导线穿 PC20 管沿墙及楼板暗敷，开水器 1 条支路，导线均为截面积为 6mm² 的聚氯乙烯绝缘铜芯导线穿 PC32 管沿墙及楼板暗敷（三层配电箱 AL-K3 电源由此配电箱引入）。

在三层电气平面图中，控制照明、插座的配电箱 AL-3 的电源是由二层配电箱 AL-2 引入的，配电箱 AL-3 位于轴线 E 的下方，连接到 6 轴线左侧，共有 8 条线路，2 条备用线路（见图 2-32 所示系统图）。照明支路共 5 条，导线均为截面积为 2.5mm² 的聚氯乙烯绝缘铜芯导线穿 PC16 管沿墙及楼板暗敷，插座支路共 3 条，导线均为截面积为 4mm² 的聚氯乙烯绝缘铜芯导线穿 PC20 管沿墙及楼板暗敷。

AL-K3 配电箱是控制三层空调、热水器的，位于轴线 E 的下方，连接到 8 轴线右侧，共有 7 条线路和 1 条备用线路（见图 2-32 所示系统图），空调支路共 4 条，热水器支路共 2 条，导线均为截面积为 4mm² 的聚氯乙烯绝缘铜芯导线穿 PC20 管沿墙及楼板暗敷，开水器 1 条支路，导线均为截面积为 6mm² 的聚氯乙烯绝缘铜芯导线穿 PC32 管沿墙及楼板暗敷。

（二）照明平面图的识读

如图 2-42 所示是某幼儿园一层照明平面图，在图中有一个照明配电箱 AL-1，由配电箱 AL-1 引出 WL1～WL11 共 11 路配电线。（元件型号见材料清单，见表 2-13）。

其中 WL1 照明支路，共有 4 盏双眼应急灯和 3 盏疏散指示灯。4 盏双眼应急灯分别位于轴线 B 的下方，连接到 3 轴线右侧传达室附近 1 盏、轴线 E 的下方，连接到 3 轴线左侧传达室附近 1 盏；轴线 E 的下方，连接到 7 轴线左侧消毒室附近 1 盏；轴线 E 的下方，连接到 11 轴线右侧厨房附近 1 盏。3 盏疏散指示灯分别位于：轴线 A 的上方，连接到 3～5 轴线之间的门厅 2 盏；轴线 D～E 之间，连接到 12 轴线右侧的楼道附近 1 盏。

WL2 照明支路，共有防水吸顶灯 2 盏、吸顶灯 2 盏、双管荧光灯 12 盏、2 个排风扇、暗装三极开关 3 个、暗装两极开关 2 个、暗装单极开关 1 个。位于轴线 C～D 之间，连接到 5～7 轴线之间的卫生间里安装 2 盏防水吸顶灯、1 个排风扇和 1 个暗装三极开关；位于轴线 C～D 之间，连接到 7～8 轴线之间的衣帽间里安装 1 盏吸顶灯和 1 个暗装单极开关；位于轴线 C～D 之间，连接到 8～9 轴线之间的饮水间里安装 1 盏吸顶灯、1 个排风扇和 1 个暗装两极开关；位于轴线 A～C 之间，连接到 5～7 轴线之间的寝室里安装 6 盏双管荧光灯和 1 个暗装三极开关；位于轴线 A～C 之间，连接到 7～9 轴线之间的活动室里安装 6 盏双管荧光灯和 1 个暗装三极开关。

WL3 照明支路，共有防水吸顶灯 2 盏、吸顶灯 2 盏、双管荧光灯 12 盏、排风扇 2 个、

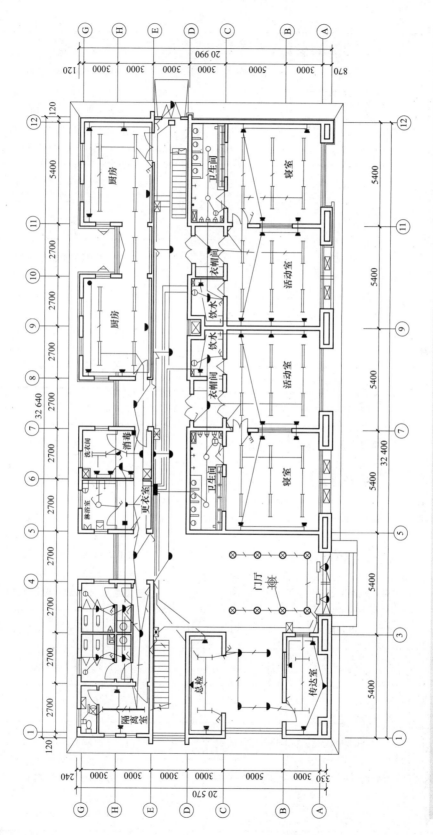

图 2 - 42　某幼儿园一层明明平面图 （1 : 100，mm）

表 2 - 13 材料清单

序号	符号	设备名称	型号规格	单位	备 注
1		配电箱	JD2000B	个	下皮距地 1.6m 暗装
2		AP - C		个	下皮距地 1.6m 明装
3		AL - R		个	下皮距地 1.6m 明装
4		壁灯	250V，1×14W	个	距地 2.5m 墙上安装（室外为防水型）
5		吸顶灯	250V，1×14W	个	吸顶安装
6		排风扇	250V，40W	个	吸顶安装
7		双管荧光灯	250V，2×36W	个	吸顶安装（带电子镇流器）cos>0.9
8		防水双管荧光灯	250V，2×36W	个	吸顶安装（带电子镇流器）cos>0.9
9		单管荧光灯	250V，1×36W	个	吸顶安装（带电子镇流器）cos>0.9
10		防水吸顶灯	250V，1×14W	个	吸顶安装
11		暗装单极开关	250V，10A	个	下皮距地 1.4m 暗装
12		暗装双极开关	250V，10A	个	下皮距地 1.4m 暗装
13		暗装三极开关	250V，10A	个	下皮距地 1.4m 暗装
14		单相二三孔插座	250V，10A	个	下皮距地 0.3m 暗装，安全型
15		单相三孔插座（带开关）	250V，15A	个	下皮距地 1.8m 暗装，安全型空调插座
16		单相二、三孔插座（防水）	250V，10A	个	下皮距地 1.4m 暗装，安全型插座
17		电铃		个	距顶 0.7m 安装
18	VP	电视设备箱（二、三）	250×300×120	个	下皮距地 1.6m 暗装
19	VP	电视设备箱（一）	500×500×200	个	下皮距地 1.6m 暗装
20		电话设备箱（二、三）	200×300×130	个	下皮距地 1.6m 暗装
21		电话设备箱（一）	300×250×140	个	下皮距地 1.6m 暗装

续表

序号	符号	设备名称	型号规格	单位	备　注
22		网络设备箱（一）	500×500×200	个	下皮距地 1.6m 暗装
23	TO	网络插座	预留	个	下皮距地 0.3m 暗装
24	TP	电话插座	预留	个	下皮距地 0.3m 暗装
25	TV	电视插座	预留	个	下皮距地 0.3m 暗装
26		双眼应急灯	2×3W	个	距地 2.5m，应急时间大于 60min
27	E	疏散指示灯	LED 光源 0.5W	个	门框上方 0.2m
28		水晶吊灯	200W	个	吸顶安装
29		筒灯	2×14W	个	嵌顶安装

暗装三极开关 3 个、暗装两极开关 2 个、暗装单极开关 1 个。位于轴线 C～D 之间，连接到 11～12 轴线之间的卫生间里安装 2 盏防水吸顶灯、1 个排风扇和 1 个暗装三开关；位于轴线 C～D 之间，连接到 10～11 轴线之间的衣帽间里安装 1 盏吸顶灯和 1 个暗装单极开关；位于轴线 C～D 之间，连接到 9～10 轴线之间的饮水间里安装 1 盏吸顶灯、1 个排风扇和 1 个暗装两极开关；位于轴线 A～C 之间，连接到 11～12 轴线之间的寝室里安装 6 盏双管荧光灯和 1 个暗装三极开关；位于轴线 A～C 之间，连接到 9～11 轴线之间的活动室里安装 6 盏双管荧光灯和 1 个暗装三极开关。

WL4 照明支路，共有防水吸顶灯 1 盏、吸顶灯 12 盏、双管荧光灯 1 盏、单管荧光灯 4 盏、排风扇 4 个、暗装两极开关 5 个和暗装单级开关 11 个。位于轴线 G 下方，连接到 1～2 轴线之间的卫生间里安装 1 盏吸顶灯、1 个排风扇和 1 个暗装两极开关；位于轴线 H～G 之间，连接到 2～3 轴线之间的卫生间里安装 1 盏吸顶灯、1 个排风扇和 1 个暗装两极开关；位于轴线 H～G 之间，连接到 3～4 轴线之间的卫生间里安装 1 盏吸顶灯、1 个排风扇和 1 个暗装两极开关；位于轴线 H～G 之间，连接到 5～6 轴线之间的淋浴室里安装 1 盏防水吸顶灯和 1 个排风扇；位于轴线 H～G 之间，连接到 6～7 轴线之间的洗衣间里安装 1 盏双管荧光灯；位于轴线 E～H 之间，连接到 6～7 轴线之间的消毒间里安装 1 盏单管荧光灯和 2 个暗装单极开关（其中 1 个暗装单级开关是控制洗衣间 1 盏双管荧光灯的）；位于轴线 E～H 之间，连接到 5～6 轴线之间的更衣室里安装 1 盏单管荧光灯、1 个暗装单极开关和 1 个暗装两极开关（其中 1 个暗装两极开关是用来控制淋浴室的防水吸顶灯和排风扇的）；位于轴线 E～H 之间，连接到 4～5 轴线之间的位置安装 1 盏吸顶灯和 1 个暗装单极开关；位于轴线 H 下方，连接到 3～4 轴线之间的洗手间里安装 1 盏吸顶灯和 1 个暗装单极开关；位于轴线 H 下方，连接到 2～3 轴线之间的洗手间里安装 1 盏吸顶灯和 1 个暗装单极开关；位于轴线 E～H 之间，连接到 3 轴线位置安装 1 盏吸顶灯；位于轴线 E 上方，连接到 4 轴线左侧位置安装 1 个暗装单极开关；位于轴线 E~H 之间和 H 上方，连接到 1~2 轴线之间的中间位置各安装 1 个单管荧光灯；在轴线 E~H 之间，连接到 2 轴线左侧位置安装 1 个暗装两极开关；在轴线 E 的下方，连接到 4 轴线位置安装 1 个暗装单极开关；在轴线 D~E 之间，连接到 4~5 轴线之间的中间位置安装 1 盏吸顶灯；在轴线 D~E 之间，连接到 6~7 轴线之间的中间位置安装 1 盏吸顶灯；在轴线 E 的下方，连接到 4~5 轴线之间的中间位置安装 1 个暗装单级开关；在轴线 D~E 之间，连接到 10~11 轴线之间的中间位置安装 1 盏吸顶灯；在轴线 E 的下方，连接到 10~11 轴线之间的中间位置安装 1 个暗装单级开关；在轴线 D~E 之间，连接到 12 轴线右侧的位置安装 1 盏吸顶灯；在轴线 E 的下方，连接到 12 轴线的位置安装 1 个暗装单级开关。

WL5 照明支路，共有吸顶灯 6 盏、单管荧光灯 4 盏、筒灯 8 盏、水晶吊灯 1 盏、暗装三极开关 1 个、暗装两极开关 3 个和暗装单极开关 1 个。位于轴线 C~D 之间，连接到 1~3 轴线之间的晨检室里安装 2 盏单管荧光灯和 1 个暗装两极开关；位于轴线 B~C 之间，连接到 1~3 轴线之间的位置安装 4 盏吸顶灯和 1 个暗装两极开关；位于轴线 A~B 之间，连接到 1~3 轴线之间的传达室里安装 2 盏单管荧光灯和 1 个暗装两极开关；位于轴线 A~C 之间，连接到 3~5 轴线之间的门厅里安装 8 盏筒灯、1 盏水晶吊灯、1 个暗装三极开关和 1 个暗装单极开关；在轴线 A 下方，连接到 3~5 轴线之间的位置安装 2 盏吸顶灯。

WL6 照明支路，共有防水双管荧光灯 9 盏、暗装两极开关 2 个。位于轴线 E~G 之间，连接到 8~12 轴线之间的厨房里安装 9 盏防水双管荧光灯和 2 个暗装两极开关。

WL7 插座支路，共有单相二、三孔插座 10 个。位于轴线 A~C 之间，连接到 5~7 轴线之间的寝室里安装单相二、三孔插座 4 个；位于轴线 A~C 之间，连接到 7~9 轴线之间的活动室里安装单相二、三孔插座 5 个；位于轴线 C~D 之间，连接到 8 轴线右侧的饮水间里安装单相二、三孔插座 1 个。

WL8 插座支路，共有单相二、三孔插座 7 个。位于轴线 C~D 之间，连接到 1~3 轴线之间的晨检室里安装单相二、三孔插座 3 个；位于轴线 A~B 之间，连接到 1~3 轴线之间的传达室里安装单相二、三孔插座 4 个。

WL9 插座支路，共有单相二、三孔插座 10 个。位于轴线 C~D 之间，连接到 9~10 轴线之间的饮水间里安装单相二、三孔插座 1 个；位于轴线 A~C 之间，连接到 9~11 轴线之间的活动室里安装单相二、三孔插座 5 个；位于轴线 A~C 之间，连接到 11~12 轴线之间的寝室里安装单相二、三孔插座 4 个。

WL10 插座支路，共有单相二、三孔插座 5 个、单相二、三孔防水插座 2 个。位于轴线 E~H 之间，连接到 6~7 轴线之间的消毒室里安装单相二、三孔插座 2 个；位于轴线 H~G 之间，连接到 6~7 轴线之间的洗衣间里安装单相二、三孔防水插座 2 个；位于轴线 E~H 之间，连接到 5 轴线右侧更衣室里安装单相二、三孔插座 1 个；位于轴线 E~H 之间，连接到 1~2 轴线之间的隔离室里安装单相二、三孔插座 2 个。

WL11 插座支路，共有单相二、三孔防水插座 8 个。位于轴线 E~G 之间，连接到 8~12 轴线之间的厨房里安装单相二、三孔防水插座 8 个。

如图 2-43 所示是某幼儿园一层照明平面图，其中二、三与一层照明平面图基本类似，请读者参考图 2-43。

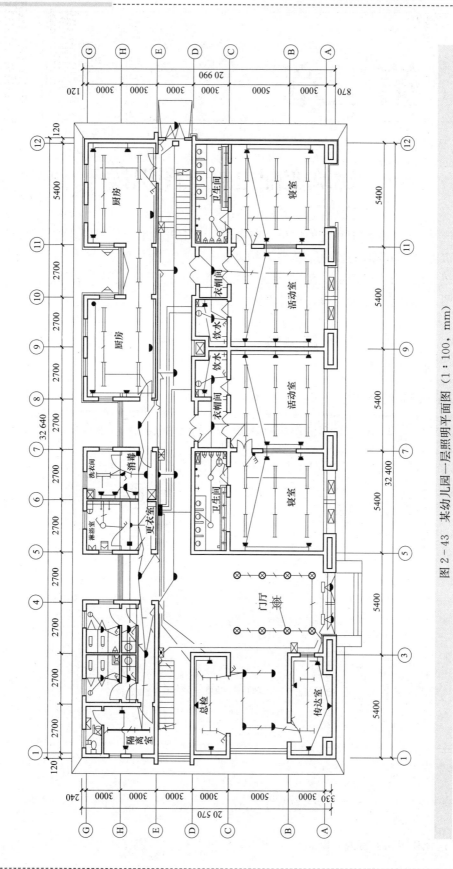

图 2－43　某幼儿园一层照明平面图（1：100，mm）

第三章

建筑变配电施工图识读

变配电站是整个供配电系统的中枢，在电气工程中占有十分重要的地位。建筑用电多数是从城市电网中获取，变配电站从电力系统受电，经变压器变压，然后向负载配电。本章主要介绍变配电工程施工图，其主要包括配电系统图、设备安装平面图、设备剖面图、设备布置图，二次设备电路图及二次设备安装接线图等。

第一节 概　　述

一、电力系统简介

由发电厂的发电机、升压及降压设备、电力网及电能用户（用电设备）组成的系统称为电力系统，如图 3-1 所示。

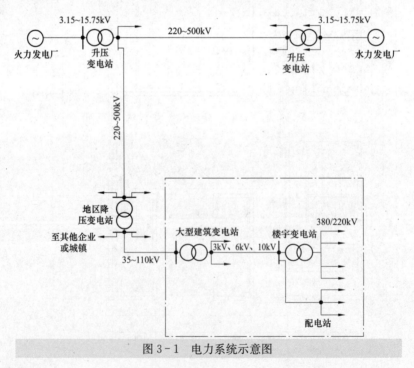

图 3-1　电力系统示意图

为了充分利用动力资源，降低发电成本，发电厂往往远离城市和电能用户，这就需要输送和分配电能,将发电厂发出的电能经过升压、输送、降压和分配送到用户,如图3-2所示为从发电厂到电能用户的送变电过程。

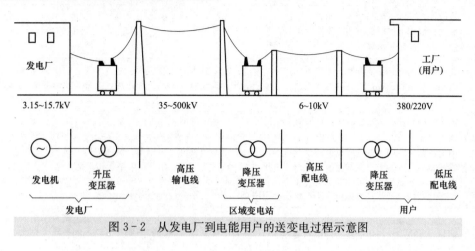

图3-2　从发电厂到电能用户的送变电过程示意图

如图3-3所示是一个典型的电力系统示意图。现将电力系统中从电能生产到电能使用的各个环节作如下说明,见表3-1。

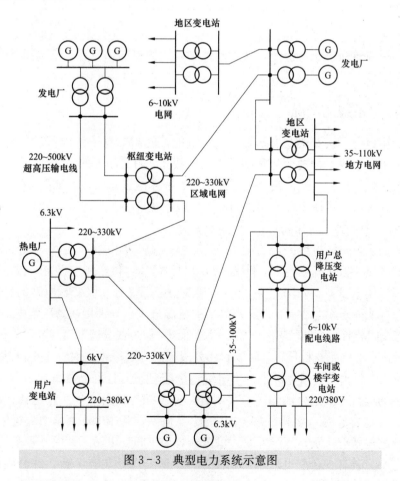

图3-3　典型电力系统示意图

表 3 - 1　　　　　　　　　　　　　　　　电能生产到电能使用环节

类别	说　　明
发电厂	发电厂是生产电能的场所，在发电厂可以把自然界中的一次能源转换为用户可以直接使用的二次能源——电能。根据发电厂所取用的一次能源不同，主要有火力发电、水力发电、核能发电、太阳能发电、地热发电、潮汐发电、风能发电等发电形式
变电站	变电站的功能是接受电能、变换电压和分配电能。变电站由电力变压器、配电装置和二次装置等构成。按变电站的性质和任务，分为升压变电站和降压变电站，按变电站的地位和作用，又分为枢纽变电站、地区变电站和用户变电站
电力网	电力系统中各级电压的电力线路及其联系的变电站，称为电力网（简称电网）。习惯上，电网或系统往往以电压等级来区分，如 10kV 电网或 10kV 系统。这里所指的电网或系统，实际上是指某一电压的相互联系的整个电力线路。电网可按电压高低和供电范围大小分为区域电网和地方电网。区域电网的范围大，电压一般在 220kV 及以上。地方电网的范围小，最高电压一般不超过 110kV。用户供电系统属于地方电网的末端。 　电力网是输送和分配电能的渠道。为了充分利用资源，降低发电成本，一般在有动力资源的地方建造发电厂，而这些地方往往远离城市或工业企业，需用高压输电线路进行远距离输电
电能用户	所有消费电能的用电单位统称为电能用户。电能用户将电能通过用电设备转换为满足用户需求的其他形式的能量，如电动机将电能转换为机械能；电热设备将电能转换为热能；照明设备将电能转换为光能等。根据消费电能的性质与特点，电能用户可分为工业电能用户和民用电能用户。从供配电系统的构成上，二者并无本质的区别。 　电能用户是通过用电设备实现电能转换的。用电设备是指专门消耗电能的电气设备。据统计，在用电设备中，电动机类设备占 70%左右，照明用电设备占 20%左右，其他类设备占 10%左右

　　现在各国建立的电力系统越来越大，甚至建立跨国的电力系统。建立大型电力系统，可以更经济、合理地利用动力资源，减少电能损耗，降低发电成本，保证供电质量，并可大大提高供电可靠性。

二、用户供配电系统的概况

　　各类电能用户为了接受从电力系统送来的电能，就需要有一个内部的供配电系统。内部供电系统是指从电源线路进厂起到高低压用电设备进线端止的整个电路系统。供配电系统由高压及低压配电线路、变电站（包括配电站）和用电设备组成，如图 3 - 1 和图 3 - 2 所示。下面介绍几种不同规模的典型用户内部供配电系统。

❶ 仅有一级变电站的电能用户供配电系统

　　中型用户的供电电源进线一般为 6～10kV，先由高压配电所集中，再由高压配电线路将电能分送到各楼宇或车间变电所，降为 380/220V 低压，供给用电设备；或由高压配电线路直接供给高压用电设备。如图 3 - 4 所示是某中型工厂仅有一级变配电站的电能用户供电配系统图。该厂的高压配电站有 2 条 6～10kV 的电源进线，分别接在高压配电站的两段母线上。这两段母线间装有一个分段隔离开关，形成所谓"单母线分段制"。当任一条电源进线发生故障或进行正常检修而被断开后，可以利用分段隔离开关来恢复对整个配电站的供电，即分段隔离开关闭合后由另一条电源进线供电给整个配电站（特别是其重要负荷）。这类接线的配电站通常的运行方式是分段隔离开关闭合，整个配电站由一条工作电源进线供电，而另一条电源进线作为备用。工作电源通常引自公共电网，备用电源通常由邻近单位取得。

　　这个高压配电站有 4 条高压配电线，供电给 3 个车间变电站，其中 1 号车间变电站和 3 号车间变电站都只装有 1 台配电变压器，而 2 号车间变电站装有 2 台，并分别由两段母线供电，其低压侧又采用单母线分段制，因此对重要的用电设备可由两段母线交叉供电。车

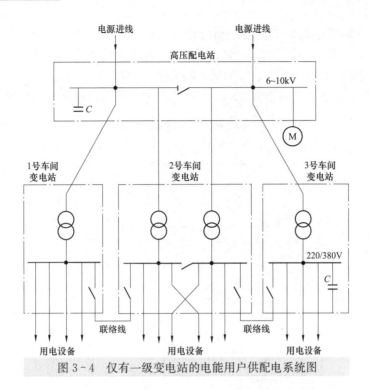

图3-4　仅有一级变电站的电能用户供配电系统图

间变电站的低压侧，设有低压联络线相互连接，以提高供电系统运行的可靠性和灵活性。此外，该高压配电站还有一条高压配电线，直接给一组高压电动机供电；另有一条高压线，直接与一组并联电容器相连。3号车间变电站低压母线上也连接有一组并联电容器。这些并联电容器都是用来补偿无功功率以提高功率因数的。图3-5是图3-4所示电能用户供配电系统的平面布线示意图。

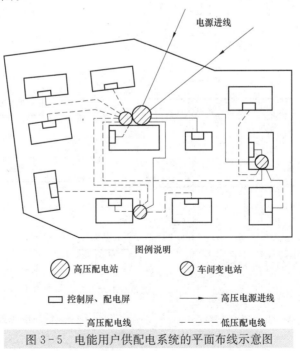

图3-5　电能用户供配电系统的平面布线示意图

2 具有两级变电站的电能用户供配电系统

一些大型用户需经过两次降压，设总降压变电站，把 35～220kV 电压降为 6～10kV 电压，向各楼宇或车间变电站供电，楼宇或车间变电站经配电变压器再把 6～10kV 降为一般低压用电设备所需的电压（通常为 220/380V），向低压用电设备供电，如图 3-6 所示。

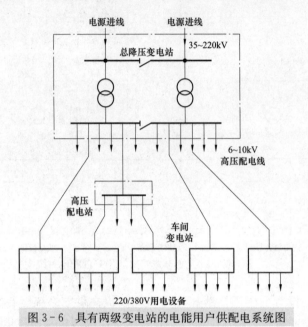

图 3-6 具有两级变电站的电能用户供配电系统图

3 小型电能用户供配电系统

对于小型用户，由于所需容量一般不大于 1000kV·A，通常只设一个降压变电站，将 6～10kV 电压降为低压用电设备所需的电压，如图 3-7 所示。用户所需容量不大于 160kV·A 时，一般采用低压电源进线，只需设一个低压配电室，如图 3-8 所示。

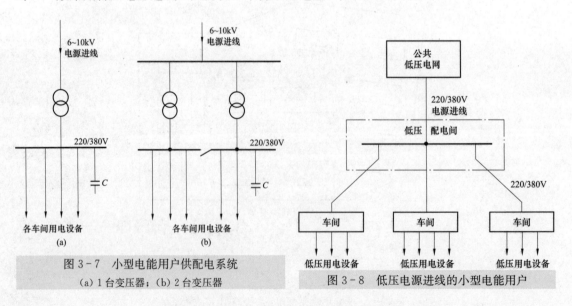

图 3-7 小型电能用户供配电系统
(a) 1 台变压器；(b) 2 台变压器

图 3-8 低压电源进线的小型电能用户

❹ 高压深入负荷中心的电能用户供配电系统

有些35kV进线的工厂，只经一次降压，即35kV线路直接引入靠近负荷中心的车间变电站，经车间变电站的配电变压器直接降为低压用电设备所需的电压，如图3-9所示。这种供电方式，称为高压深入负荷中心的直配方式。这种直配方式可以省去一级中间变压，从而简化了供电系统，节约有色金属，降低电能损耗和电压损耗，提高了供电质量。但是这要根据厂区的环境条件是否能满足35kV架空线路深入负荷中心的"安全走廊"要求而定。

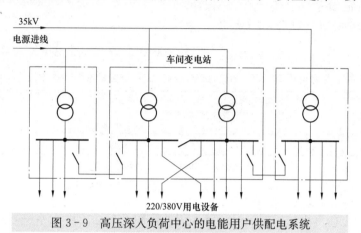

图3-9　高压深入负荷中心的电能用户供配电系统

三、电力系统的电压

电压是衡量电力系统电能质量的基本参数之一，电力系统的电压是有等级的，电力系统的额定电压包括电力系统中各种发电、供电、用电设备的额定电压。按照现行国家标准《标准电压》（GB/T 156—2007）规定，我国部分系统和设备的标准电压值如下所示：

（1）标称电压220~1000V的交流系统及相关设备的标准电压见表3-2。

表3-2　　　　　　　标称电压220~1000V之间的交流系统及相关设备的标准电压　　　　　（V）

三相四线或三相三线系统的标称电压	三相四线或三相三线系统的标称电压
220/380	1000（1140）
380/660	

注　1140V仅限于某些行业内部系统使用。

（2）标称电压1~35kV的交流三相系统及相关设备的标准电压见表3-3。

表3-3　　　　　　　标称电压1~35kV的交流三相系统及相关设备的标准电压　　　　　（kV）

设备最高电压	系统标称电压	设备最高电压	系统标称电压
3.6	3（3.3）	24	20
7.2	6	40.5	35
12	10		

注　1. 表中数值为线电压。

　　2. 圆括号中的数值为用户有要求的使用。

　　3. 表中前两组数值不得用于公共配电系统。

（3）标称电压35～220kV的交流三相系统及相关设备的标准电压见表3-4。

表 3-4　　　标称电压 35～220kV 的交流三相系统及相关设备的标准电压　　　（kV）

设备最高电压	系统标称电压	设备最高电压	系统标称电压
72.5	66	252（245）	220
126（123）	110		

注　1. 表中数值为线电压。

　　2. 圆括号中的数值为用户有要求的使用。

（4）标称电压220kV以上的交流三相系统及相关设备的标准电压见表3-5。

表 3-5　　　标称电压 220kV 以上的交流三相系统及相关设备的标准电压　　　（kV）

设备最高电压	系统标称电压	设备最高电压	系统标称电压
363	330	800	750
550	500	1100	1000

注　表中数值为线电压。

❶ 电网（电力线路）的额定电压

电网的额定电压等级是根据国民经济发展的需要及电力工业的水平，经全面技术经济分析后确定的，也是确定各类电力设备额定电压的基本依据。

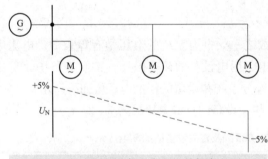

图 3-10　用电设备和发电机的额定电压

❷ 用电设备的额定电压

由于用电设备运行时线路上要产生压降，沿线路的电压分布通常是首端高于末端，如图3-10所示。因此，沿线各用电设备的端电压将不同，线路的额定电压实际就是线路首端和末端电压的平均值。为使各用电设备的电压偏移差异不大，令用电设备的额定电压与其接入电网的额定电压相同。

❸ 发电机的额定电压

由于用电设备的电压偏移为±5%，而线路的允许电压降为10%，这就要求线路首端电压应较电网额定电压高5%，末端电压则可较电网额定电压低5%，如图3-10所示。因此，发电机的额定电压应高于线路额定电压5%。

❹ 变压器的额定电压

（1）变压器一次绕组的额定电压。变压器一次绕组的额定电压可分为如下两种情况。

1）当电力变压器直接与发电机相连时，其一次绕组额定电压应与发电机额定电压相同，即高于同级电网额定电压的5%。

2）当变压器不与发电机相连，而是连接在线路上时，则可把它看作用电设备，其一次绕组额定电压应与电网额定电压相同。

（2）变压器二次绕组的额定电压。变压器二次绕组的额定电压也可分为如下两种情况。

1）当变压器二次侧供电线路较长时，其二次绕组额定电压应比相联电网额定电压高

10％，其中有 5％用于补偿变压器满负荷运行时内部绕组约 5％的电压降；另外，变压器满负荷输出的二次电压还要高于所连电网额定电压的 5％，以补偿线路上的电压降。

2）当变压器二次侧供电线路不太长时，计算变压器二次绕组的额定电压值时，只需高于电网额定电压 5％，仅考虑补偿变压器内部 5％的电压降。

四、负荷的分级与供电要求

① 负荷的分级

在电力系统中，负荷是指发电机或变电所供给用户的电力。根据负荷的重要程度，我国将电力负荷划分为 3 个等级，见表 3-6。

表 3-6　　　　　　　　　　　　　　　负荷的分级

负荷等级	说　　明
一级	属下列情况之一者均为一级负荷。 (1) 中断供电将造成人身伤亡的电力负荷。 (2) 中断供电将造成重大政治影响的电力负荷。 (3) 中断供电将造成重大经济损失的电力负荷。 (4) 中断供电将造成公共场所秩序严重混乱的电力负荷。 对于某些特等建筑，如重要的交通枢纽、重要的通信枢纽、国宾馆、国家级及承担重大国事活动的大量人员集中的公共场所等的一级负荷为特别重要负荷。 中断供电将影响实时处理计算机及计算机网络正常工作，或中断供电后将发生爆炸、火灾以及严重中毒的一级负荷亦为特别重要负荷
二级	属下列情况之一者均为二级负荷。 (1) 中断供电将在政治、经济上造成较大损失者，如主要设备损坏、大量产品报废、连续生产过程被打乱而需较长时间才能恢复，重点企业大量减产等。 (2) 中断供电系统将影响重要用电单位的正常工作负荷者。 (3) 中断供电将造成大型影剧院、大型商场等较多人员集中的重要公共场所秩序混乱的
二级	不属于一级和二级的电力负荷

② 供电要求

电力负荷的供电要求应符合表 3-7 的规定。

表 3-7　　　　　　　　　　　　　　　电力负荷的供电要求

项目	内　　容
一级负荷的供电要求	应由两个独立电源供电，当一个电源发生故障时，另一个电源应不致同时受到损坏。一级负荷容量较大或有高压电气设备时，应采用两路高压电源供电。如一级负荷容量不大时，应优先采用从电力系统或邻近单位取得第二低压电源，亦可采用应急发电机组，如一级负荷仅为照明或电话站负荷时，宜采用蓄电池组作为备用电源；一级负荷中的特别重要负荷，除上述两个电源外，还必须增设应急电源。为保证特别重要负荷的供电，严禁将其他负荷接入应急供电系统。 常用的应急电源有下列几种。 (1) 独立于正常电源的发电机组。 (2) 供电网络中有效的独立于正常电源的专门馈电线路。 (3) 蓄电池。 根据允许的中断时间可分别选择下列应急电源。 (1) 静态交流不间断电源装置适用于允许中断供电时间为毫秒级的供电。 (2) 带有自动投入装置的独立于正常电源的专门馈电线路，适用于允许中断供电时间为 1.5s 以上的供电。 (3) 快速自起动的柴油发电机组，适用于允许中断供电时间为 15s 以上的供电

续表

项目	内　容
二级负荷的供电要求	当发生电力变压器故障或线路常见故障时，不中断供电（或中断后能迅速恢复）。所以，二次负荷应由两回路供电，在负荷较小或地区供电条件困难时，二级负荷可由一回路10kV（或6kV）及以上专用架空线供电
三级负荷的供电要求	三级负荷对供电系统无特殊要求

注　民用建筑中常用重要设备及部位的负荷分级见表3-8。

表3-8　　　　　　民用建筑中常用重要设备及部位的负荷分级

建筑类别	建筑物名称	用电设备及部位	负荷级别
住宅	高层普通住宅	客梯电力、楼梯照明	二级
宿舍	高层宿舍	客梯电力、主要通道照明	二级
旅馆	一、二级旅游旅馆	经营管理用电子计算机及其外部设备电源、宴会厅电声、新闻摄影、录像电源、宴会厅、餐厅、娱乐厅、高级客房、厨房、主要通道照明、部分客梯电力	一级
	高层普通旅馆	客梯电力、主要通道照明	二级
办公	省、直辖市、自治区级高级办公楼	客梯电力，主要办公室、会议室、总值班室、档案室及主要通道照明	二级
	银行	主要业务用电子计算机及其外部设备电源，防盗信号电源	一级
		客梯电力	二级
教学	高等学校教学楼	客梯电力，主要通道照明	二级
	高等学校的重要实验室	—	一级
科研	科研院所的重要实验室	—	一级
	市（地区）级及以上气象台	主要业务用电子计算机及其外部设备电源、气象雷达、电报及传真收发设备、卫星云图接收机、语言广播电源、大气绘图及预报照明	二级
	计算中心	主要业务用电子计算机及其外部设备电源	一级
	—	客梯电力	二级
文娱	大型剧院	舞台、贵宾室、演员化妆室照明，电声、广播及电视转播、新闻摄影电源	一级
博览	省、直辖市、自治区级及以上的博物馆、展览馆	珍贵展品展室的照明、防盗信号电源	一级
		商品展览用电	二级
体育	省、直辖市、自治区级及以上的体育馆、体育场	比赛厅（场）主席台、贵宾室、接待室、广场照明、计时记分、电声、广播及电视转播、新闻摄影电源	一级
医疗	县（区）级及以上的医院	手术室、分娩室、婴儿室、急诊室、监护室、高压氧舱、病理切片分析、区域性中心血库的电力照明	一级

五、电力系统中性点运行方式

在三相电力系统中，作为供电电源的发电机和变压器的中性点有3种运行方式，即中性点不接地、中性点经阻抗接地和中性点直接接地，前两种称小接地电流系统，后一种称大接地电流系统，如图3-11所示。

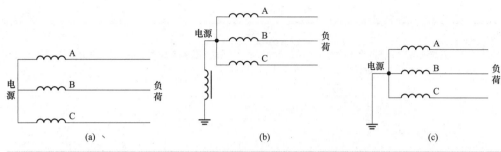

图 3-11　电力系统中性点运行方式

(a) 中性点不接地系统；(b) 中性点经阻抗接地系统；(c) 中性点直接接地系统

目前，国内电能用户配电绝大多数采用 380/220V 低压系统、中性点直接接地，并引出中性线（N）和保护线（PE），即通常所说的 TN 系统。

N 线的作用：引出 220V 电压，用来接使用相电压的单相设备；传导三相系统中的不平衡电流和单相电流；可减少负荷中性点的电位偏移。

PE 线的作用：保障人身安全，防止发生触电事故，通过 PE 线将设备外露可导电部分连接到电源的接地点，当系统发生一相接地故障时，即形成单相短路，使设备或系统的保护装置动作。由于单相短路电流很大，故称此种系统为大接地电流系统。

❶ 工作接地

为保证电力系统和电气设备在正常和事故情况下可靠地运行，人为地将电力系统的中性点及电气设备的某一部分直接或经消弧线圈与大地作金属连接，称为工作接地。

❷ 保护接地

将在故障情况下可能呈现危险的对地电压的设备外露可导电部分进行接地称为保护接地。低压配电系统的保护接地按接地形式，分为 TN 系统、TT 系统和 IT 系统 3 种（见表 3-9），其中 TN 系统比较常见。

表 3-9　　　　　　　　　　低压配电系统保护接地的接地形式

形式	说　明
IT 系统	IT 系统的电源中性点不接地或经 1kΩ 阻抗接地，通常不引出 N 线，属于三相三线制系统。设备外露可导电部分均经各自的接地装置单独接地，如图 3-12 所示。 图 3-12　IT 系统示意图 必须注意，在同一低压配电系统中，保护接地与保护接零不能混用。否则，当采用保护接地的设备发生单相接地故障时，危险电压将通过大地串至中性线以及采用保护接零的设备外壳上

形　式	说　明
TT 系统	TT 系统的电源中性点直接接地，并引出 N 线，属于三相四线制系统。设备外露可导电部分均经与系统接地点无关的各自的接地装置单独接地，如图 3-13 所示 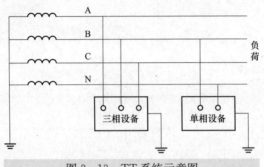 图 3-13　TT 系统示意图
TN 系统	TN 系统的电源中性点直接接地，并引出中性线（N 线），保护线（PE 线）和保护中心线（FEN 线），属于三相四线制或三相五线制系统。如果系统中的 N 线与 PE 线全部共用一根线（PEN 线），则此系统称为 TN-C 系统，如图 3-14（a）所示。在 TN-C 系统中，由于 PEN 线兼起 PE 线和 N 线的作用，节省了一根导线，但在 PEN 线上通过三相不平衡电流，在其作用下产生的电压降使电气设备外露导电部分对地带电压，三相不平衡电流造成外壳电压很低，虽然不会在一般场所造成人身事故，但它可以对地引起火花，不适宜在医院、计算机中心场所及爆炸危险场所使用。TN-C 系统不适用于无电工管理的住宅楼，住宅楼内如果因维护管理不当使 PEN 线中断，电源 220V 对地电压将经相线和设备内绕组传导至设备外壳，使设备外壳呈现 220V 对地电压，电击危险很大。另外，PEN 线不允许被切断，不能作电气隔离，电气检修时可能因 PEN 线对地带电压而引起人身电击事故。在 TN-C 系统中，不能安装剩余电流动作保护器（RCD），因此当发生接地故障时，相线和 PEN 线的故障电流在电流互感器中的磁场互相抵消，RCD 将检测不出故障电流而不动作，所以在住宅楼内不应采用 TN-C 系统。如果系统中的 N 线与 PE 线完全分开，则此系统称为 TN-S 系统，如同 3-14（b）所示。 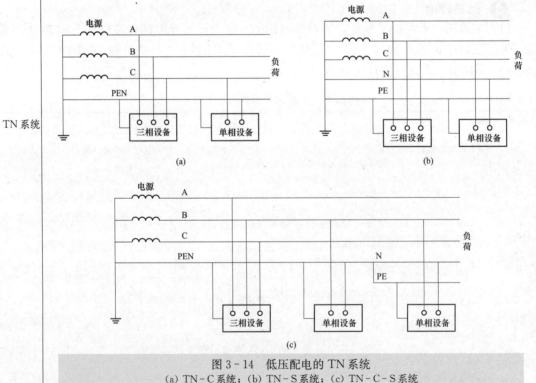 图 3-14　低压配电的 TN 系统 (a) TN-C 系统；(b) TN-S 系统；(c) TN-C-S 系统

续表

形式	说　明
TN系统	当设备相线漏电碰壳后，直接短路，可采用过电流保护器切断电源；当N线断开，如三相负荷不平衡，中性点电位升高，但外壳无电位，PE线也无电位；TN-S系统PE线首末端应做重复接地，以减少PE线断线造成的危险；TN-S系统适用于工业、大型民用建筑。目前，单独使用独立变压器供电的变配电所距施工现场较近的工地基本上都采用了TN-S系统，与逐级漏电保护相配合，可保障施工安全用电。 　　如果系统中的前一部分N线与PE线合用为PEN线，而后一部分N线与PE线全部或部分分开，则此系统称为TN-C-S系统，如图3-14（c）所示。 　　当电气设备发生单相碰壳，同TN-S系统；当N线断开，故障同TN-S系统；TN-C-S系统中的PE线应重复接地，而N线不宜重复接地。PE线连接的设备外壳在正常运行时始终不会带电，所以TN-C-S系统提高了操作人员及设备的安全性。施工现场一般当变压器距离现场较远或没有施工专用变压器时采用TN-C-S系统。 　　从对三种系统的分析可以看出，TN-C系统在实际运行中存在很多缺陷，而TN-S供电系统，克服了TN-C供电系统的缺陷，所以现在施工现场不再使用TN-C系统。在使用TN-C-S系统时，应注意从住宅楼电源进线配电箱开始即将PEN线分为PE线和中性线N，使住宅楼内不再出现PEN线

第二节　变配电工程的电气设备

　　变配电站中负责传输和分配电能的主电路称为一次电路或一次系统。一次电路中的电气设备称为一次设备。负责监测、控制、保护一次设备的电路称为二次电路或二次系统。二次电路中的电气设备如测量仪表继电器等称为二次设备。电气设备按照电压等级又可分划为低压电气设备和高压电气设备，国家电网公司发布的新版安规规定：电压等级在1kV及以上为高压电气设备；电压等级在1kV以下者为低压电气设备。

一、低压电气设备

　　低压电气设备指电压在1kV以下的各种控制设备、继电器及保护设备等。在建筑电气工程中常用的低压电器设备有断路器、熔断器、刀开关、接触器、电磁起动器及各种继电器等。

　　低压电气设备的类型和用途见表3-10。

表3-10　　　　　　　　　　　　　　　　低压电气设备的类型和用途

电气设备		类型和用途
配电电器	断路器	包括万能式断路器、塑料外壳式断路器、限流式断路器、直流快速断路器、灭磁断路器、漏电保护断路器。其主要用作交、直流线路的过载、短路或欠电压保护，也可用于不频繁通断操作电路。灭磁断路器用于发电机励磁电路保护。漏电保护断路器用于人身触电保护
	熔断器	包括有填料封闭管式熔断器、保护半导体器件熔断器、无填料密闭管式熔断器、自复熔断器。其主要用作交、直流线路和设备的短路和过载保护
	刀开关	包括熔断器式刀开关、大电流刀开关、负荷开关。其主要用作电路隔离，也能接通与分、断电路额定电流
	转换开关	包括组合开关、换向开关。其主要作两种及以上电源或负载的转换和通断电路用

续表

电气设备		类型和用途
控制电器	接触器	包括交流接触器、直流接触器、真空接触器、半导体接触器。其主要用作远距离频繁地启动或控制交、直流电动机以及接通分断正常工作的主电路和控制电路
	控制继电器	包括电流继电器、电压继电器、时间继电器、中间继电器、热过载继电器、温度继电器,其主要在控制系统中,控制其他电器或用于主电路的保护
	起动器	包括电磁起动器、手动起动器、农用起动器、自耦减压起动器。主要用作交流电动机的启动或正反向控制
	变阻器	包括励磁变阻器、起动变阻器、频敏变阻器。主要用作发电机调压以及电动机的平滑启动和调速
	电磁铁	包括起重电磁铁、牵引电磁铁、制动电磁铁。主要用于起重操纵或牵引机械装置

（一）漏电保护器

漏电保护器目前应用最多的是电流动作型,根据保护功能的不同,可分为漏电(保护)开关、漏电断路器、漏电继电器和漏电保护插座。

漏电保护开关主要由零序电流互感器、漏电脱扣器、主开关等组成,具有漏电保护以及手动分断电路的功能,但不具备过载保护和短路保护功能。漏电断路器除具备漏电保护的功能外,还增加了过载保护和短路保护功能。漏电继电器主要用于发出信号,控制断路器、接触器等设备,具有检测和判断功能。

一般情况下,漏电保护器用作手握式用电设备的漏电保护时的动作电流为 15mA;潮湿(水下)或高处场所的用电设备的动作电流为 6～10mA;医疗用电设备为 6mA;建筑施工工地的用电设备为 15～30mA;家用电器或照明回路应不大于 30mA;成套开关柜、分配电箱等上一级保护的动作电流应在 100mA 以上;用于总保护的在 200～500mA;防止电气火灾的漏电保护的动作电流为 300mA。不同电气设备的漏电电流的数值见表 3-11、表 3-12。

表 3-11   **220/380V 单相及三相线路埋地、沿墙敷设穿管电线的漏电电流**   单位：mA/km

绝缘材料	截面积（mm²）												
	4	6	10	16	25	35	50	70	95	120	150	185	240
聚氯乙烯	52	52	56	62	70	70	79	89	99	109	112	116	127
橡胶	27	32	39	40	45	49	49	55	55	60	60	60	61
聚乙烯	17	20	25	26	29	33	33	33	33	38	38	38	39

表 3-12   **电动机的漏电电流**   单位：mA

运行方式	截面积（mm²）												
	1.5	2.2	5.5	7.5	11	15	18.5	22	30	37	45	55	75
正常运行	0.15	0.18	0.29	0.38	0.50	0.57	0.65	0.72	0.87	1.00	1.09	1.22	1.48
启动	0.58	0.79	1.57	2.05	2.39	2.63	3.03	3.48	4.58	5.57	6.60	7.99	10.54

（二）熔断器

熔断器是一种保护电器,熔断器由熔断管、熔体和插座 3 部分组成。当电流超过规定值并经过足够时间后,熔体熔化,使其所接入的电路断开,对电路和设备起短路或过载保护。按其结构形式可分为有填料封闭管式、无填料密闭管式、半封闭插入式和自复熔断器,熔断器的类型及说明见表 3-13。

表 3 - 13　　　　　　　　　　　　熔断器的类型及说明

类型	说　明
快速熔断器	快速熔断器（RS0、RS3）有保护晶闸管或硅整流电路的作用，结构和 RTO 型有填料封闭管式熔断器相似，不同之处是快速熔断器的熔体材料是用纯银制造的，它切断短路电流的速度更快，限流作用更好
管式熔断器	管式熔断器（又称无填料封闭管式熔断器）该熔断器是应用压力灭弧原理，在熔断器分断电路时熔管在电弧高温作用下产生 3～5MPa（30～80 大气压），使电弧受到强烈压缩而被熄灭。 封闭式熔断器（RM1、RM3、RM10）是由管壳、熔丝（片）、刀片和管帽等组成。熔断器的熔管（筒）采用三聚氰胺玻璃布经加热后卷成，再加压成型，管帽是用酚醛玻璃布加热后压制而成，具有相当高的机械强度、耐热性、抗潮湿性和耐电弧性，内装熔丝或熔片。当熔丝熔断时，管内气压很高，能起到灭弧的作用，还能避免相间短路。这种熔断器常用在容量较大的负载上作短路保护。大容量的能达到 1kA
瓷插式熔断器	瓷插式熔断器型号含义如下： 　　　　　　　　　　RC　1-A-□/□ 　　瓷插式熔断─────┘　│　│　│└───熔丝额定电流(A) 　　设计序号────────┘　│　└──────额定容量(A) 　　结构代号──────────┘ RC 型瓷插式熔断器如图 3 - 15 所示。 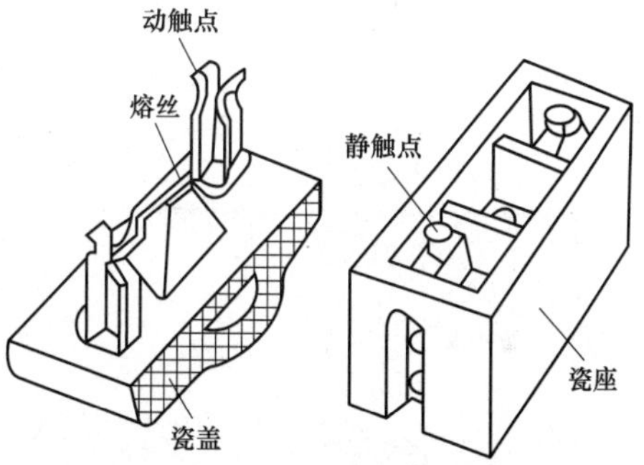 图 3 - 15　RC 型瓷插式熔断器
有填料封闭管式熔断器	有填料封闭管式熔断器是一种高分断能力的熔断器，一般由熔断体、底座、载熔件等组成。熔断体的熔管由耐热骤变、高强度的电瓷件制成，其内部按照一定工艺充填含二氧化硅大于 96%、三氧化二铁低于 0.35% 的石英砂。熔体由特殊设计的变截面铜带和具有冶金效应的低熔点金属或合金（如纯锡和锡镉合金）组成的过载保护带构成，以保证有高的分断能力和优良的过载保护特性。RTO 型有填料封闭管式熔断器如图 3 - 16 所示。 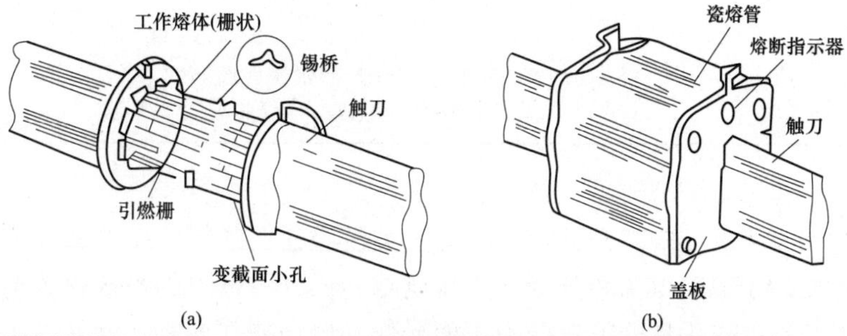 图 3 - 16　RTO 型有填料封闭管式熔断器（一） (a) 熔体；(b) 熔管

续表

类型	说　明
有填料封闭管式熔断器	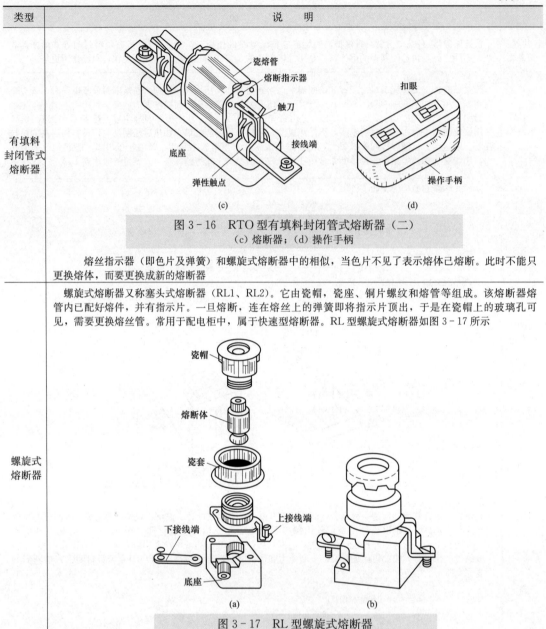 图3-16　RTO型有填料封闭管式熔断器（二） (c) 熔断器；(d) 操作手柄 熔丝指示器（即色片及弹簧）和螺旋式熔断器中的相似，当色片不见了表示熔体已熔断。此时不能只更换熔体，而要更换成新的熔断器
螺旋式熔断器	螺旋式熔断器又称塞头式熔断器（RL1、RL2）。它由瓷帽，瓷座，铜片螺纹和熔管等组成。该熔断器熔管内已配好熔件，并有指示片。一旦熔断，连在熔丝上的弹簧即将指示片顶出，于是在瓷帽上的玻璃孔可见，需要更换熔丝管。常用于配电柜中，属于快速型熔断器。RL型螺旋式熔断器如图3-17所示 图3-17　RL型螺旋式熔断器 (a) 结构；(b) 外形

（三）刀开关

刀开关又称为低压隔离开关。由于刀开关没有任何防护，一般只能安装在低压配电柜中使用，主要用于隔离电源和分断交直流电路。刀开关按刀的投放位置分为单投刀开关和双投刀开关；按操作手柄的位置分为正面操作和侧面操作两种。常用的刀开关是 HD 系列单投刀开关。HD 系列单投刀开关和 HS 系列双投刀开关，如图 3-18 所示。

1 开启式负荷开关（习称胶盖刀开关）

开启式负荷开关的主要特点是容量小，常用的有 15A、30A，最大为 60A；没有灭弧功

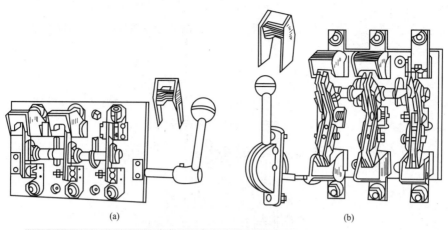

图 3-18 HD 和 HS 系列刀开关

（a）HD 系列单投刀开关；（b）HS 系列双投刀开关

能，容易损伤刀片，只用于不频繁操作场合中的线路。开启式（HK 型）负荷开关如图 3-19
所示。

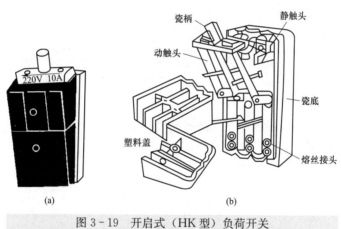

图 3-19 开启式（HK 型）负荷开关

（a）二极外形；（b）三极结构

② 封闭式负荷开关（习称铁壳刀开关）

一般交流电压不超过 500V，直流电压不超过 440V。其额定电流不应超过开关所在线
路的计算负荷电流。开关分断的电流不应大于开关的允许分断电流。

刀开关型号的含义如下。

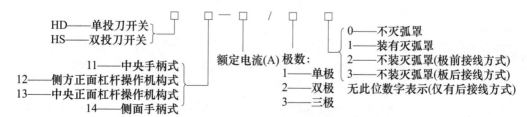

　　封闭式负荷开关的主要特点是有灭弧能力、铁壳保护和连锁装置（即带电时不能开门），有短路保护能力，只用于不频繁操作场合中的线路。封闭式（HH型）负荷开关如图3-20所示。

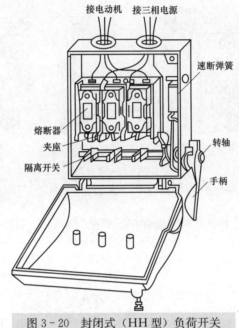

图3-20　封闭式（HH型）负荷开关

（四）启动器

　　启动器主要用于电动机的启动，保证电动机有足够的起动转矩，缩短电动机的启动时间，同时还应限制电动机的启动电流，防止电压因电动机的启动时间过长和启动电流的过大而下降，影响系统中其他设备的正常运行。启动器的分类和用途见表3-14。

表3-14　　　　　　　　　　　　　　启动器的分类和用途

分类		用　途
全压直接起动器	电磁	远距离频繁控制三相笼型异步电动机的直接启动、停止和可逆运转，有过载、断相和失电压保护
	手动	不频繁控制三相笼型异步电动机的直接启动、停止，有过载、断相和失电压保护，主要用于农村
减压起动器	星—三角起动器　手动	三相笼型异步电动机的星—三角启动及停止
	星—三角起动器　自动	三相笼型异步电动机的星—三角启动及停止，有过载、断相和失电压保护，启动过程中，时间继电器能通过接触器自动将电动机的定子绕组由星形联结转换为三角形联结
	自耦减压起动器　手动 自动	三相笼型异步电动机的不频繁地减压启动、停止，有过载、断相和失电压保护
	电抗减压起动器	三相笼型异步电动机的减压启动，启动时利用电抗线圈降压，限制启动电流
	电阻减压起动器	三相笼型异步电动机或小容量的直流电动机的减压启动，启动时利用电阻线圈降压，限制启动电流
	延边星—三角起动器	三相笼型异步电动机作延边三角形启动，有过载、断相和失电压保护，启动时将电动机绕组接成延边三角形，启动完毕后自动换成三角形联结

续表

分类	用 途
综合启动器	远距离直接控制三相笼型异步电动机的启动、停止,有过载、断相和失电压保护和事故报警指示装置
软启动器	启动时电压自动平滑无级地从初始值上升到全压,转矩匀速增加

电动机在确定启动方式后,按电动机的额定电流选用起动器的型号、容量等级及过载继电器的整定值或热元件。

启动器通常选用熔断器作为短路保护电器,熔断器安装在起动器的电源侧,熔断器只分断安装地点的短路电流,不应代替起动器分断正常工作时的负载电流和最大负载电流。

(五)低压断路器

低压断路器用作交、直流线路的过载、短路或欠电压保护,被广泛应用于建筑照明、动力配电线路、用电设备作为控制开关和保护设备,也可用于不频繁启动电动机以及操作或转换电路。

低压断路器的类型及说明见表 3-15。

表 3-15 低压断路器的类型及说明

类型	说 明
万能式断路器	万能式断路器所有部件都装在一个绝缘的金属框架内,常为开启式,作配电用和电动机保护用。万能式断路器可分为选择式和非选择式两类。选择式断路器的短延时一般为 0.1~0.6s。过电流脱扣器有电磁式、热双金属式和电子式等几种。传动方式有手动、电动和弹簧储能操作。接线方式有固定式和插入式,利用插入式连接可做成抽屉式断路器。 DW10-600/35 表示万能式断路器,系列 10,额定电流 600A,三极瞬时脱扣,如图 3-21 所示。 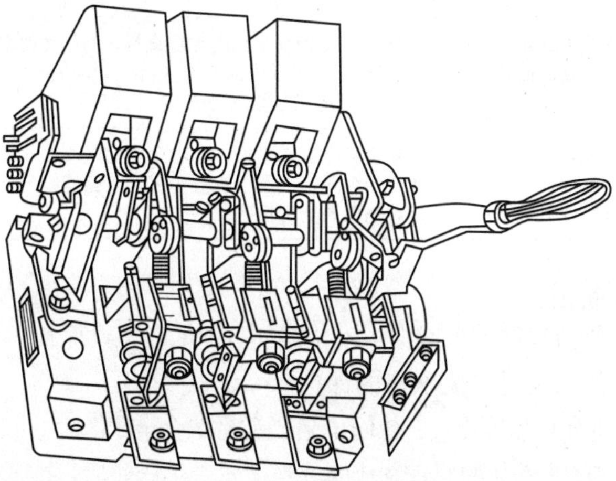 图 3-21 DW10 系列断路器
漏电保护断路器	有电磁式电流动作型、电压动作型和晶体管式电流动作型 3 种,它是在塑料外壳断路器中增加一个能检测漏电电流的零序电流互感器和漏电脱扣器。当出现漏电或人身触及相线(火线)时,零序电流互感器的二次侧就感应出电流信号,使漏电脱扣器动作,断路器快速断开。
直流快速断路器	有电磁保持式和电磁感应斥力式两种。电磁保持式直流断路器,在快速电磁铁的去磁线圈中的电流达到一定值时,衔铁所受的吸力骤减。机构在弹簧作用下迅速向断开位置运动而使触头断开。 电磁感应斥力式直流快速断路器是利用储能的电容器,向斥力线圈放电,同时在斥力线圈上面的铝盘中感应出涡流,利用这两种电流的相互作用,产生巨大的电动力,使铝盘快速斥开,断路器断开。直流快速断路器都是单极的。动作方向有正极性、负极性和无极性 3 类

类型	说　明
塑料外壳式断路器	该断路器除接线端子外，触点、灭弧室、脱扣器和操动机构都装于一个塑料外壳中，适用于配电支路负载端开关或电动机保护用开关，大多数为手动操动，额定电流较大的（200A 以上）也可附带电动机构操动，多用于照明电路和民用建筑内电气设备的配电和保护。 塑料外壳式断路器的型号含义如下。 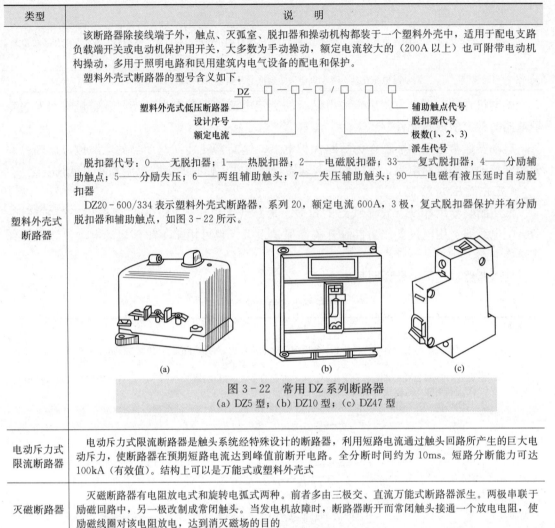 脱扣器代号：0——无脱扣器；1——热脱扣器；2——电磁脱扣器；33——复式脱扣器；4——分励辅助触点；5——分励失压；6——两组辅助触头；7——失压辅助触头；90——电磁有液压延时自动脱扣器 DZ20 - 600/334 表示塑料外壳式断路器，系列 20，额定电流 600A，3 极，复式脱扣器保护并有分励脱扣器和辅助触点，如图 3 - 22 所示。 图 3 - 22　常用 DZ 系列断路器 (a) DZ5 型；(b) DZ10 型；(c) DZ47 型
电动斥力式限流断路器	电动斥力式限流断路器是触头系统经特殊设计的断路器，利用短路电流通过触头回路所产生的巨大电动斥力，使断路器在预期短路电流达到峰值前断开电路。全分断时间约为 10ms。短路分断能力可达 100kA（有效值）。结构上可以是万能式或塑料外壳式
灭磁断路器	灭磁断路器有电阻放电式和旋转电弧式两种。前者多由三极交、直流万能式断路器派生。两极串联于励磁回路中，另一极改制成常闭触头。当发电机故障时，断路器断开而常闭触头接通一个放电电阻，使励磁线圈对该电阻放电，达到消灭磁场的目的

（六）热继电器

热继电器主要与接触器配合使用，用于电动机的过载保护、断相和电流不平衡运行的保护以及其他电气设备过电流状态的保护。

热继电器主要有双金属片式、热敏电阻式和易熔合金式 3 种。双金属片式热继电器是利用不同金属有不同的热膨胀系数的原理制成的。当金属受热弯曲后，推动热继电器的触点而动作。

当热继电器用来保护长期工作制或间断长期工作制的电动机时，其额定电流按 0.95～1.05 倍的电动机的额定电流来选择；若保护反复短时工作制的电动机时，热继电器只有一定的保护范围，若操作次数比较多时，最好选用带超速保护电流互感器的热继电器；对于正反转和分断频繁的特殊电动机，不应选择热继电器作为保护，而应选择埋入电动机绕组的温度继电器或热敏电阻来保护。

（七）交流接触器

交流接触器是适用于控制频繁操作的电气设备，可用按钮操作，作远距离分、合电动机或电容器等负载的控制电器，还可作电动机的正、反转控制。交流接触器自身具备灭弧罩，可以带负载分、合电路，动作迅速，安全可靠。

交流接触器型号含义如下。

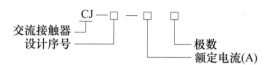

CJ10-150/3 表示额定电流 150A，设计序号为 10 的三相交流接触器。实用中还有派生代号，如 CJ12-B40/3，其中 12 是设计序号，B 是有栅片灭弧，额定电流 40A，三极。交流接触器主要由电磁系统、触点系统、灭弧装置和传动机构等部件组成，如图 3-23 所示。

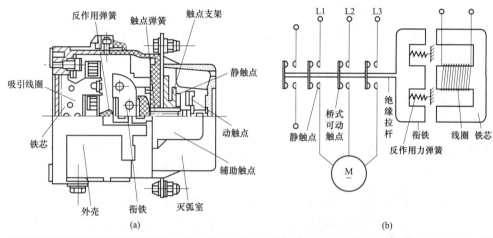

图 3-23 交流接触器
（a）典型结构；（b）结构原理

二、高压电气设备

（一）电力变压器

电力变压器（文字符号为 T）是变电所的核心设备，通过它将一种电压的交流电能转换成另一种电压的交流电能，以满足输电或用电的需要。电力变压器分类如下。

（1）按功能可分为降压变压器、升压变压器和联络变压器。

（2）按相数可分为单相变压器、三相变压器。

（3）按绕组形式可分为双绕组变压器、三绕组变压器、自耦变压器。

（4）按调压方式可分为无载调压变压器及有载调压变压器。

（5）按绕组绝缘类型可分为油浸式电力变压器、干式变压器、充气式变压器。

（6）按用途可分为普通变压器、全封闭变压器、防雷变压器等。

❶ 变压器的型号

变压器的型号用汉语拼音字母和数字表示，其排列顺序如下。

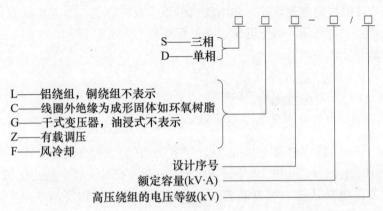

S——三相
D——单相

L——铝绕组，铜绕组不表示
C——线圈外绝缘为成形固体如环氧树脂
G——干式变压器，油浸式不表示
Z——有载调压
F——风冷却

设计序号
额定容量(kV·A)
高压绕组的电压等级(kV)

如变压器的型号是 S7‐500/10，表示为三相油浸自冷式铜绕组变压器，高压侧的额定电压为 10kV，低压侧的额定电压为 0.4kV，额定容量为 500kV·A。

三相电力变压器的容量系列是按 $\sqrt[10]{10} \approx 1.26$ 的倍数递增的。容量有 100kV·A、125kV·A、160kV·A、200kV·A、250kV·A、315kV·A、400kV·A、500kv·A、630kV·A、800kV·A、1000kV·A、1250kV·A、1600kV·A、2000kV·A 等。

❷ 油浸式电力变压器

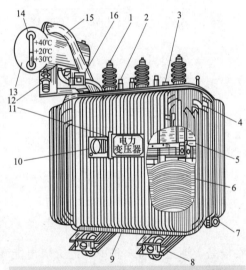

图 3‐24　油浸式电力变压器外形与结构
1—高压套管；2—低压套管；3—分接开关；
4—油箱；5—铁芯；6—绕组及绝缘层；
7—放油阀门；8—小车；9—接地螺栓；
10—信号式温度计；11—铭牌；12—吸湿器；
13—储油柜（油枕）；14—油位计；
15—安全气道；16—气体继电器

油浸式电力变压器的绕组和铁芯是浸泡在油中的，用油作介质散热。因容量和工作环境不同，油浸式变压器可以分为自然风冷式、强迫风冷式和强迫油循环风冷式等。油浸式电力变压器外形与结构如图 3‐24 所示。

❸ 干式电力变压器

干式电力变压器的绕组和铁心是置于气体（空气或六氟化硫气体）中的，为了使铁心和绕组结构更稳固，常用环氧树脂浇注。干式电力变压器造价比油浸式电力变压器高，一般用于防火要求较高的场所，建筑物内的变配电所要求使用干式电力变压器。

（二）互感器

互感器是一种特殊的变压器，广泛应用于供电系统中，向测量仪表和继电器的电压线圈或电流线圈供电。依据用途的不同，互感器分为两大类：一类是电流互感器，它是将一次侧的大电流，按比例变为适合通过仪表或继电器使用的、额定电流为 5A（或其他额定电流值，如 1A）的低压小电流的设备；另一类是电压互感器，它是将一次侧的高电压降至线电压为 100V 的低电压、供给仪表或继电器用电的专用设备。互感器的作用如下。

（1）隔离高压电路。互感器一次侧和二次侧没有电的联系，只有磁的联系，因而使测量仪表和保护电器与高压电路隔开，以保证二次设备和人员的安全。

（2）使测量仪表和继电器小型化、标准化。如电流互感器二次绕组的额定电流都是5A，电压互感器二次绕组电压通常都规定为100V。

（3）可以避免短路电流直接流过测量仪表和继电器的线圈，使测量仪表和继电器不被大电流损坏。互感器的准确度等级一般分为0.2、0.5、1、3等级。一般0.2级作实验室精密测量用，0.5级作计算电费测量用，1级供配电盘上的仪表使用，一般指示仪表和继电保护用3级。

❶ 电压互感器（TV）

（1）电压互感器的类型与结构。电压互感器按绝缘及冷却方式可分为干式和油浸式。按相数可分为单相式和三相式等。电压互感器的结构如图3-25所示，接线原理如图3-26所示。

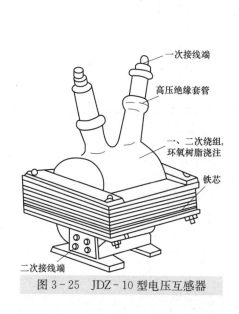

图3-25　JDZ-10型电压互感器

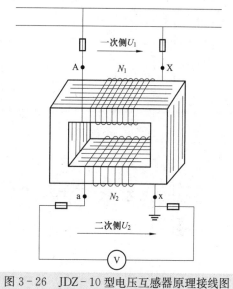

图3-26　JDZ-10型电压互感器原理接线图

电压互感器的型号含义如下。

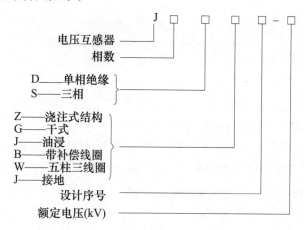

如 JDJ 型为单相双线圈油浸式室内用电压互感器；JDZ 型为单相双线圈环氧树脂浇注绝缘室内使用电压互感器；SJW 型为三相三线圈油浸式五铁心柱的室内用电压互感器；JDZJ 型为单相三线圈环氧树脂浇注绝缘室内用电压互感器。

（2）电压互感器的接线。

1）单相接线如图 3-27（a）所示，用 1 只单相电压互感器（JDZ 型或 JDJ 型）接在三相线路上，只能测量某两相之间的电压。

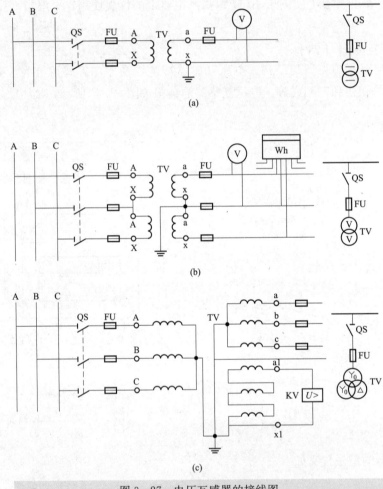

图 3-27　电压互感器的接线图

（a）一个单相电压互感器；（b）两个单相接成 VV 形接线；

（c）三个单相 JDZJ 型或一个三相五柱 JSJW 型接成 $Y_Ny_nd_0$ 形接线

2）VV 形接线如图 3-27（b）所示，用 2 只单相电压互感器（JDZ 型或 JDJ 型）接在三相线路上，可以测量 3 个线电压，但不能测量相电压。

3）$Y_Ny_nd_0$ 形接线如图 3-27（c）所示，用 3 只 JDZJ 型电压互感器，或用 1 只 JSJW 型三相五柱式电压互感器接在三相线路上，可以测量 3 个线电压、3 个相电压，并可用来监察电网对地的绝缘情况和作成单相接地的继电保护。

（3）使用注意事项。

1）电压互感器的二次侧在工作时不能短路。正常工作时二次侧的电流很小，近似于开路状态，当二次侧短路时电流很大，将烧毁设备。

2）电压互感器的二次侧，必须有一端接地，防止一、二次侧击穿高压窜入二次侧，危及人身和设备安全。

3）电压互感器接线时，应注意一、二次侧接线端子的交流相位极性，以保证测量的准确性。

2 电流互感器（TA）

（1）电流互感器的类型与结构。电流互感器均为单相式，按一次绕组匝数可分为单匝式（母线式、芯柱式、套管式）和多匝式（线圈式、线环式、串级式）；按绝缘类型可分为干式、浇注式和油浸式；按一次电压等级可分为高压电流互感器和低压电流互感器等。

电流互感器的型号含义如下。

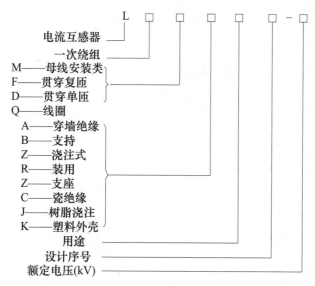

常用的高压电流互感器有 LQJ 型，常用低压电流互感器有 LMZ 系列穿芯式和 LQG 系列双绕组式。如图 3 - 28 所示为两种常用电流互感器的结构和原理接线图。

（2）电流互感器接线。电流互感器与仪表的连接通常有 3 种接线方法，如图 3 - 29 所示。其中图 3 - 29（a）所示用 1 只电流互感器和 1 只电流表组成一相式接线，只能测量一相电流，适用于负荷平衡的三相系统。图 3 - 29（b）、（c）所示用以测量负荷平衡或不平衡的三相系统中的三相电流。图 3 - 29（b）所示为 2 只电流互感器组成的不完全星形联结，或简称两相式接线。图 3 - 29（c）所示是采用 3 只电流互感器组成星形联结。这种星形联结应用设备多、费用高，除了在高压重要线路上采用外，还广泛用在 220/380V 的三相四线制的 TN - C、TN - S 系统中，供测量用。

除上述 3 种接线外，还有三角形联结、零相序接线和两相差接线的接线方式。

三角形联结的零相序电流在三相绕组内循环流动，不会出现在引出线。当变压器需要差动继电器保护时，多采用这种联结。零相序接线时三个电流互感器并联，测量的是二次侧中性线中的电流，等于三相电流之相量和，反映的是零相序电流，常用于架空线路单相接地的零序保护。两个电流互感器差联结，流入继电器中的电流为线电流，一般用于电动机的保护。

应该指出，高压电流互感器多制成两个铁芯和两个二次绕组的形式，分别接测量仪表

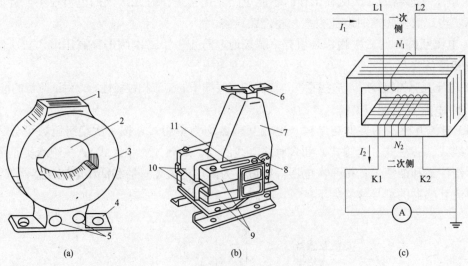

图 3-28　电流互感器结构和原理接线图

(a) LMZJ1-0.5外形图；(b) LQJ-10外形图；(c) 原理接线图

1—铭牌；2—一次母线穿过；3—铁芯，外绕二次绕组，环氧树脂浇注；4—安装板；5—二次接线端；

6—一次接线端；7—一次绕组环氧树脂浇注；8—二次接线端；9—铁芯；10—二次绕组；11—警告牌

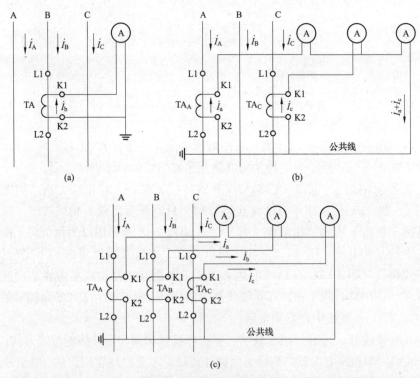

图 3-29　电流互感器的接线方式

(a) 一相式接线；(b) 两相式接线；(c) 星形联结

和继电器，满足测量仪表和继电保护的不同要求。

（3）使用注意事项。

1）电流互感器的二次侧在使用时绝对不可开路。一旦开路，一次电流将全部变成铁芯的励磁电流。使铁心因极度饱和发热，同时二次侧感应出危险的高压，其电压可达几千伏甚至更高，此时不仅危及人身安全，绕组可能被击穿而起火烧毁，铁芯由于过饱和而产生的剩磁还会影响电流互感器的误差。使用过程中，拆卸仪表或继电器时，应事先将二次侧短路。安装时，接线应可靠，不允许二次侧安装熔丝。

2）二次侧必须有一端接地。防止一、二次侧绝缘损坏，高压窜入二次侧，危及人身和设备安全。

3）接线时要注意交流相位极性。电流互感器一、二次侧的极性端子，都用"±"或字母表明极性。在接线时一定要注意极性标记，否则将出现测量错误，甚至引起事故。

4）一次侧串接在线路中，二次侧与继电器或测量仪表串接。为了保证安装质量和电流互感器的测量准确度，电流互感器与仪表或继电器之间所用的连接导线，铜芯最细不得小于 $1.5mm^2$，铝芯不应小于 $2.5mm^2$。

（三）高压断路器

断路器（文字符号为 QF）是带有强力灭弧装置的高压开关设备，是变配电所用以通断电路的重要设备，能可靠地接通或切断正常负载电路和故障电路。正常供电时利用它通断负荷电流，当供电系统发生短路故障时，借助于继电保护及自动装置的配合能快速切断很大的短路电流，防止事故扩大，保证系统安全运行。断路器一般配备 CD 系列电磁操动机构和 CT 系列弹簧操动机构。

断路器根据灭弧介质可分为油断路器、真空断路器、六氟化硫（SF_6）断路器等。断路器型号的含义如下。

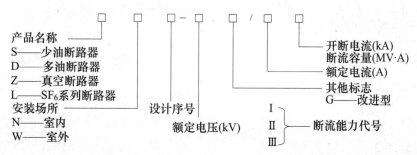

高压断路器是配电装置中最重要的控制和保护设备。正常时用以接通和切断负荷电流，当发生短路故障或严重过负荷时，借助继电保护装置的作用，自动、迅速地切断故障电流。断路器应在尽可能短的时间内熄灭电弧，因而具有可靠的灭弧装置。断路器工作性能优劣，直接影响供配电系统的运行情况。

断路器一般与隔离开关配合使用，"倒闸操作"原则是指断开电路时，先断断路器，后拉隔离开关；接通电路时，先合隔离开关，后合断路器。

断路器按其所采用的灭弧介质不同大致分为下列几种。

❶ 多油断路器

多油断路器是用绝缘油作为灭弧介质。变压器油有 3 个作用：一是作为灭弧介质；二是断路器切断电路时作为动、静触点间的绝缘介质；三是作为带电导体对地（外壳）的绝缘介质。

多油断路器依据其额定电流和断路容量的大小，分为三相共用一个油箱和三相有单独油箱两种，主要安装在 35kV 以上电压等级的用户中。

② 空气断路器

空气断路器采用压缩空气作为灭弧介质。断路器中的空气有 3 个作用：一是强烈的灭弧，使电弧冷却而熄灭；二是作为动、静触点间的绝缘介质；三是接通、切断操作时的动力。该断路器动作快，断流容量大，但构造复杂，价格高，因而使用在电压等级为 10～35kV 的电力系统中。

③ 少油断路器

少油断路器用油量很少，一般约为多油断路器的 1/10。少油断路器有户内型和户外型，通常 35kV 以上多为户外型，10kV 及 6kV 多为户内型，不论户内型还是户外型每相均有单独的油箱。少油断路器具有体积小、机构简单、防爆防火、使用安全等特点，其中油只作灭弧介质，不作绝缘介质。

少油断路器按开断容量分类有 SN10 - 10 Ⅰ 型，$S_{oc} = 300MV \cdot A$；SN10 - 10 Ⅱ 型，$S_{oc} = 500MV \cdot A$；SN10 - 10 Ⅲ 型，$S_{oc} = 750MV \cdot A$。

④ 真空断路器

真空断路器是指触点在高度真空灭弧室中切断电路的断路器。真空断路器采用的绝缘介质和灭弧介质是高度真空空气。真空断路器有触点开距小，动作快；燃弧时间短，灭弧快；体积小，重量轻，防火防爆；操作噪声小，适于频繁操作等优点。

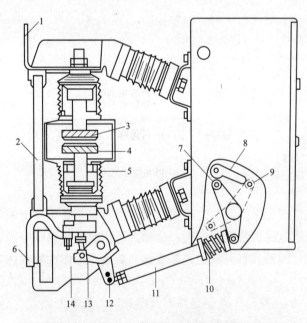

图 3 - 30　真空断路器的结构
1—上接线端子；2—绝缘杆；3—静触点；4—动触点；
5—外壳；6—下接线端子；7—断路位置；8—释放棘手；
9—闭合位置；10—触点弹力压簧；11—绝缘耦合器；
12—角杆；13—导向杆；14—下支架

真空断路器的结构如图 3 - 30 所示。高压断路器的操动机构一般配 CD 系列电磁慢动机构或 CT 系列弹簧储能操动机构。

⑤ 磁吹式断路器

磁吹式断路器是利用电弧电流通过专门的磁吹线圈时产生吹弧磁场，将电弧熄灭。磁吹式断路器具有不用油，没有火灾危险；灭弧性能良好，多次切断故障电流后，触点及灭弧室烧损轻微；灭弧室具有半永久性；结构较简单；体积较小，重量轻；维护简单等优点。

⑥ 六氟化硫断路器

六氟化硫（SF_6）分子能在电弧间隙的游离气体中吸附自由电子。因此，SF_6 气体有优异的绝缘能力和灭弧能力，与普通空气相比，它的绝缘能力高 2.5～3 倍，灭弧能力则高 5～

10 倍。而且，电弧在 SF_6 中燃烧时，电弧电压特别低，燃烧时间也短，因此 SF_6 断路器开断后，触点烧损轻微，不仅适用于频繁操作，同时也延长了检修周期。因为六氟化硫断路器有上述优点，所以它的发展速度很快，电压等级也在不断地提高。

（四）高压负荷开关

负荷开关（文字符号为 QL）是介于隔离开关与高压断路器之间的开关电器。在结构上与隔离开关相似，但具有较简单的灭弧装置，能够断开相应的负荷电流，但不具有切断短路电流的能力。因此通常情况下，负荷开关应与高压熔断器配合使用，切断短路电流的任务由熔断器承担。

高压负荷开关的型号及含义如下。

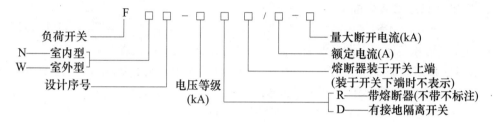

如型号是 FN3 - 10/400：F——负荷开关，N——室内，3——设计序号，10——额定电压（kV），400——额定电流（A），R——带熔断器。

室内式 FN3 - 10RT 负荷开关的外形结构如图 3 - 31 所示。

负荷开关的操动机构一般选用 CS 系列的手动操动机构。

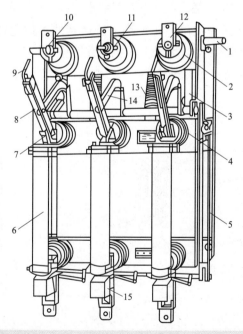

图 3 - 31　FN3 - 10RT 型高压负荷开关外形结构

1—主轴；2—上绝缘杆；3—连杆；4—下绝缘；5—框架；6—高压熔断器；7—下触座；8—隔离开关；
9—弧动触头；10—灭弧喷嘴；11—主静触头；12—上触座；13—断路弹簧；14—绝缘拉杆；15—热脱扣器

（五）高压熔断器

高压熔断器（文字符号为 FU）分为室内型和室外型两大类，其型号含义如下。

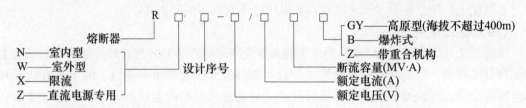

如型号是 RN1‐10/400：R——熔断器，N——室内，1——设计序号，10——额定电压（V），400——额定电流（A）。

① 室内高压管式熔断器

目前，6～10kV 室内供配电系统中广泛使用 RN1、RN2 型管式熔断器。其中，RN1 型用于电力变压器和其他高压设备保护，而 RN2 型只用于电压互感器保护。

高压管式熔断器是一种简单的保护电器。当电路发生过负荷或短路故障时，故障电流超过熔体的额定电流。熔体被电流迅速加热熔断，从而切断电路，防止故障扩大。熔断器的功能主要是对电路及电路中的设备进行短路保护，如图 3‐32 所示。从管式熔断器剖面图可以看出，其内部是由几根全长和直径相等的镀银铜丝并联组成，在镀银铜丝中间焊有小锡球，管内填充石英砂。两端管帽封端，并在管帽的一端装有红色熔断指示器。熔体的熔断过程：当短路电流或过负荷电流通过熔体时，熔体被加热，由于锡熔点低，故先熔化，并包围铜丝，铜锡互相渗透形成熔点较低的铜锡合金，使铜丝能在较低的温度下熔断，这就是所谓的"冶金效应"。熔体被熔断时，产生电弧，在几条平行的小直径沟中，各沟产生的金属蒸气喷向四周，渗入石英砂，电弧与之紧密接触，在短路电流达到冲击值之前（即短路后不到 1/2 周期），电弧迅速熄灭，从而使熔断器本身及其保护的线路设备均未受到冲击电流的影响。因此这种熔断器称为限流式熔断器。在熔断器熔断后，红色指示器被弹出，表示熔体已熔断。

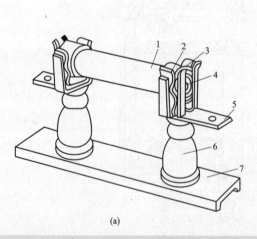
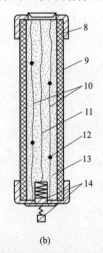

图 3‐32 RN1（2）型高压管式熔断器

(a) 外形图；(b) 剖面图

1—瓷熔管；2—金属管帽；3—弹性触座；4—熔断指示器；5—接线端子；6—瓷绝缘子；7—底座；
8—管帽；9—瓷熔管；10—工作熔体；11—指示熔体；12—锡球；13—石英砂填料；14—熔断指示器

❷ 室外跌落式熔断器

RW4-10（G）型跌落式熔断器如图3-33所示。跌落式熔断器是一种最简便、价格低廉、性能良好的室外线路开关保护设备，既可以用于配电线路和变压器的短路保护，也可以在一定条件下切断或接通小容量空载变压器或线路。跌落式熔断器是由固定的支持部件和活动的熔管及熔体组成。熔管外壁由环氧玻璃钢构成，内壁衬红钢纸或桑皮纸用以灭弧，称为灭弧管。

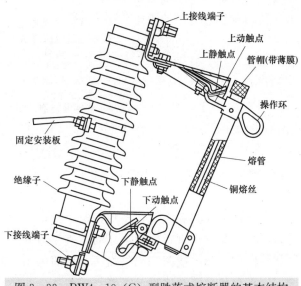

图3-33　RW4-10（G）型跌落式熔断器的基本结构

当线路发生故障时，故障电流使熔体迅速熔断并产生电弧。电弧的高温使灭弧管壁分解出大量气体，并使管内压力剧增，高压气体沿管道纵向强烈喷出，形成纵向吹弧，电弧迅速熄灭。同时，在熔体熔断后，熔管下端动触头失去张力而下翻，紧锁机构释放，在触点弹力和熔管自身的重力作用下，绕轴跌落，造成明显的断路间隙。由于熔体熔断后，靠熔管自身重力使绕轴跌落，故名跌落式熔断器。

（六）高压隔离开关

一般配电用隔离开关大多采用开关垂直转动式，其典型结构如图3-34所示。

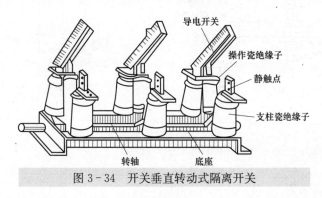

图3-34　开关垂直转动式隔离开关

隔离开关的功能主要用来隔离电源，将需要检修的设备与电源可靠地断开，在结构上，它的特点是断开后有明显的可见的断开间隙，故隔离开关的触点是暴露在空气中的。隔离开关没有专门的灭弧装置，不许带负荷操作，可以用来通断一定的小电流，如励磁电流不超过 2A 的空载变压器、电容电流不超过 5A 的空载线路以及电压互感器和避雷器电路等。

隔离开关按安装地点分为户内型和户外型两大类。高压隔离开关型号的含义如下。

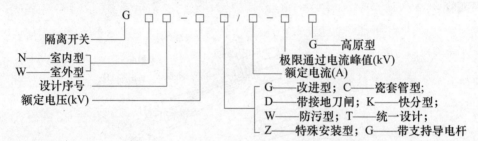

如型号 GN22 - 10/200 - 40：G——隔离开关，N——户内型，22——设计序号，10——额定电压（kV），200——额定电流（A），40——2s 热稳定电流有效值（kA）。

隔离开关的操动机构一般选用 CS 系列的手动操动机构。

（七）高压避雷器（F）

高压避雷器用来保护高压输电线路和电气设备免遭雷电过电压的损害。避雷器一般在电源侧与被保护设备并联，当线路上出现雷电过电压时，避雷器的火花间隙被击穿或高阻变为低阻，对地放电，从而保护了输电线路和电气设备。目前应用于高压供配电系统的避雷器有管型避雷器、阀型避雷器和金属氧化物避雷器等。图 3-35 所示为两种常用阀型避雷器。

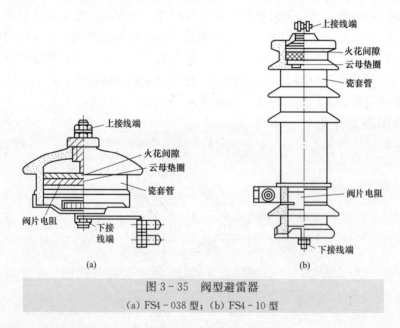

图 3-35　阀型避雷器

(a) FS4 - 038 型；(b) FS4 - 10 型

避雷器型号的含义如下。

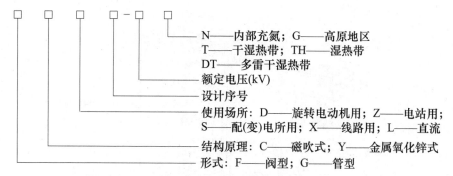

如型号是 FS2－10：F——阀型，S——变配电所用，2——设计序号，10——额定电压为 10kV。

（八）高压开关柜

高压开关柜是由制造厂按一定的接线方案要求将开关电器、母线（汇流排）、测量仪表、保护继电器及辅助装置等，组装在封闭的金属柜中的成套式配电装置。这种装置结构紧凑，便于操作，有利于控制和保护变压器、高压线路及高压用电设备。

高压开关柜的类型：按高压开关柜中断路器的安装方式，可分为固定式开关柜和移开式开关柜；按柜体结构，可分为开启式和封闭式两类，封闭式包括金属封闭间隔式开关柜、金属封闭铠装式开关柜、金属封闭箱式开关柜；按断路器手车安装位置，可分为落地式开关柜、中置式开关柜，目前中置式开关柜应用越来越广泛；按开关柜内部绝缘介质的不同，可分为空气绝缘开关柜、SF_6 气体绝缘开关柜；根据一次线路安装的主要电器元件和用途又可分为很多种柜，如油断路器柜、负荷开关柜、熔断器柜、电压互感器柜、隔离开关柜、避雷器柜等。

高压开关柜的型号含义如下。

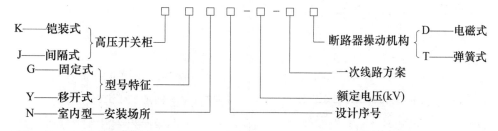

① 固定式高压开关柜

固定式高压开关柜多为金属封闭式开关柜，固定式高压开关柜的特点是柜内所有电器元件都固定安装在不能移动的台架上，现场安装工作量较大，检修不便。但其制造工艺简单、节省钢材、价格便宜，因而多用于一般工厂和大型建筑设施。固定式开关柜的主要开关设备一般可选用 SN 系列的少油断路器或 ZN 系列的真空断路器。常用的固定式高压开关柜主要有 GG 系列、KGN 系列，如图 3-36 和图 3-37 所示。

② 移开式（手车式）高压开关柜

移开式高压开关柜由手车室、主母线室、小母线室、继电器仪表室、电流互感器室组成。其特点是断路器及操动机构均装于车上，检修时将小车拉出柜外，推入同类型的备用小车，

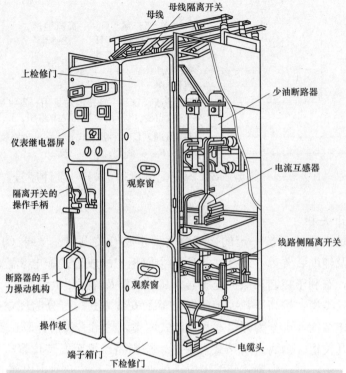

图 3-36 GG-1A（F）-07S 型高压开关柜结构示意图

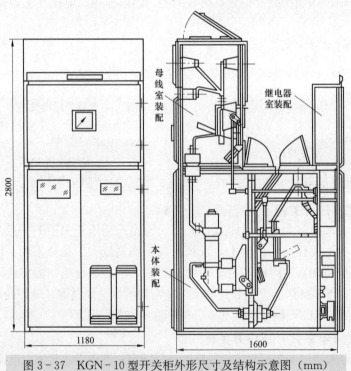

图 3-37 KGN-10 型开关柜外形尺寸及结构示意图（mm）

使维修和供电两不误，不但维修安全，又减少了停电时间。移开式开关柜的主要开关设备一般可选用 ZN 系列的真空断路器。常用的移开式高压开关柜主要有 GC 系列、GPC 系列、KYN 系列和 JYN 系列等。图 3-38 和图 3-39 为两种常用移开式高压开关柜示意图。

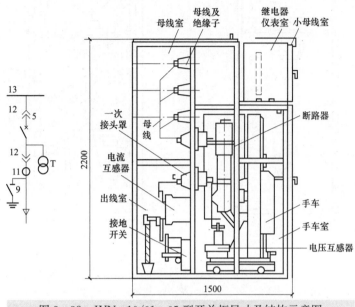

图 3-38　JYN-10/01～05 型开关柜尺寸及结构示意图

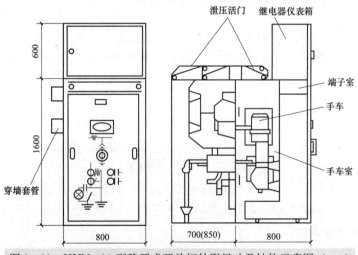

图 3-39　KYN-10 型移开式开关柜外形尺寸及结构示意图（mm）

③ 环网高压开关柜

近几年，环网柜在我国城市电网及农村电网的改造和建设中得到了广泛的应用。环网高压开关柜一般由 3 个间隔组成，其中一个电缆进线间隔，一个电缆出线间隔，另一个为变压器回路间隔。环网柜的主要电气元器件有高压负荷开关、熔断器、隔离开关、接地开关、电流互感器、电压互感器、避雷器等。图 3-40 所示为 HXGN1-10 型环网高压开关柜的外形结构图。

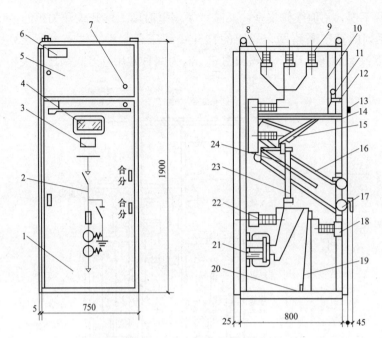

图3-40 HXGN1-10型环网高压开关柜示意图（mm）

1—下门；2—模拟电路；3—显示器；4—观察窗；5—上门；6—铭牌；
7—组合开关；8—母线；9—绝缘子；10—隔板；11—照明灯；12—端子板；13—旋钮；
14—隔板；15—负荷开关（断开状态）；16—连杆；17—负荷开关操动机构；18—支架；
19—电缆（用户自备）；20—固定电缆支架；21—电流互感器；22—支架；23—高压熔断器；24—连杆

应该指出，各种高压开关柜必须具有"五防"功能。所谓"五防"指的是防止误跳、误合断路器；防止带负荷拉、合隔离开关；防止带电挂接地线；防止带接地线合隔离开关；防止人员误入开关柜的带电间隔。

三、变配电二次设备

用来测量、控制、信号显示和保护一次设备运转的电路，称二次电路。二次电路中的所有电气设备（如测量仪表、继电器等）称为二次设备。

二次设备种类繁多，传统的二次设备主要包括继电器、控制开关、仪表及信号设备。目前，在大用户中，分散式微机保护装置被广泛应用。

1 常用保护继电器

保护继电器是一种自动控制电器，它根据输入的一种特定信号达到某一预定值时而自动动作，接通或断开控制的回路。输入的特定信号可以是电流、电压、温度、压力和时间等。继电器的结构可分为如下3个部分。

（1）测量元件。反映继电器所控制的物理量（即电流、电压、温度、压力和时间等）的变化情况。

（2）比较元件。将测量元件反映的物理量与人工设定的预定量（或整定值）进行比较，以决定继电器是否动作。

（3）执行元件。根据比较元件传送过来的指令完成该继电器所担负的任务，即闭合或断开。保护继电器按结构不同，可分为电磁式继电器和感应式继电器。

常用保护继电器的类型及说明见表3-16。

表 3-16 常用保护继电器的类型及说明

类型	图 示	说 明
电磁式电流继电器和电压继电器	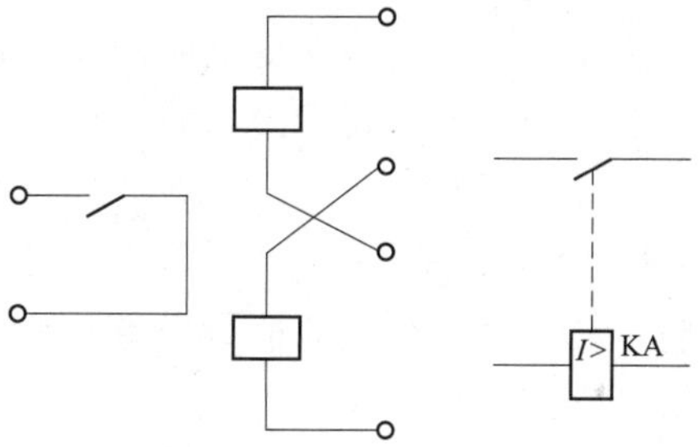 (a) 内部接线 　 (b) 图形符号	在保护装置中常用的电磁式电流继电器是DL系列，与电流互感器二次线圈串联使用，电磁式电流继电器的文字符号为KA。电磁式电流继电器的动作极为迅速，动作时间为百分之几秒，可认为是瞬时动作的继电器。DL-11型电磁式电流继电器的内部接线和图形符号如左图所示。电磁式电压继电器有过电压继电器和欠电压继电器两种。在保护装置中常用的电磁式电压继电器是DJ系列，其结构和工作原理与DL系列电磁式电流继电器基本相同，不同之处只是电压继电器的线圈为电压线圈，匝数较多，导线细，与电压互感器的二次绕组并联，电压继电器的文字符号为KV
电磁式时间继电器	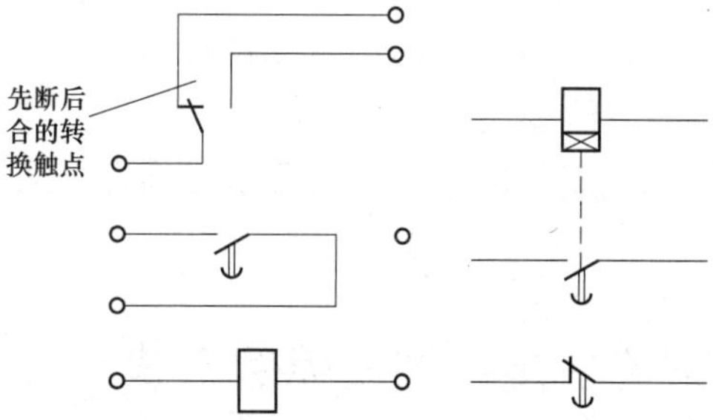 先断后合的转换触点　 (a) 内部接线 　 (b) 图形符号	电磁式时间继电器用于继电保护装置中，常用的电磁式时间继电器为DS系列。电磁式时间继电器的文字符号为KT，DS型电磁式时间继电器的内部接线和图形符号如左图所示
电磁式信号继电器	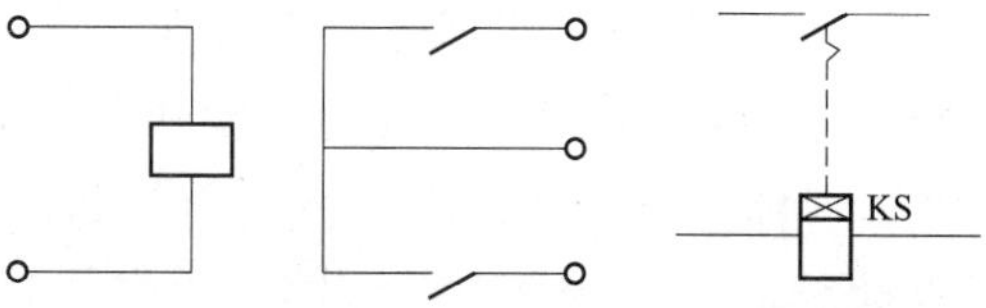 (a) 内部接线 　 (b) 图形符号	电磁式信号继电器在继电保护装置中用于发出指示信号，表示保护动作，同时接通信号回路，发出灯光或者音响信号。常用的DS-11型信号继电器有两种：电流型和电压型。电磁式信号继电器的文字符号为KS，DS-11型信号继电器的内部接线和图形符号如左图所示
电磁式中间继电器	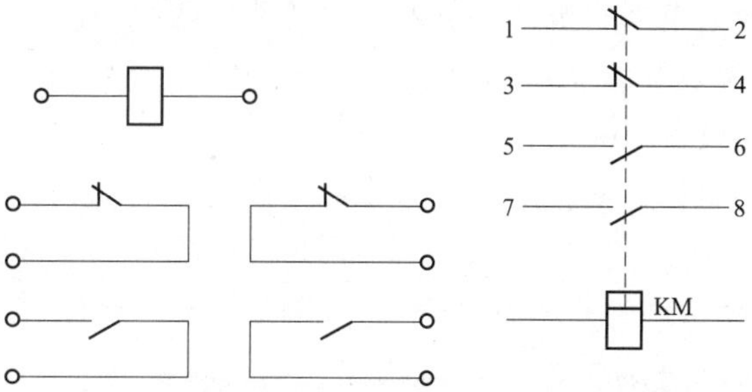 (a) 内部接线 　 (b) 图形符号	电磁式中间继电器的触头容量较大，触头数量较多，在继电保护装置中用于弥补主继电器触头容量或触头数量的不足。电磁式中间继电器的文字符号为KM，DZ-10型中间继电器的内部接线和图形符号如左图所示

② 控制开关

控制开关是断路器控制回路的主要控制元件，它由运行人员操作控制断路器的接通和断开，在变电所中常用的是 LW2 型系列自动复位控制开关。LW2 型控制开关外形如图 3-41 所示。

③ 电气测量仪表

电气测量仪表是用来监测电路运行情况和计算用电量的仪表，通常安装在变电站的配电柜上。常用的仪表有电流表、电压表、频率表、功率因数表和电能表等。

④ 信号设备

信号设备通常有正常信号设备、事故信号设备和指挥信息设备。

（1）正常信号设备。一般指不同颜色的信号灯、光字牌等。

图 3-41　LW2 型控制开关外形

（2）事故信号设备。有预告信息设备和事故信号设备。通常，事故信号装于中央控制室内，当供配电系统出现故障或不正常状况时，所发出的信号称预告信号；当供配电系统发生短路、断路器断开时，发出的信号称事故信号。

（3）指挥信号。指挥信号常用于不同地点之间的信号联络与信号指挥，多用音响或字牌显示。

第三节　变配电系统主接线图及范例识读

一、变配电系统基本主接线图

变配电主接线图是指用单线将主电流或一次电流通过的某些设备按照一定的顺序连成的电路图。通过阅读变配电主接线图，可以了解整个供配电工程的规模和电气工作量的大小，理解供配电工程系统各部分之间的关系，同时，供配电系统图也是日常操作维护的依据。通常在变配电站和控制室内，将变配电主接线图做成模拟板挂在墙上，以指导操作。

变电站的主接线图是指由各种开关电器、电力变压器、断路器、隔离开关、避雷器、互感器、母线、电力电缆、移相电容器等电气设备按一定次序相连接的具有接收和分配电能的电路。电气主接线图一般以单线网的形式表示。

① 线路—变压器组接线

当只有一路电源供电和一台变压器时，可采用线路—变压器组接线，如图 3-42 所示。

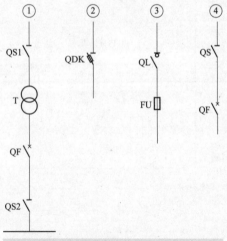

图 3-42　线路变压器组接线图

根据变压器高压侧情况的不同，可以选择如图 3-41 所示的 4 种开关电器。当电源侧继电保护装置能保护变压器且灵敏度满足要求时，变压器高压侧可只装设隔离开关；①当变压器高压侧短路容量不超过高压熔断器断流容量，而又允许采用高压熔断器保护变压器时，变压器高压侧可装设跌落式熔断器；②或负荷开关熔断器；③一般情况下，在变压器高压侧装设隔离开关和断路器。

当高压侧装设负荷开关时，变压器容量不大于 1250kVA；高压侧装设隔离开关或跌落式熔断器时，变压器容量一般不大于 630kVA。线路—变压器组接线的优点是接线简单，所用电气设备少，配电装置简单，投资少。缺点是该单元中任一设备发生故障或检修时，变电站全部停电，可靠度不高。

线路—变压器组接线适用于小容量三级负荷、小型企业或非生产用户。

❷ 单母线接线

母线又称汇流排，用于汇集和分配电能。单母线接线又分为单母线不分段和单母线分段两种。

（1）单母线不分段接线。当只有一路电源进线时，常用这种接线，如图 3-43（a）所示，每路进线和出线装设一只隔离开关和断路器。靠近线路的隔离开关称线路隔离开关，靠近母线的隔离开关称为母线隔离开关。单母线不分段接线的优点是接线简单清晰，使用设备少，经济性比较好。缺点是可靠性和灵活性差，当电源线路、母线或母线隔离开关发生故障或进行检修时，全部用户供电中断。此种接线适用于对供电要求不高的三级负荷用户，或者有备用电源的二级负荷用户。

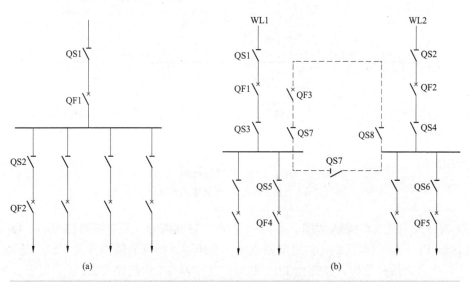

图 3-43　45 单母线接线图
（a）单母线不分段；（b）单母线分段

（2）单母线分段接线。当有双电源供电时，常采用单母线分段接线，如图 3-43（b）所示，可采用隔离开关或断路器分段，隔离开关分断操作不方便，目前已不采用。单母线分段接线可以分段单独运行，也可以并列同时运行。

采用分段单独运行时，各段相当于单母线不分段接线的运行状态，各段母线的电气系统互不影响。当任一段母线发生故障或检修时，仅停止对该段母线所带负荷的供电。当任一电源线路故障或检修时，则可经倒闸操作恢复该段母线所带负荷的供电。

采用并列运行时，若遇电源检修，无需母线停电，只需断开电源的断路器及其隔离开关，调整另外电源的负荷就可以。但当母线故障或检修时，就会引起正常母线的短时停电。这种接线的优点是供电可靠性高，操作灵活，除母线故障或检修外，可对用户连续供电。缺点是母线故障或检修时，仍有 50% 左右的用户停电。

❸ 桥式接线

所谓桥式接线是指在两路电源进线之间跨接一个断路器。若断路器跨接在进线断路器的内侧，靠近变压器，称为内桥式接线，如图 3 - 44（a）所示。若断路器在进线断路器的外侧，靠近电源侧，则称为外桥式接线，如图 3 - 44（b）所示。

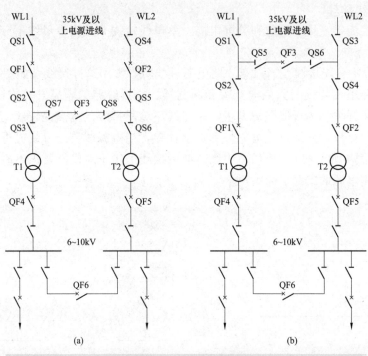

图 3 - 44　桥式接线图
(a) 内桥式接线；(b) 外桥式接线

（1）内桥式主接线。线路 WL1、WL2 来自两个独立电源，经过断路器 QF1、QF2 分别接至变压器 T1、T2 的高压侧，向变电站供电，变压器回路仅装隔离开关 QS3、QS6。当线路 WL1 发生故障或检修时，断路器 QF1 断开，变压器 T1 由线路 WL2 经桥接断路器 QF3 继续供电。同理，当线路 WL2 发生故障或检修时，变压器 T2 由线路 WL1 经桥接断路器 QF3 继续供电。因此，这种接线大大提高了供电的可靠性和灵活性。但当变压器故障或检修时，必须进行倒闸操作，操作较复杂且时间较长。当变压器 T1 发生故障时，QF1 和 QF3 因故障断开，此时，接通 QS3 后再合上 QF1 和 QF3，即可恢复 WL1 线路的工作。内桥式接线的主要特点是对电源进线回路操作非常方便、灵活，供电可靠性高。

内桥式接线适用于以下条件的总降压变电站。

1）供电线路长，线路故障几率大。

2）负荷比较平稳，主变压器不需要频繁切换操作。

3）没有穿越功率的终端总降压变电站。

所谓穿越功率是指某一功率由一条线路流入并穿越横跨桥并经另一线路流出的功率。

（2）外桥式主接线。外桥式主接线如图3-47（b）所示。其特点是变压器回路装断路器，线路 WL1、WL2 仅装线路隔离开关。任一变压器检修或故障时，如变压器 T1 发生故障，断开 QF1，打开其两侧隔离开关，然后合上 QF3 两侧隔离开关，再合上 QF3，是两路电源进线又恢复并列运行。当线路检修或故障时，需进行倒闸操作，操作较复杂且时间较长。外桥式接线的主要特点是对变压器回路操作非常方便、灵活，供电可靠性高。外桥式接线适用于以下条件的总降压变电站。

1）供电线路短，线路故障几率小。

2）用户负荷变化大，主变压器需要频繁切换操作。

3）有穿越功率流经的中间变电站，因为采用外桥式接线，总降压变电站运行方式的变化将不影响公共电力系统的流向。

二、变配电站主接线系统图及范例

❶ 380W/220V 供电系统图

一般建筑如住宅、学校、商店等，只有配电装置，低压 380V/220V 进线，其供电系统图如图3-45所示。图中 D1～D4 为四面电气柜，低压电源经电缆引入，经熔断器式刀开关和仪表用电流互感器至低压母线。各柜均用低压断路器作为带负荷分合电路和供电线路的短路及过载保护；D3、D4 还装有电能表。低压电源经空气断路器或隔离刀开关送至低压母线，用户配电由空气断路器作为带负荷分合电路和供电线路的短路及保护，电能表装在每用户点。

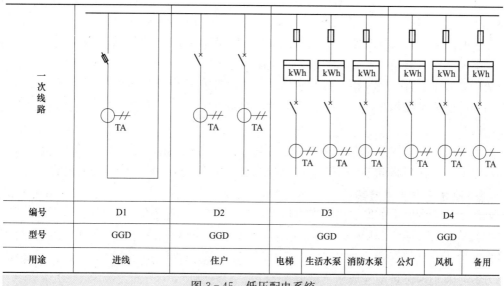

编号	D1	D2		D3			D4		
型号	GGD	GGD		GGD			GGD		
用途	进线	住户		电梯	生活水泵	消防水泵	公灯	风机	备用

图3-45　低压配电系统

2 **10kV/0.4kV 电气系统图**

中小型工厂、宾馆、商住楼一般都采用10kV进线,两台变压器并联运行,提高供电可靠性。如果供电要求高,可以采用两路电源独立供电,当线路、变压器、开关设备发生故障时能自动切换,使供电系统能不间断地供电。最常见的进线方案是一路来自发电厂或系统变电站,另一路来自邻近的高压电网。如图3-46所示是一种两路10kV进线的电气系统图,该系统的电力取自10kV电网,经变电装置将电压降至0.4kV,供各分系统用电。(=T1、=T2)为变电装置,(=WL1、=WL2)为0.4kV汇流排,(=WB1、=WB2)为配电装置。主要功能是变电与配电。

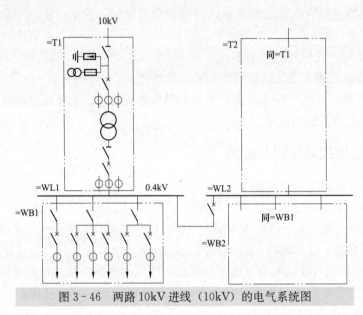

图3-46 两路10kV进线(10kV)的电气系统图

在变电装置中,目前广泛采用三相干式变压器,高压侧电压为10kV,低压侧电压为0.4kV/0.23kV;10kV电源经隔离开关、断路器引至变压器;高压侧有一组电压互感器;用于电压的测量,高压熔断器是电压互感器的短路保护,避雷器是变压器高压侧的防雷保护;一组电流互感器用于电流的测量。

变压器低压侧有一组三相电流互感器,用于三相负荷电流的测量,通过低压隔离开关和断路器与低压母线相连,两组母线之间用一断路器作为联络开关,在变压器发生故障时,能自动切换。

低压配电装置中用低压刀开关为隔离作用,具有明显的断开点,空气断路器可带负荷分、合电路,并在短路或过载时起保护作用。电流互感器用于每一分路的电流测量。

3 **独立变电所主接线**

如图3-47所示是某单位独立变电所主接线设计图。该变电所一路电缆进线,装两台S9-800kVA10/0.4/0.23kV变压器,选用KYN1-10型金属移开式开关柜,其中进线柜、计量柜和电压互感器、避雷器柜各1只,馈线柜2只。图中标明了开关柜的型号、编号、回路方案号及柜内设备型号规格(见表3-17)。

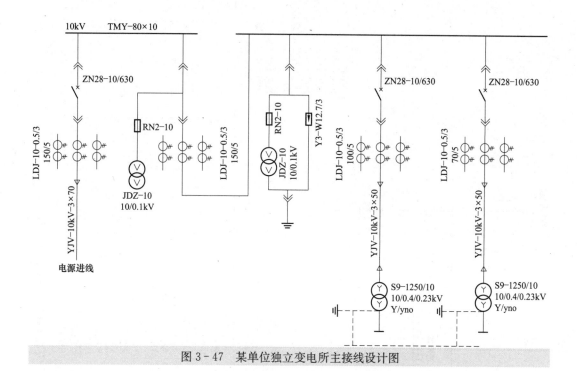

图 3-47 某单位独立变电所主接线设计图

表 3-17 开关柜的型号、编号、回路方案号及柜内设备型号规格

高压开关柜编号	1	2	3	4	5
高压开关柜型号	KYN1-10/02	KYN1-10/33（改）	KYN1-10/4	KYN1-10/04	KYN1-10/04
回路名称	电源进线	计量	电压互感器	1号主变压器	2号主变压器
二次回路号	略	略	略	略	略

④ 35/10kV 变电站主接线

如图 3-48 所示为 35/10kV 户外无人值班变配电站典型主接线图。变电所容量为 20×6300kV·A（35/10kV）的有载调压变压器，35kV 和 10kV 均为屋外配电装置。35kV 进线有两回路，进线侧仅设隔离开关，采用简化单母线接线。主变压器的 35kV 侧采用高压熔断器和高压负荷隔离开关相结合的接线方式。高压负荷隔离开关可以实现就地手动和远方电动操作分、合负荷电流；高压熔断器开断短路电流。10kV 出线有六回路，为单母线接线。35kV、10kV 配电装置均采用架空出线方式。

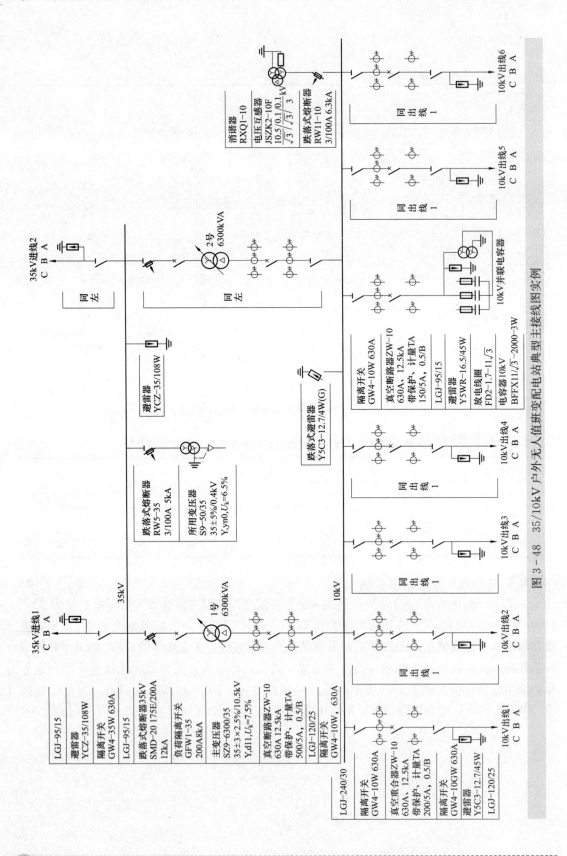

图 3-48　35/10kV 户外无人值班变配电站典型主接线图实例

第四节　变配电系统二次回路接线图及范例识读

一、二次回路接线图的简介

二次回路接线图是用于二次回路安装接线、线路检查、线路维修和故障处理的主要图纸之一。在实际应用中，常需要与电路图和位置图一起配合使用。供配电系统中二次回路接线图通常包括屏面布置图、屏背面接线图和端子接线图等几部分。接线图有时也与接线表配合使用。接线图和接线表一般应示出各个项目的相对位置、项目代号、端子号、导线号、导线类型、导线截面等。

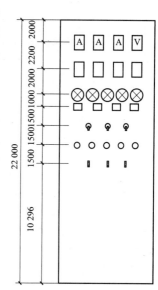

图 3-49　控制屏
屏面布置式样（mm）

❶ 屏面布置图

如图 3-49 所示，屏面布置图主要是二次设备在屏面上具体位置的详细安装尺寸，是用来装配屏面设备的依据。二次设备屏主要有两种类型：一种是在一次设备开关柜屏面上方设计一个继电器小室，屏侧面有端子排室，屏正面安装有信号灯、开关、操作手柄及控制按钮等二次设备；另一种是专门用来放置二次设备的控制屏，这类控制主要用于较大型变配电站的控制室。

❷ 端子排和屏后接线图

（1）端子排。端子排是屏内与屏外各个安装设备之间连接的转换回路。屏内二次设备正电源的引线和电流回路的定期检修，都需要端子来实现，许多端子组成在一起称为端子排。端子排接线图是表示端子排内各端子与外部设备之间导线连接的图，如图 3-50 所示。端子上的编号方法为如下。

1）一般端子的左侧为与屏内设备相连接设备的编号或符号。

2）图 3-50 所示中左侧为端子顺序编号，中右侧为控制回路相应编号，右侧为与屏外设备或小母线相连线的设备编号或符号。

3）图 3-50 所示中正负电源之间一般编写一个空端子号，以免造成短路，在最后预留 2~5 个备用端子号，向外引出电缆按其去向分别编号，并用一根线条集中表示。

（2）屏背面接线图。屏背面接线图又称为盘后接线图，是根据展开式原理图、屏面布置图与端子排图绘制的，作为屏内配线、接线和查线的主要参考图，同时也是安装图中的主要图样。

屏背面接线图上设备的排列是与屏面布置图相对应的，屏背面接线图主要表示屏内设备的连线。

通常，屏内设备会在设备图上方画一个圆圈来进行标注，上面写出安装单位编号，旁边标注该安装单位内的设备顺序号，下面标注设备的文字符号和设备型号，如图 3-51 所示。

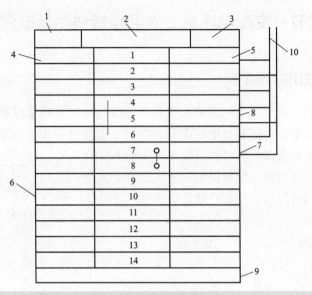

图 3-50　端子排接线图

1—端子排代号；2—安装项目（设备）名称；3—安装项目（设备）代号；4—左连设备端子编号
5—右连设备端子编号；6—普通型端子；7—连接端子；8—试验端子；9—终端端子；10—引向外屏连接导线

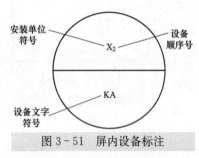

图 3-51　屏内设备标注

❸ 二次电缆敷设接线图

二次电缆敷设图指在一次设备布置图上绘制出电缆沟、预埋管线、电缆线槽、直接埋地的实际走向，以及在二次电缆沟内电缆支架上排列的图样，如图 3-52 所示。在二次电缆敷设图中，需要标出电缆编号和电缆型号。有时在图中列出表格，详细标出每根电缆的起始点、终止点、电缆型号、长度以及敷设方式等。

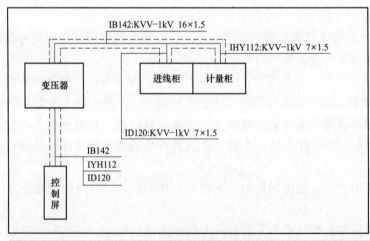

图 3-52　二次电缆敷设示意图

二次电缆敷设时一般要求使用控制电缆，电缆应选用多芯电缆，具体要求如下。

（1）当电缆芯截面不超过 1.5mm² 时，电缆芯数不宜超过 30 芯。

（2）当电缆芯截面积为 2.5mm² 时，电缆芯数不宜超过 24 芯；当电缆芯截面积为 4～6mm。时，电缆芯数不宜超过 10 芯。

（3）对于 7 芯以上的控制电缆，应考虑留有必要的备用芯。

（4）对于接入同一安装屏内两侧端子的电缆，芯数超过 6 芯时应采用单独电缆。

（5）对于较长的电缆，应尽量减少电缆根数，并避免中间多次转接。

二、二次回路接线图的绘制与识读方法

一般来说接线图主要用于安装接线和维修，但阅读接线图往往要对照展开图进行，这样容易根据工作原理找出故障点。为了看图方便，依据图 3－53 接线图所示，给出它的展开式原理电路图，如图 3－54 所示。

（一）二次回路接线图的绘制

绘制二次线图应遵循《电气制图·接线图和接线表》GB/T 6988.3—1997 标准中的相关规定绘制。

❶ 项目表示法

接线图中的各个项目（如元件、器件、部件、组件等），应尽量采用其简化外形（如方形、矩形、圆形）表示，但不必按比例画出。至于二次设备的内部接线，可画可不画，但其接线端子必须画出，必要时也可用图形符号表示，符号旁标注项目代号并应与电路图中的标注相一致，如图 3－53 所示中电流表、有功电度表、无功电度表，分别标为 PA、PJ1、PJ2，绿色指示灯标 GN，红色指示灯标为 RD 等。

❷ 接线端子的表示方法

盘（柜）外的导线交叉，便于检查修理。端子排由专门的接线端子板组合而成。

接线端子板分为普通端子、连接端子、试验端子和终端端子等形式，其符号标志如图 3－50所示。它们的作用分别是：普通端子板用来连接由盘外引至盘上或由盘上引至盘外的导线；连接端子板有横向连接片，可与邻近端子板相连，用来连接有分支的二次回路导线；试验端子板用来在不断开二次回路的情况下，对仪表继电器进行试验；终端端子板用来固定或分隔不同安装项目的端子排。

在接线图中，端子一般用图形符号"〇"表示，同时在其旁边标注端子代号。对于用图形符号表示的项目，其上的端子可不画符号，而只标出端子代号就可以了。端子排的文字代号为 X，端子的前缀符号为"："。实际上，所有设备上都有接线端子，其端子代号应与设备上端子标记相一致。

❸ 连接导线的表示方法

接线图中端子之间的连接导线有下列两种表示方法。

（1）连续线。表示两端子之间连接导线的线条是连续的，如图 3－55（a）所示。

（2）中断线。表示两端子之间连接导线的线条是中断的，如图 3－55（b）所示。

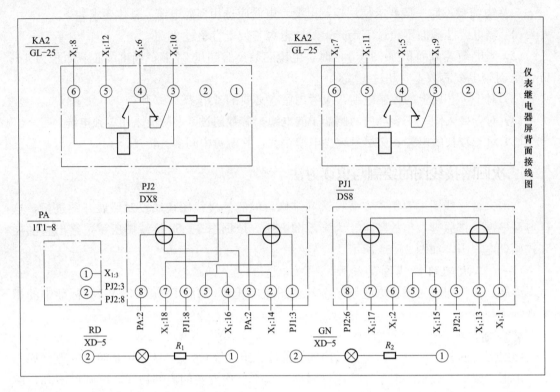

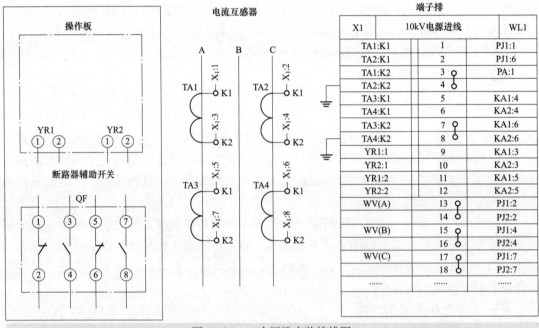

图 3-53　二次回路安装接线图

在二次回路接线图中，连接导线很多，如果用连续线一一绘出，将使接线图显得十分繁杂，不易辨认。为了使图面简明清晰，接线图多采用中断线表示法，这样对图纸的绘制、阅读以及安装接线和维护检修都带来很大方便。

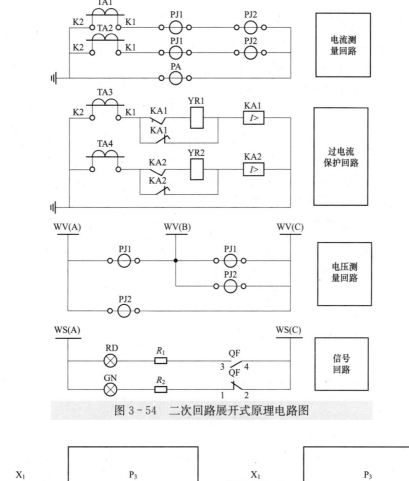

图 3-54 二次回路展开式原理电路图

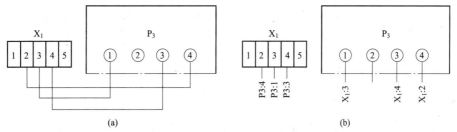

图 3-55 连接导线的表示方法

(a) 连续导线的表示方法；(b) 中断线表示法

中断线表示法就是在线条中断处标明导线的去向，即在接线端子出线处标明要连接的对方端子的代号，这种标号方法，称为"相对标号法"或"对面标号法"。图 3-53 所示就是用中断线表示法绘制的，如图中 PJ2 的 8 号端子出线处标注 PA:2，这说明 PJ2 的 8 号端子要和 PA 的 2 号端子相连接，PA 的 2 号端子出线处标注则为 PJ2:8。

在端子排上所标示的回路标号应与展开图上的回路标号安全一致，否则会造成混乱，发生事故。

（二）二次回路接线图的识读方法

① 了解二次回路由哪些设备组成

图 3-52 所示为仪表继电器屏，从背面接线图中我们知道该二次回路的组成，包括以

下设备。

(1) 过电流继电器 KA1、KA2。

(2) 电流表 PA。

(3) 有功电度表 PJ1 和无功电度表 PJ2。

(4) 绿色信号灯 GN，红色信号灯 RD。

(5) 电阻 R_1 和 R。

以上设备在图 3-54 中分别出现在不同的回路中。两图对照不仅知道二次回路有哪些设备组成，而且知道了各设备的作用。

要了解它们之间的连接关系可以按阅读展开式原理图的一般顺序，从上到下分回路逐次阅读，并对照接线图搞清连接关系和连接位置。

② 阅读电流测量回路

从图 3-54 所示中知道电流互感器 TA1、TA2 与电流表和电度表的连接电缆中间要经过端子排，从图 3-53 所示中就可更清楚地看出，TA：K1 接 X_1:1，即端子排的 1 号端子；有功电度表 1 号端子，即 PJ1：1 也接端子排的 1 号端子 X_1:1，连接顺序依次为：

$$TA1{:}K1 \longrightarrow X_1{:}1 \longrightarrow PJ1{:}1$$
$$TA2{:}K1 \longrightarrow X_1{:}2 \longrightarrow PJ1{:}6$$
$$TA2{:}K2 \longrightarrow X_1{:}3 \longrightarrow PA{:}1$$
$$TA2{:}K2 \longrightarrow X_1{:}4 \longrightarrow$$

该回路其余连接线为屏内接线，不需经过端子排。

③ 阅读过电流保护回路

从图 3-53 和图 3-54 所示中看出电流互感器 TA3、TA4 与仪表的连接线，中间也要经过端子排，其连接顺序为：

$$TA3{:}K1 \longrightarrow X_1{:}5 \longrightarrow KA1{:}4$$
$$TA4{:}K1 \longrightarrow X_1{:}6 \longrightarrow KA2{:}4$$
$$TA3{:}K2 \longrightarrow X_1{:}7 \longrightarrow KA1{:}6$$
$$TA4{:}K2 \longrightarrow X_1{:}8 \longrightarrow KA2{:}6$$

④ 看电压测量回路

从图 3-54 所示中知，有功电度表 PJ1 和无功电度表 PJ2 的电压线圈要接至电压小母线 WV。其连接线中间要经过端子排。其连接分别为：

$$WV(A) \longrightarrow X_1{:}13 \longrightarrow PJ1{:}2$$
$$\qquad\quad\,\, X_1{:}14 \longrightarrow PJ2{:}2$$

$$WV(B) \longrightarrow X_1{:}15 \longrightarrow PJ1{:}4$$
$$\qquad\quad\,\, X_1{:}16 \longrightarrow PJ2{:}4$$

$$WV(C) \longrightarrow X_1{:}17 \longrightarrow PJ1{:}7$$
$$\qquad\quad\,\, X_1{:}18 \longrightarrow PJ2{:}7$$

关于信号回路，读者可根据图 3-54 将图 3-53 中设备接连端子代号和端子排上端子标号补充完整，继续阅读。

　　最后要强调说明一点，在阅读变配电所工程图时，既要熟读图面的内容，也不要忘掉未能在图纸中表达出来的 phg-，从而了解整个工程所包括的项目。要把系统图、平剖面图、二次回路电路图等结合起来阅读，虽然平面图对安装施工特别重要，但阅读平面图只能熟悉其具体安装位置，而对设备本身技术参数及其接线等就无从了解，必须通过系统图和电路图来弥补。所以几种图纸必须结合阅读，这样也能加快读图速度。

三、二次回路接线图的识读范例

❶ 变压器继电保护二次接线原理图

　　阅读比较复杂的二次接线图时，一定要注意所阅读的那张图纸所要表示的主要思想、主要题目、图例。如图 3-56 所示，630kVA 变压器的保护回路，主要是过电流与速断保护。所有设备工作的目的都是围绕着过电流和短路故障时，继电器怎样动作带动断路器 DL 断开。明确了这样一个主题思想，看图应按一定的顺序，即先从主回路入手，然后看二次回路。按照从左到右，从上到下的原则，并结合右侧简单文字说明，逐行逐部分读图。

　　对于图纸所标注的设备、图形符号、文字符号，要熟悉掌握，并对照图纸中附带的设备表了解其名称、型号、规格等。

　　下面就典型的变压器二次回路加以说明，如图 3-55 所示。

　　(1) 主回路。在图的左上角，画出了与二次接线有关的一次设备电气系统图。从 10kV 母线引下，经隔离开关 GK，断路器 DL，电流互感器 1LH、2LH，电缆至变压器 T。

　　(2) 电流回路。图中有两个电流回路，第一个电流回路供测量表计用，将电流表、有功电度表的电流线圈串入 1LH 电流互感器的二次绕组。另一个电流回路供继电保护用，将 1LJ、2LJ 电流继电器的线圈分别接入 2LH 电流互感器的二次绕组 A、C 相，当过载和短路故障发生时，主电流增加，电流互感器二次侧也感应出较大电流，当流过 1LJ、2LJ 电流继电器线圈中的电流达到某一定值时，电流继电器动作，衔铁被吸合，触点动作。

　　(3) 电压回路。用来提供测量表计的电压参数。电压小母线一般是从电压互感器柜中引来，电压为交流 100V，有功电度表的电压线圈并联在此回路。

　　(4) 变压器二次接线图。由小母线"+KM"和"-KM"引来 200V 直流电源，经过熔断器接入二次回路中的控制回路和保护回路中。首先看控制回路，其作用是保证和控制主回路的断路器顺利分、合闸操作。

　　控制原理如下：当转换开关 KK 转至右侧合闸位置时，⑤与⑧触头闭合，经 TBJ 常闭接点、断路器辅助触头 DL 后，合闸接触器 HC 线圈得电，断路器 DL 合闸。当转换开关转至左侧分闸位置时，⑥与⑦触头闭合，经由 TBJ 继电器电流线圈、DL 断路器辅助常开触头、跳闸线圈 TQ 得电，使断路器 DL 分闸。

　　控制回路中 TBJ 继电器称为防跳继电器。所谓"防跳"是指断路器合闸后，由于种种原因，控制开关或自动装置触点未断开，此时若发生短路故障，继电保护将使断路器跳闸，这就会出现多次"跳""合"闸现象，即跳跃现象，如此会使断路器损坏，造成事故扩大。故在二次接线设计时考虑了"防跳"功能，采用电气闭锁接线，增加了 TBJ 防跳中间继电器。安有两个线圈，电流起动线圈串联于跳闸回路中，电压自保持线圈经自动的常开触点

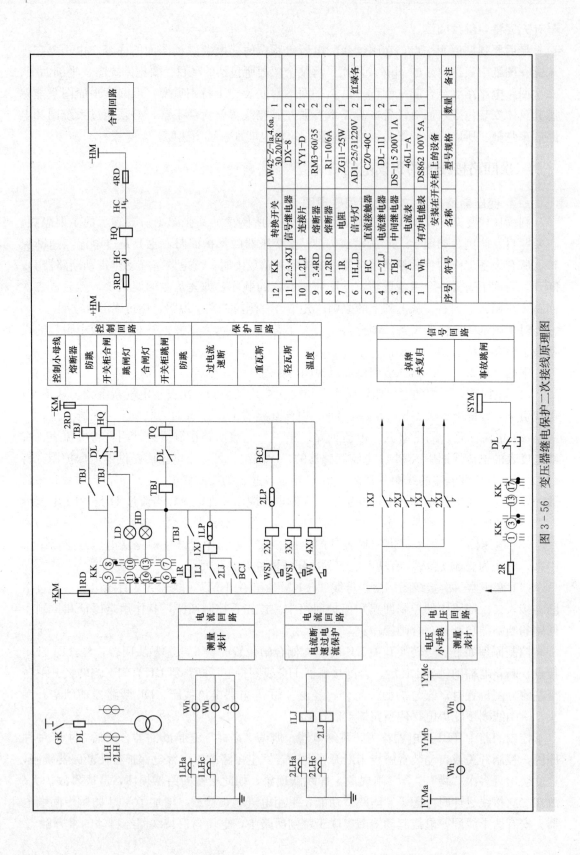

图 3 – 56　变压器继电保护二次接线原理图

序号	符号	名称	型号规格	数量	备注
12	KK	转换开关	LW42-Z-1a.4.6a. 30.20/F8	1	
11	1.2.3.4XJ	信号继电器	DX-8	2	
10	1.2LP	连接片	YY1-D	2	
9	3.4RD	熔断器	RM3-60/35	2	
8	1.2RD	熔断器	R1-10/6A	2	
7	1R	电阻	ZG11-25W	1	
6	1HLD	信号灯	AD1-25/3I220V	1	红绿各一
5	HC	直流接触器	C20-40C	1	
4	1-2LJ	电流继电器	DL-111	2	
3	TBJ	中间继电器	DS-115 200V 1A	1	
2	A	电流表	46L1-A	1	
1	Wh	有功电能表	DS862 100V 5A	1	安装在开关柜上的设备

并联于合闸接触器回路中，同时合闸回路串联了 TBJ 的常闭触点，若在短路故障时合闸，继电保护动作，跳闸回路接通，启动防跳闭锁继电器 TNJ，其常闭触点断开合闸回路，常开触点闭合使电压线圈带电自保持，即使合闸脉冲未解除，断路时也不能再次合闸。

信号灯分别指示断路时的工作状态。当转换开关"KK"转至合闸位置时，⑯与⑯触点也随之接通。经红色信号灯 HD 自身电阻、防跳继电器电流线圈 TBJ、断路器常开辅助触点 DL，以及跳闸线圈 TQ，当断路器 DL 合闸时，形成一个闭合通路。故称为合闸指示灯。因为信号灯的附加电阻值很大，通过的电流远远小于跳、合闸线圈的最小启动电流。因而，不足以使其线圈动作。信号灯不但指示断路时的工作状态，还能起到监视电源和熔断器的作用。

跳闸指示灯的动作分析基本按照以上方法，这里就不再阐述。

1）保护回路。此图保护回路分为两个部分，一部分是变压器过电流短路和重瓦斯故障直接作用于跳闸作为主保护，另一部分是作用于信号回路做监测，如轻瓦斯及温度保护。

当变压器过载短路时，电流继电器 1LJ、2LJ 动作，其常开接点闭合，经由 1LJ 信号继电器与防跳继电器 TBJ，跳闸线圈得电，断路器跳闸。当重瓦斯故障发生时，重瓦斯继电器 WSJ 接点闭合，接通信号继电器 2LJ 线圈，出口线电器 BCJ 线圈得电，BCJ 常开接点闭合，接通跳闸线圈 TQ，使断路器跳闸。

当变压器轻瓦斯事故发生或变压器温升过高时，轻瓦斯继电器 WSJ 和温度继电器灯接点闭合，分别接通信号继电器灯和信号继电器 4XJ 的线圈，使信号继电器自动指示或灯光指示，并启动中央信号监视系统发出灯光及音响指示。

2）合闸回路。因为合闸线圈需要大电流驱动，所以一般不直接连在控制回路中，而通过中间转换装置合闸接触器来单独接通合闸线圈。

3）信号回路。当断路器在合闸位置时，转换开关"KK"①与③，⑬与⑰闭合，若保护动作或断路器误脱扣跳闸，其 DL 常闭触点闭合，接通事故信号小母线 SYM 回路，发生事故音响信号。当过电流断路、重瓦斯、轻瓦斯、超温故障时，信号继电器接点相应接通各自的光字牌显示，并发出预告报警音响信号。

❷ 变配电系统二次接线综合图范例识读

如图 3-57 所示，此变压器柜二次回路接线分为控制回路、保护回路、电流测量回路和信号回路等。

（1）本图中控制回路中有试验分合闸回路、分合闸回路及分合闸指示回路。

（2）本图中保护回路主要包括过电流保护、电流速断保护和超高温保护等。

（3）本图中，当电流过大时，过电流继电器 KA1、KA2 动作，使时间继电器 KT 通电动作，其触点延时闭合，使跳闸线圈 TQ 得电，将断路器跳闸，同时信号继电器 KS1 线圈得电动作，向信号屏发出动作信号。

（4）本图中电流速断保护通过继电器 KA3、KA4 动作，使中间继电器 BCJ1 圈得电动作，迅速断开供电回路，同时信号继电器 KS2 也得电动作，向信号屏发出动作信号。

（5）当变压器过温时，KG2 闭合，信号继电器 KS5 线圈得电动作，同时向信号屏发出变压器过温报警信号。

（6）图中，当变压器高温时，KG1 闭合，中间继电器。BCJ2 和信号继电器 KS4 线圈同时得电动作，KS4 向信号屏发出变压器高温报警信号，同时中间继电器 BCJ2 触点接通跳闸线圈 TQ 和跳闸信号继电器 KS3，在断开主电路的同时向信号屏发出变压器高温跳闸信号。

（7）本图中，电流测量回路主要通过电流互感器 1TA1 采集电流信号，接至柜面上的电流表。

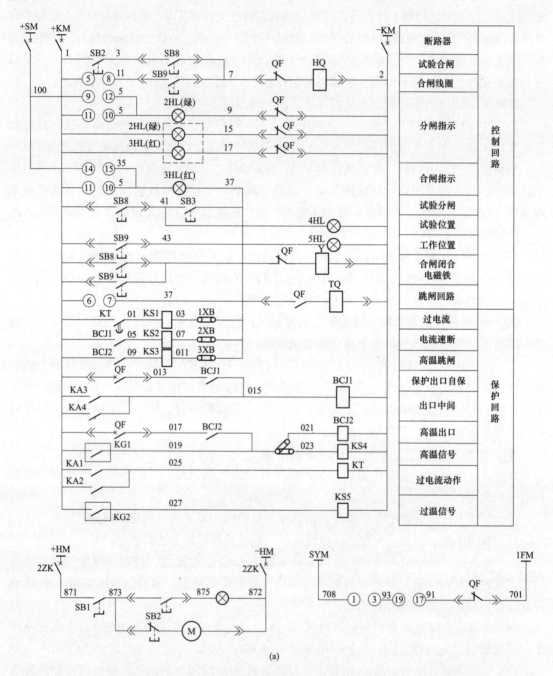

图 3-57　某变电站变压器柜二次接线图（一）

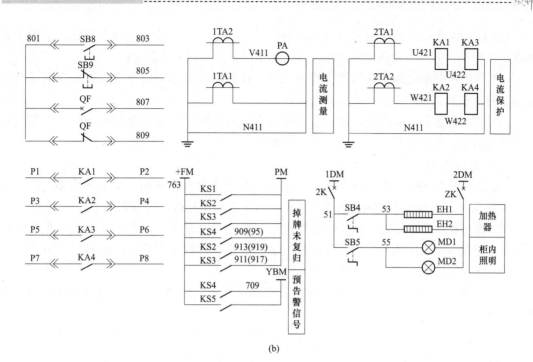

(b)

图 3-57　某变电站变压器柜二次接线图（二）

第五节　变配电工程施工平面图的识读

变配电工程图是设计单位提供给施工安装单位的重要图纸，也是运行管理维护、维修的重要依据。主要包括变配电系统图（高压系统图和低压系统图）、变电站平面图、立面图、照明系统图、照明平面图、防雷接地平面图、防雷接地立面图（断面图）等。

变配电站平剖面图是体现变配电站的总体布置和一次设备安装位置的图纸，也是设计单位提供给施工单位进行变配电设备安装所依据的主要技术图纸。它是根据建筑制图标准的要求绘制的。

变配电站平面图是将一次回路的主要设备，如电力输送线路、高压避雷器、进线开关、开关柜、低压配电柜、低压配出线路、二次回路控制屏以及继电器屏等，进行合理详细的平面位置布置的图纸，一般是基于电气设备的实际尺寸按一定比例绘制的。

变配电站剖面图是表述电气设备纵向高度空间尺寸的图纸，也是根据设备的实际尺寸按一定比例绘制的剖面图。

一、变配电站平面布置原则和要求

1 布置原则

（1）室内布置应合理紧凑，便于值班人员运行、维护和检修，配电装置的位置应保证具有所要求的最小允许通道宽度。

（2）室内布置应尽量利用自然采光和通风，电力变压器室和电容器室应避免日晒，控制室和值班室应尽量朝南。

（3）高压配电室与高压电容器室、低压配电室与电力变压器室应相互邻近，且便于进出线，控制室、值班室及辅助房间的位置应便于值班人员的工作管理。

（4）变电站内配电装置的设置应符合人身安全和防火要求，对于电气设备载流部分应采用金属网或金属板隔离出一定的安全距离。

（5）室内布置应经济合理，电气设备用量少、节省有色金属和电气绝缘材料，节约土地和建筑费用，工程造价低。此外，还应考虑以后发展和扩建的可能。

❷ 布置要求

（1）高压配电室的布置。高压配电室布置是在高压供电系统图（即主接线图）确定之后，根据高压开关柜的形式和台数、外形尺寸及维护操作通道宽度等来决定。

（2）低压配电室的布置。低压配电室的布置是在低压供电系统图确定之后，根据低压配电屏的形式和台数，外形尺寸及维护操作通道宽度等来决定低压配电室布置形式和尺寸。

（3）变压器室的布置。

1）宽面推进的变压器，低压侧宜向外；窄面推进的变压器，油枕宜向外，便于油表泊位的观察。

2）变压器室内可安装与变压器有关的负荷开关、隔离开关、熔断器和避雷器。在考虑变压器室的布置及高低压进出线位置时，应尽量使其操动机构安装于近门处。

3）每台油量为100kg及以上的变压器应安装在单独的变压器室内。

（4）电容器室的布置。

1）高压电容器组一般装设在电容器室内。当容量较小时可装设在高压配电室内。但与高压配电装置的距离应不小于1.5m。如采用有防火及防爆措施的电容器也可与高压配电装置并列。

2）低压电容器组一般装设在低压配电室内或车间内。当电容器容量较大时，宜装设在电容器室内。

二、变配电站平面布置形式

6～10kV室内变配电站的高压配电室、低压配电室、变压器室的平面布置基本形式见表3-18。

表3-18   变配电站平面布置形式

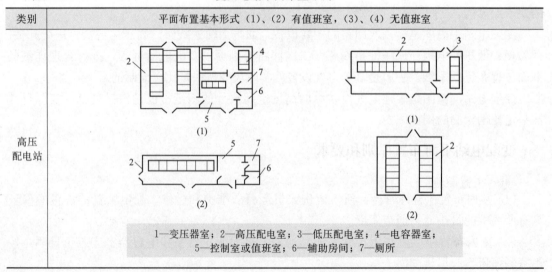

类别	平面布置基本形式（1）、（2）有值班室，（3）、（4）无值班室
高压 配电站	1—变压器室；2—高压配电室；3—低压配电室；4—电容器室； 5—控制室或值班室；6—辅助房间；7—厕所

续表

类别	平面布置基本形式（1）、（2）有值班室，（3）、（4）无值班室
一台 变压器	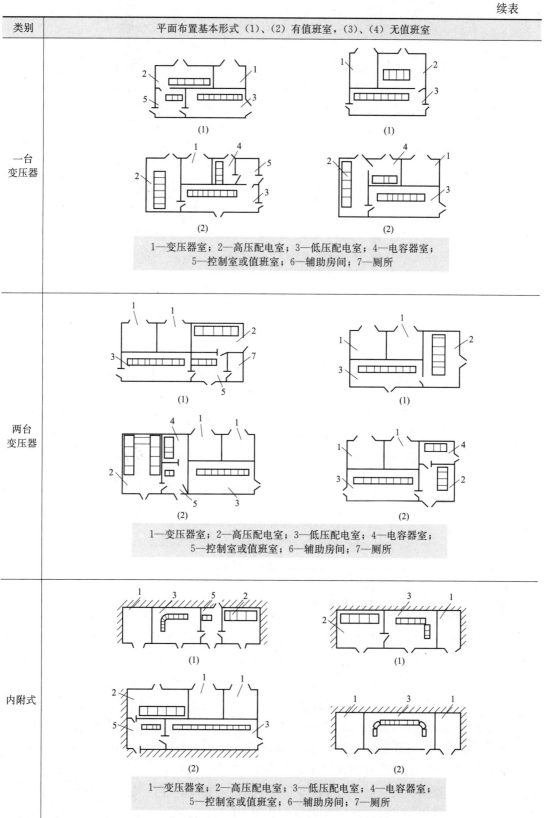
两台 变压器	
内附式	

1—变压器室；2—高压配电室；3—低压配电室；4—电容器室；
5—控制室或值班室；6—辅助房间；7—厕所

1—变压器室；2—高压配电室；3—低压配电室；4—电容器室；
5—控制室或值班室；6—辅助房间；7—厕所

1—变压器室；2—高压配电室；3—低压配电室；4—电容器室；
5—控制室或值班室；6—辅助房间；7—厕所

类别	平面布置基本形式（1）、（2）有值班室，（3）、（4）无值班室	
外附式	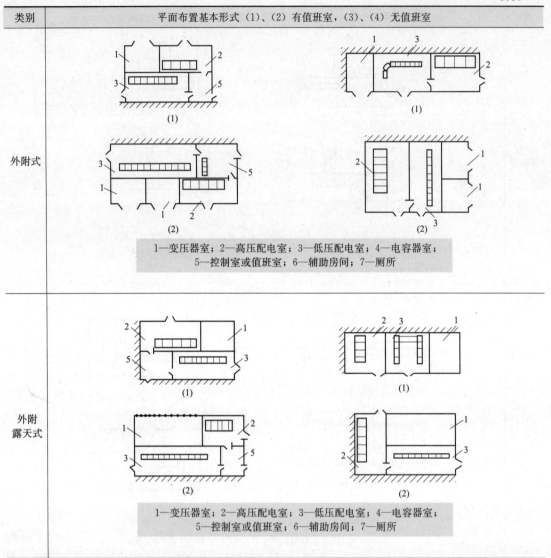 1—变压器室；2—高压配电室；3—低压配电室；4—电容器室； 5—控制室或值班室；6—辅助房间；7—厕所	
外附 露天式	1—变压器室；2—高压配电室；3—低压配电室；4—电容器室； 5—控制室或值班室；6—辅助房间；7—厕所	

三、变配电站高压配电系统图的识读

如图 3-58 所示是高压配电系统图，变电站电压等级为 35/10kV，35kV 侧有两回进线，10kV 侧有十回架空线出线、两回电缆线出线。《35～110kV 变电站设计规范》（GB 50059—2011）作了如下规定。

（1）变电站的主接线，应根据变电站在电力网中的地位、出线回路数、设备特点及负荷性质等条件确定。并应满足供电可靠、运行灵活、操作检修方便、节约投资和便于扩建等要求。当能满足运行要求时，变电站高压侧宜采用断路器较少或不用断路器的接线。

（2）35～110kV 线路为两回及以下时，宜采用桥形、线路变压器组或线路分支接线。超过两回时，宜采用扩大桥形、单母线或分段单母线的接线。35～63kV 线路为 8 回及以上时，亦可采用双母线接线。110kV 线路为 6 回及以上时，宜采用双母线接线。

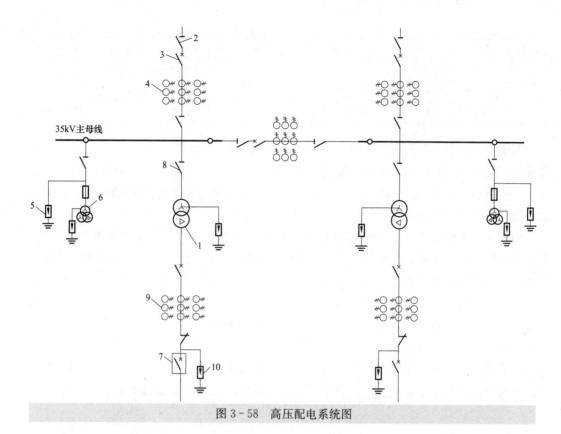

图 3 - 58 高压配电系统图

（3）在采用单母线、分段单母线或双母线的 35～110kV 主接线中，当不允许停电检修断路器时，可设置旁路设施。当有旁路母线时，首先宜采用分段断路器或母联断路器兼作旁路断路器的接线。当 110kV 线路为 6 回及以上，35～63kV 线路为 8 回及以上时，可装设专用的旁路断路器。主变压器 35～110kV 回路中的断路器，有条件时亦可接入旁路母线。采用 SF_6 断路器的主接线不宜设旁路设施。

（4）当变电站装有两台主变压器时，6～10kV 侧宜采用分段单母线。线路为 12 回及以上时，亦可采用双母线。当不允许停电检修断路器时，可设置旁路设施。当 6～35kV 配电装置采用手车式高压开关柜时，不宜设置旁路设施。

（5）当需限制变电站 6～10kV 线路的短路电流时，可采用下列措施之一：①变压器分列运行；②采用高阻抗变压器；③在变压器回路中装设电抗器。

（6）接在母线上的避雷器和电压互感器，可合用一组隔离开关。对接在变压器引出线上的避雷器，不宜装设隔离开关。

变压器采用 Y，d 连接，主要是为了抑制输出电压波形中的高次谐波。主要设备名称及型号见表 3 - 19。

表 3 - 19

主 要 设 备 表

序号	名称	型号	序号	名称	型号
1	主变压器	SF7 - 16000/35	3	35kV 侧断路器	SW4 - 35II
2	35kV 侧隔离开关	GW4 - 35DWV	4	35kV 侧电流互感器	LCWD1 - 35

续表

序号	名称	型号	序号	名称	型号
5	35kV 侧避雷器	FZ-35	8	10kV 侧隔离开关	GN19-10/1250
6	35kV 侧电压互感器	JCC5-35W	9	10kV 侧电流互感器	FZJ-10
7	10kV 侧断路器	SN10-10/1250	10	10kV 侧避雷器	FZ-10

两路独立电源使电路可靠性更高，一般双电源用于二级以上负荷，一般工作于一用一备状态，两电源之间有联络开关，作为转换之用。电流互感器、电压互感器是检测必备设备，一般接检测仪表检测电压与电流。避雷器一般为阀型避雷器或硅堆结构，在雷击过电压时的负阻作用吸收过电压。

如图 3-59 所示是图 3-58 的接续，两路 10kV 电源仍是一用一备，两段 10kV 主母线之间有联络开关，供电源之间转换之用。线路上共有 10 个负载。每个负载都有隔离开关与断路器串联进行控制。各部分均有避雷器做防雷保护，电流互感器、电压互感器做间接检测控制之用。补偿电容一般接成三角形，对整个电路进行无功补偿。10kV 侧汇流母线使供电稳定可靠。对于高压系统要求主开关设备应采用真空断路器、六氟化硫断路器、真空自动重合器或六氟化硫自动重合器作开断设备，不得采用以油为灭弧介质的断路器、自动重合器。隔离开关必须与断路器串联配合使用，因隔离开关没有灭弧装置，不能用作通断负荷，只有断路器可用于通断负荷。图 3-59 的主要设备代号及型号见表 3-20。

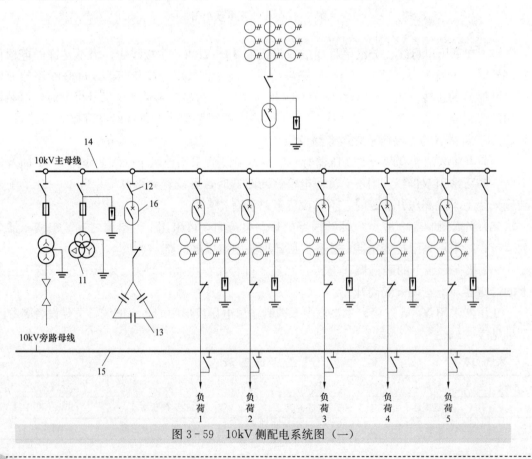

图 3-59 10kV 侧配电系统图（一）

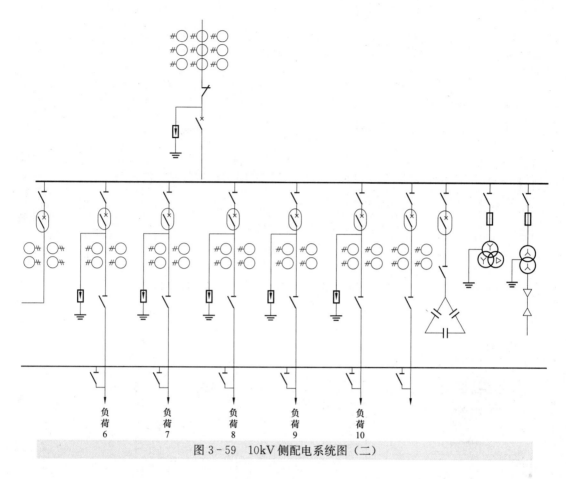

图 3 - 59 10kV 侧配电系统图 (二)

表 3 - 20 主 要 设 备 表

序号	名称	型号	序号	名称	型号
11	10kV 侧电压互感器	JDZJ - 10	12	10kV 侧隔离开关	GW19 - 10/630
13	补偿电容器	TBB3 - 10 - 3000/100	14	10kV 侧汇流母线	LMY37×8
15	旁路母线	LMY37×8	16	10kV 侧断路器	SN10 - 10/630

四、变配电所平剖面图识读范例

① 35/10kV 变配电站平剖面图实例

(1) 35/10kV 室内变配电站平剖面图。如图 3 - 60 所示为 35/10kV 2×6300kVA 室内变电站平面布置图。变电站有两台 S9 - 6300/35 型变压器分布在独立的变压器室内,35kV 高压配电室设有 14 面 KYN65 - 40.5 型开关柜,10kV 配电室设有 20 面 KYN33 - 12 型开关柜和 3 面直流二次屏,高压电容器室设有 2 面 TBB 型电容器柜。其 1 - 1 剖面图如图 3 - 61 所示。

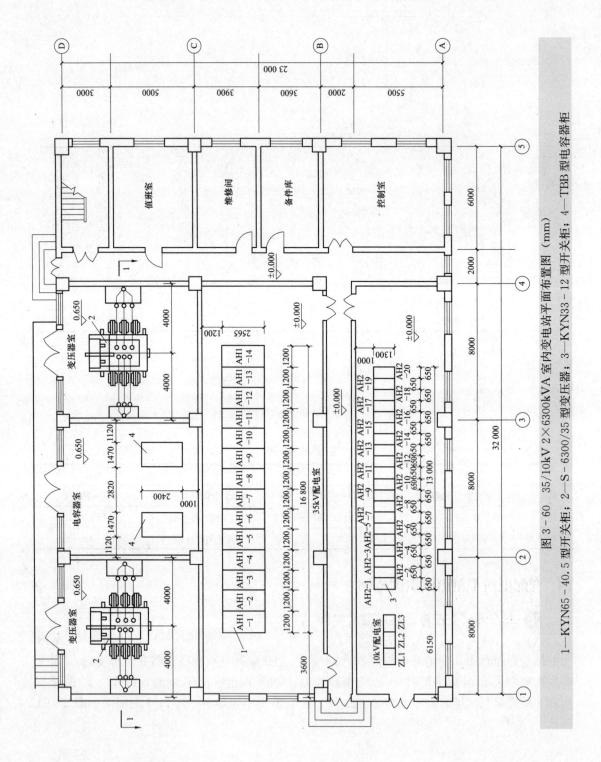

图 3-60 35/10kV 2×6300kVA 室内变电站平面布置图 (mm)

1—KYN65-40.5 型开关柜；2—S-6300/35 型变压器；3—KYN33-12 型开关柜；4—TBB 型电容器柜

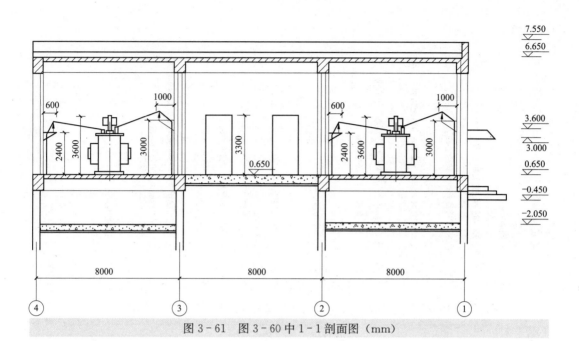

图 3 - 61　图 3 - 60 中 1 - 1 剖面图（mm）

（2）35/10kV 室外无人值班变配电站平剖面图。

1）如图 3 - 62 为图 3 - 48 所示 35/10kV 室外无人值班变电站的电气总平面图。

2）如图 3 - 63 所示为其 10kV 母线、母线设备断面图。

3）如图 3 - 64 所示为其 35kV 母线、站用变压器断面图。

4）如图 3 - 65 所示为其 35kV 进线断面图。

5）如图 3 - 66 所示为 10kV 进、出线断面图。

6）如图 3 - 67 所示为其 10kV 电容器断面图。

7）如图 3 - 68 所示为其全站直击雷保护、照明布置图。

8）如图 2 - 69 所示为其全站接地布置图。

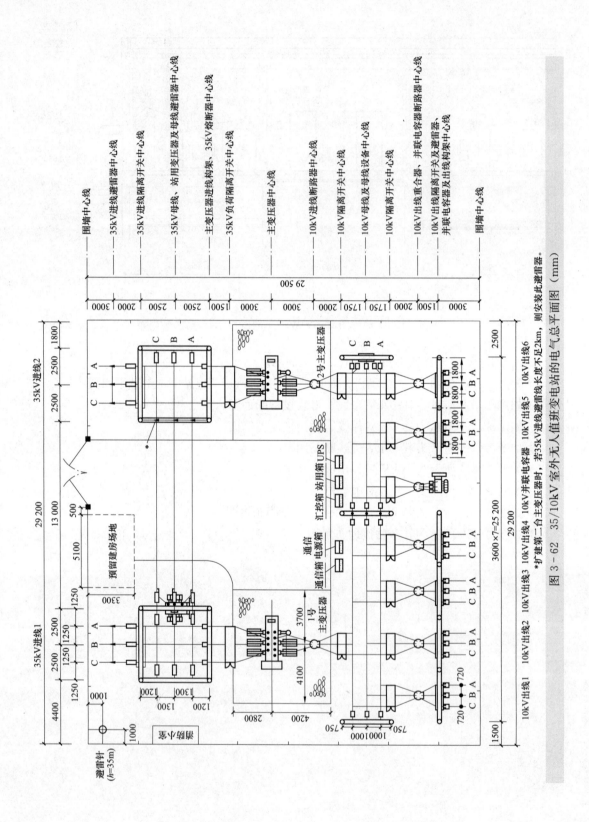

图 3-62 35/10kV室外无人值班变电站的电气总平面图（mm）

10.80m 档距 LGJ-240/30 型导线安装曲线表

温度(℃)	40	30	20	10	0	-10	-20
张力(N)	509	512	514	517	519	522	524
弧垂(m)	0.683	0.680	0.677	0.674	0.671	0.668	0.664

14.40m 档距 LGJ-240/30 型导线安装曲线表

温度(℃)	40	30	20	10	0	-10	-20
张力(N)	836	845	855	864	875	885	896
弧垂(m)	0.673	0.666	0.658	0.651	0.643	0.635	0.627

材 料 表

编号	名称	型号及规范	单位	数量	备注
①	电压互感器	JSZK2-10F	台	1	
②	跌落式熔断器	RW11-10	台	3	
③	跌落式氧化锌避雷器	Y5C3-12.7/45WG	支	3	
④	可调耐张绝缘子串	2×(XWP2-70)	串	6	含组装金具
⑤	耐张绝缘子串	2×(XWP2-70)	串	6	含组装金具
⑥	钢芯铝绞线	LGJ-240/30	m	90	
⑦	钢芯铝绞线	LGJ-95/15	m	4.5	
⑧	铜排	TMY-50×5	m	3	
⑨	耐张线夹	NLD 4	套	12	
⑩	T形线夹	TL-43	套	24	
⑪	T形线夹	TL-42	套	6	
⑫	30°铜铝过渡设备线夹	SLG-2B	套	3	
⑭	30°铜铝过渡设备线夹	SLG-4B	套	3	

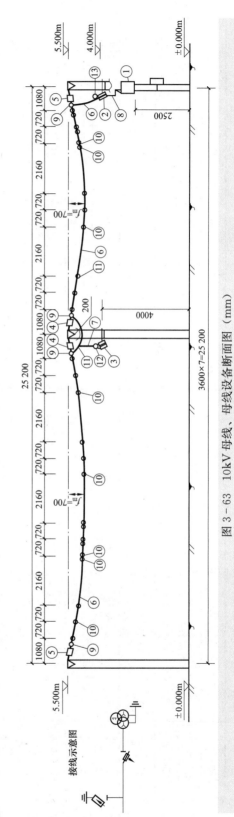

图 3-63 10kV 母线、母线设备断面图（mm）

18.00m 档距 LGJ-95/15 型导线安装曲线表

温度（℃）	40	30	20	10	0	−10	−20
张力（N）	551	556	560	565	570	575	580
弧垂（m）	0.655	0.650	0.645	0.639	0.634	0.628	0.623

材 料 表

编号	名称	型号及规范	单位	数量	备注
⑦	耐张线夹	NLD-2	套	12	
⑧	T形线夹	TL-22	套	18	
⑨	0°铜铝过渡设备线夹	SLG-2A	套	3	
⑩	30°铜铝过渡设备线夹	SLG-2B	套	9	
⑪	电力电缆				由二次专业开列

5.00m 档距 LGJ-95/15 型导线安装曲线表

温度（℃）	40	30	20	10	0	−10	−20
张力（N）	619	621	622	624	625	627	629
弧垂（m）	0.341	0.340	0.339	0.338	0.337	0.336	0.335

编号	名称	型号及规范	单位	数量	备注
①	站用变压器	S9-50/35~35±5%/0.4kV	台	1	
②	跌落式熔断器	RW5-35 3/100A	组	1	
③	氧化锌避雷器	YCZ-35/108W	支	3	
④	可调耐张绝缘子串	4×(XWP2-70)	串	6	含组装金具
⑤	耐张绝缘子串	4×(XWP2-70)	串	6	含组装金具
⑥	钢芯铝绞线	LGJ-95/15		90	

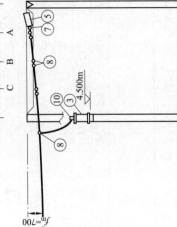

图3-64 35kV母线、站用变压器断面图（mm）

接线示意图

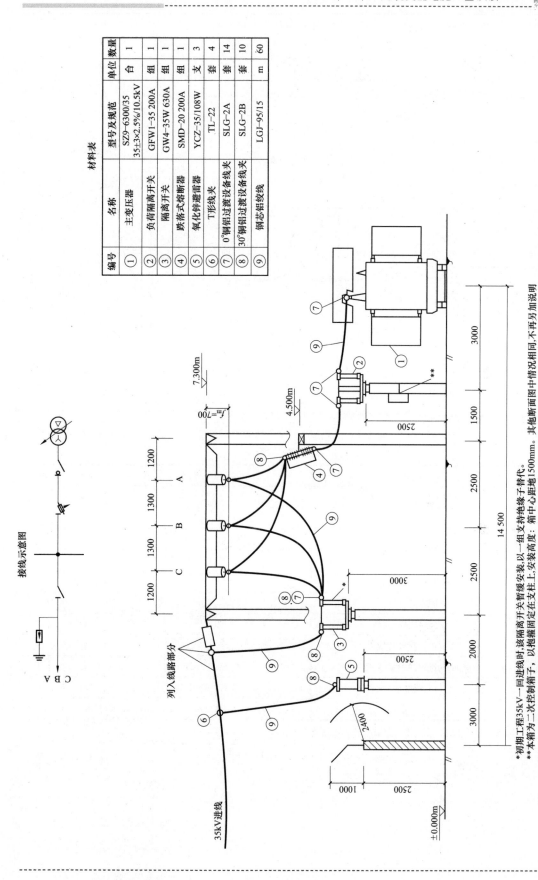

材料表

编号	名称	型号及规范	单位	数量
①	主变压器	SZ9-6300/35 35±3×2.5%/10.5kV	台	1
②	负荷隔离开关	GFW1-35 200A	组	1
③	隔离开关	GW4-35W 630A	组	1
④	跌落式熔断器	SMD-20 200A	组	1
⑤	氧化锌避雷器	YCZ-35/108W	支	3
⑥	T形线夹	TL-22	套	4
⑦	0°铜铝过渡设备线夹	SLG-2A	套	14
⑧	30°铜铝过渡设备线夹	SLG-2B	套	10
⑨	钢芯铝绞线	LGJ-95/15	m	60

接线示意图

图3-65 35kV进线断面图(mm)

*初期工程35kV一回进线时,该隔离开关暂缓安装以一组支持绝缘子替代。

**本箱为二次控制箱子,以抱箍固定在支柱上,安装高度1500mm。其他断面图中情况相同,不再另加说明。

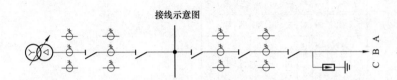

接线示意图

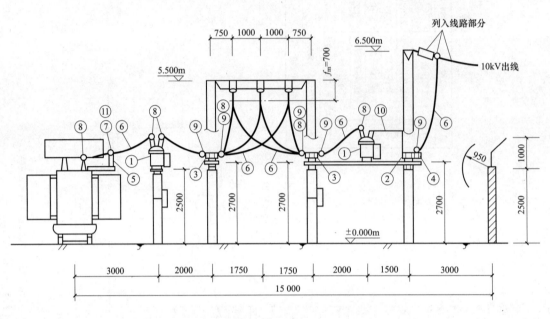

材 料 表

编号	名称	型号及规范	单位	数量
①	真空重合器（断路器）	ZW－10　630A	台	2
②	隔离开关	GW4－10GW　630A	组	1
③	隔离开关	GW4－10W　630A	组	2
④	氧化锌避雷器	Y5C3－12.7/45W	支	3
⑤	棒形支柱绝缘子	ZS－35/4	支	3
⑥	钢芯铝绞线	LGJ－1.20/25	m	60
⑦	单软母线固定金具	MDG－4	套	3
⑧	30°铜铝过渡设备线夹	SLG－3A	套	16
⑨	30°铜铝过渡设备线夹	SLG－3B	套	11
⑩	铜排	TMY－50×5	m	6
⑪	铝包带	1×10	m	0.6

注　隔离开关订货时，需提供所配氧化锌避雷器的厂家型号。

图 3－66　10kV 进、出线断面图（mm）

接线示意图

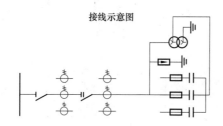

10kV电容器断面图

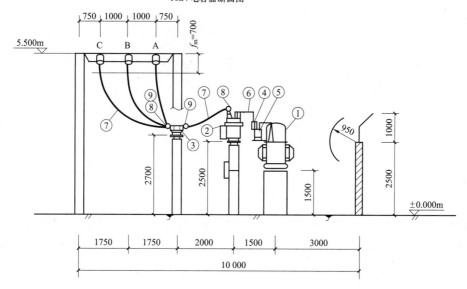

材　料　表

编号	名称	型号及规范	单位	数量
①	并联电容器	$BFFX11/\sqrt{3}-200-3W$	台	1
②	真空断路器	$ZW-10\quad 630A$	台	1
③	隔离开关	$G-W4\ 10W\quad 630A$	组	1
④	氧化锌避雷器	$Y5WR-16.5/45W$	支	3
⑤	放电线圈	$FD2-1.7-11/\sqrt{3}$	台	3
⑥	铜排	$TMY-50\times 5$	m	3
⑦	钢芯铝绞线	$LGJ-95/15$	m	15
⑧	0°铜铝过渡设备线夹	$SLG-2A$	套	5
⑨	30°铜铝过渡设备线夹	$SLG-2B$	套	4

图 3-67　10kV 电容器断面图（mm）

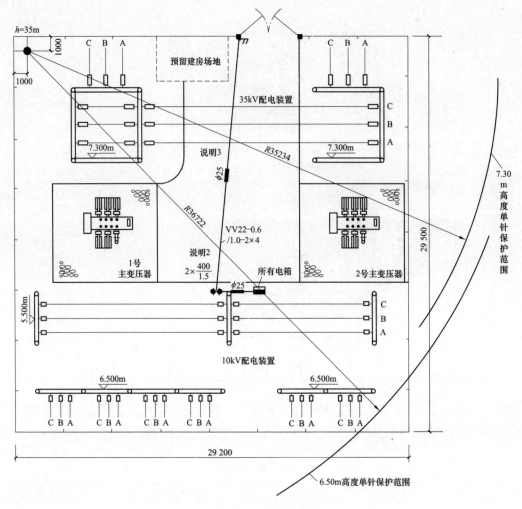

单针保护计算结果　　　　　　　　　　　　　　　　　　　单位：m

No	h	h_x	h_x	D	$r_x - d$
1	35	7.30	35.23	28.00	7.23
2	35	6.50	36.72	36.00	0.72

材　料　表

序号	名称	型号及规范	单位	数量	图例	备注
1	投光灯	ZYT-05	套	2	⊗	
2	金属卤化物灯	MH400/U 附镇流器、触发器	套	2		
3	单联单控防水开关	86K11F-10　250V　10A	只	1	✗	
4	电力电缆	VV22-0.6/1.0-2×4	m	30		
5	铜芯塑料绝缘线	BV-0.5-2.5	m	2		从镇流器小箱至灯具
6	水煤气管	$\phi25$	m	30		

注　1. 投光灯安装在灯杆顶部的平台上，可现场手动调整投光灯的方向。

2. $n \times \dfrac{p}{h}\left[只数 \times \dfrac{功率(W)}{高度(m)}\right]$。

3. $\underline{\overset{\phi25}{}}$ 穿管埋设及管径。

图 3-68　全站直击雷保护、照明布置图（mm）

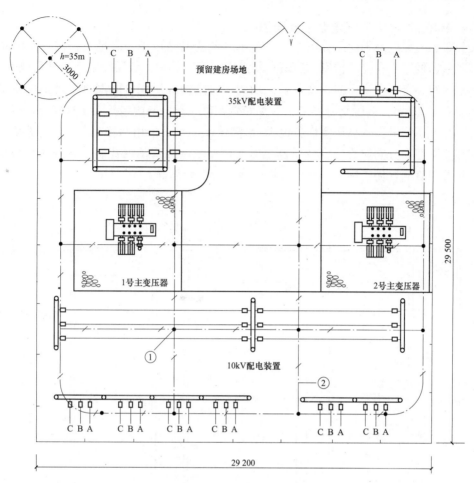

材 料 表

编号	名称	型号及规范	单位	数量	备注
1	接地极	∟50×5，$l=2500$	根	22	计55m
2	扁钢	-50×6	m	270	主接地网，镀锌

注 1. 本接地网施工后实测的工频接地电阻应不大于4Ω，独立避雷针的接地电阻不大于10Ω。

2. 变电所主接地网以水平接地体为主，垂直接地体为辅，构成复合接地网。水平接地体埋深0.7m，垂直接地极间距下宜小于5m。接地网四缘拐角部分宜做成圆弧状，半径不小于2.5m。施工中接地线与基础相接触时，不应被截断，可适当移动位置敷设，并请电气与土建专业施工人员密切配合。

3. 主接地网采用镀锌扁钢和镀锌角钢，连接时焊接的长度不小于扁钢宽度的2倍，焊接处应焊接牢固、焊缝饱满，且要采取防腐措施。

4. 所有电气设备外壳及支架均需用镀锌扁铁与主接地网可靠连接。

5. 所有电气设备及金属构件等，均应按GB 50065—2011《交流电气装置的接地设计规范》要求接地，其施工应满足GB 50169—2006《电气装置安装工程接地装置施工及验收规范》。

图3-69 全站接地布置图（mm）

❷ 10kV/0.4kV 变配电站平剖面图

某公寓的变配电站平面图如图 3-70 所示。该变电站位于公寓地下一层，变电站内共分为高压室、低压室、变压器室、值班室及操作室等。其中，低压配电室与变压器室相邻，变压器室内共设有 4 台变压器，变压器采用封闭母线向低压配电屏配电，封闭母线距地面高度不能低于 2.5m。低压配电屏采用 L 形布置，低压配电屏内包括无功补偿屏，本系统的无功补偿在低压侧进行。高压室内共设 12 台高压配电柜，采用两路 10kV 电缆进线，电源为两路独立电源，分别供给两台变压器供电。在高压室侧壁预留孔洞，值班室紧邻高、低压室，且有门直通，便于维护、检修，操作室内设有操作屏。

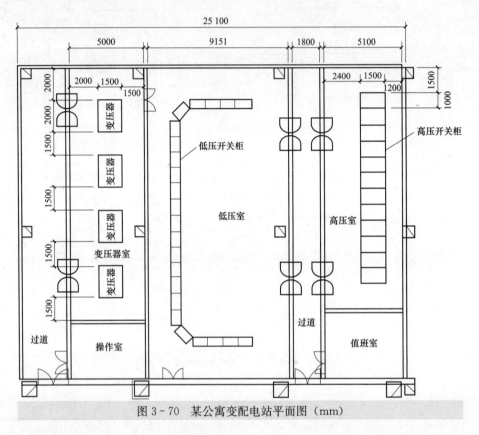

图 3-70　某公寓变配电站平面图（mm）

如图 3-71 及图 3-72 所示分别为高、低压配电柜安装平、剖面图，图中给出了配电柜下及柜后电缆地沟的具体做法。

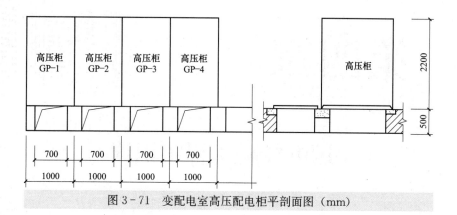

图 3-71 变配电室高压配电柜平剖面图（mm）

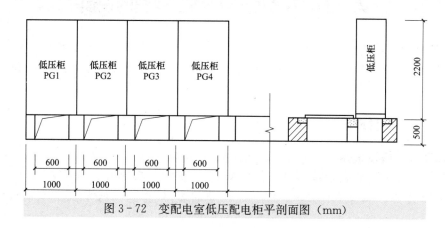

图 3-72 变配电室低压配电柜平剖面图（mm）

第四章

送电线路工程图识读

第一节 架空配电线路工程图的识读

电力架空线路是指安装在室外的电杆上，用来输送电能的线路。架空线路的投资少、安装容易，维护和检修方便，易于发现和排除故障等，因此，在一般用户中得到了广泛的应用。

一、电力架空配电线路的一般规定

1 导线规格及选用

导线有裸导线和绝缘导线两种。架空线路一般采用裸导线，因为裸导线的散热条件比绝缘导线好，可以传输较大的电流，同时造价也比绝缘导线低，因此被广泛使用。

导线的材料有铝和铜两种。铝绞线在架空线路中应用最多，其优点是重量轻，价格低（相比铜绞线）；缺点是导电率低（只是铜绞线的70%左右），机械强度较低，拉断力为$160\sim180N/mm^2$，运行中表面易形成氧化铝薄膜，使接头的接触电阻增大。为了克服铝绞线机械强度低的缺点，在负荷较大和机械强度要求较高的线路，采用钢芯铝绞线，同时当高压线路档距较长或交叉档距较长，杆位高差较大时也应采用钢芯铝绞线。钢芯铝绞线的外部用铝线，内部用钢芯，这样既具有良好的机械强度，又满足了传导电流的需要。由于交流电流的集肤效应，电流多趋向于导体表面，钢芯铝绞线的结构有利于充分利用导线的截面积。

铜绞线的优点是导电性能好，机械强度高，拉断力可达$380\sim400N/mm^2$，易于接续，抗腐蚀性能也较好；缺点是密度大，造价高。另外，在我国沿海地区，由于盐雾或有化学腐蚀性质的气体会对架空线路的导线造成腐蚀而会降低导线的使用年限，施工时应采用防腐铝绞线、铜绞线或采取其他保护措施。在城市中，为了安全，在街道狭窄和建筑物稠密地区应采用绝缘导线，避免造成漏电伤人事故，保证输送电正常运行。常用的导线规格见表4-1至表4-5。架空配电线路导线的最小截面积见表4-6。

表 4-1 　　　　　　　　　　　　　　　　常用硬铝绞线规格

型号	股数及单线直径（mm）	计算截面（mm²）	电线外径（mm）	直流电阻（Ω/km）	拉断力（N）	允许电流（A）	参考质量（kg/km）
LJ-16	7×1.7	15.89	5.1	1.847	2570	105	43.5
LJ-25	7×2.121	24.71	6.4	1.188	4000	135	67.6
LJ-35	7×2.50	34.36	7.5	0.854	5550	170	94.0
LJ-50	7×3.00	49.48	9.0	0.593	7500	215	135
LJ-70	19×3.55	69.29	10.7	0.424	9900	265	190
LJ-95	19×2.50	93.27	12.5	0.317	15 100	320	257
LJ-120	19×2.80	116.99	14.0	0.253	17 800	375	323
LJ-150	7×3.15	148.07	15.8	0.200	22 500	440	409
LJ-185	7×3.50	182.00	17.5	0.162	27 800	500	504
LJ-240	7×3.98	236.38	19.9	1.847	33 700	590	652

表 4-2 　　　　　　　　　　　　　　　　常用硬铜绞线规格

型号	股数及单线直径（mm）	计算截面（mm²）	电线外径（mm）	直流电阻（Ω/km）	拉断力（N）	允许电流（A）	参考质量（kg/km）
TJ-16	7×1.68	15.5	5.0	1.200	5560	130	140
TJ-25	7×2.11	24.5	6.3	0.740	8560	180	221
TJ-35	7×2.49	34.5	7.5	0.540	12100	220	323
TJ-50	7×2.97	48.5	8.9	0.390	17 400	270	439
TJ-70	19×2.14	68.5	10.7	0.280	23 600	340	618
TJ-95	19×2.49	92.5	12.4	0.200	32 400	415	837
TJ-120	19×2.80	117.0	14.0	0.158	41 200	485	1058

表 4-3 　　　　　　　　　　　　　　　　常用钢芯铝绞线规格

型号	股数及单线直径（mm）		计算截面		电线外径（mm）	直流电阻（Ω/km）	拉断力（N）	允许电流（A）	参考质量（kg/km）
	铝	钢	铝	钢					
LGJ-35	6/2.8	1/2.8	36.95	6.16	8.40	0.796	11 900	175	119
LGJ-50	6/3.2	1/3.2	48.26	8.01	9.60	0.609	15 500	210	195
LGJ-70	6/3.8	1/3.8	68.05	11.34	11.40	0.432	21 300	265	275
LGJ-95	28/2.07	7/1.8	94.23	17.81	13.68	0.315	34 900	330	401
LGJ-120	28/2.3	7/2.0	116.34	21.98	15.20	0.255	43 100	380	495

表 4-4 　　　　　　　　　　　　　　　　镀锌钢绞线规格性能

标称截面（mm²）	计算截面（mm²）	股数×直径（mm）	电线外径（mm）	极限强度（MPa）	计算拉断力不小于（N）	单位质量（kg/km）
25	26.6	7×2.2	6.6	1200～1400	29 400	210
35	37.2	7×2.6	7.8	1100～1400	34 400	300

续表

标称截面 （mm²）	计算截面 （mm²）	股数×直径 （mm）	电线外径 （mm）	极限强度 （MPa）	计算拉断力 不小于（N）	单位质量 （kg/km）
50	49.5	7×3.0	9.0	1100～1400	47 000	400
50	48.3	19×1.8	9.0	1200～1500	51 600	400
70	72.2	19×2.2	11.0	1100～1400	71 000	580
100	101.1	19×2.6	13.0	1100～1500	99 900	800
120	117	19×2.8	14.0	1100～1500	114 000	950
135	134	19×3.0	15.0	1100～1500	131 000	1100
150	153	19×3.2	16.0	1100～1400	150 000	1200

表 4－5　　　　　　　　　　铁 绞 线 规 格 性 能

标称截面 （mm²）	计算截面 （mm²）	股数×直径 （mm）	电线外径 （mm）	计算拉断 力不小于（N）	单位质量 （kg/km）	制造长度 （m）
35	37.2	7×2.6	7.8	20 100	290	1500～3000
50	49.5	12×2.3	9.2	26 700	395	1500～3000
70	78.8	19×2.3	11.5	42 500	630	1500～3000
95	94.0	37×1.8	12.6	59 100	750	1500～3000
100	116.5	37×2.0	14.7	73 100	925	1500～3000
120	124.0	40×1.8	16.2	78 200	1000	1500～3000

表 4－6　　　　　　　　　　导 线 的 最 小 截 面 积　　　　　　　单位：mm²

导线种类	6～10kV 高压线路		0.5kV 及以下底压线路
	居民区	非居民区	
铝绞线（LJ 型）	35	25	16
钢芯铝绞线（LGJ 型）	25	16	16
铜绞线（TJ 型）	16	16	6

❷ 导线间距和横担间距

（1）导线间距离。见表 4－7。

表 4－7　　　　　　　　　　导 线 的 最 小 距 离　　　　　　　　单位：m

线路类别	档　　距						
	40 及以下	50	60	70	80	90	100
6～10kV 线路	0.6	0.65	0.7	0.75	0.85	0.9	1.0
低压线路	0.3	0.4	0.45	0.5	—	—	—

　　注　1．表中所列数值适用于导线的各种排列方式。

　　　　2．靠近电杆的两导线间的水平距离，对于低压线路不应小于 0.5m。

（2）同杆多回路线路横担间距。见表 4－8。

表4-8　　　　　　　　　　同杆架设的线路横担之间的最小垂直距离　　　　　　　单位：m

导线排列方式	直线杆	分支或转角杆
高压与高压	0.80	0.45/0.60
高压与低压	1.20	1.00
低压与低压	0.60	0.30

注　表中转角或分支线横担距上面的横担取0.45m，距下面的横担取0.6m。

3　线路限距

对于6～10kV的接户线，其与地面之间的距离应不小于4.5m；低压绝缘接户线与地面距离应不小于2.5m。跨越道路的低压接户线至通车道路中心的垂直距离不小于6m；至通车有困难的道路或人行道的垂直距离应不小于3.5m。

（1）架空线路的导线与建筑物之间的最小距离见表4-9。

表4-9　　　　　　　　　　　　　导线与建筑物间的最小距离

线路经过地区	线路电压	
	6～10kV	<1kV
线路跨越建筑物垂直距离（m）	3	2.5
线路边线与建筑物水平距离（m）	1.5	1.0

注　架空线不应跨越屋顶为易燃材料的建筑物，对于耐火屋顶的建筑物也不宜跨越。

（2）架空线路的导线与山坡、峭壁、岩石之间，在最大计算风偏情况下的最小距离见表4-10。

表4-10　　　　　　　　　　导线与山坡、峭壁、岩石之间的最小距离

线路经过地区	线路电压	
	6～10kV	<1kV
步行可到达的山坡（m）	4.5	3
步行不能到达的山坡、峭岩（m）	1.5	1

（3）架空线路的导线与地面间的最小距离见表4-11。

表4-11　　　　　　　　　　　　导线与地面间的最小距离

线路经过地区	线路电压	
	6～10kV	<1kV
居民区（m）	6.5	6
非居民区（m）	5.5	5
交通困难地区（m）	4.5	4

注　1.居民区指工业企业地区、港口、码头、市镇等人口密集地区。

　　2.非居民区指居民区以外的地区，均属非居民区。有时虽有人、有车到达，但房屋稀少，亦属非居民区。

　　3.交通困难地区指车辆不能到达的地区。

（4）架空线路的导线与道路行道树间的最小距离见表4-12。

表 4－12 导线与街道行道树间的最小距离

线路经过地区	线路电压	
	6～10kV	<1kV
线路跨越行道树在最大弧垂情况的最小垂直距离（m）	1.5	1
线路边线在最大风偏情况与行道树的最小水平距离（m）	9	1

（5）架空线路与甲类火灾危险的生产厂房、甲类物品库房及易燃、易爆材料堆场，以及可燃或易燃液（气）体储罐的防火间距，不应小于电杆高度的 1.5 倍。

④ 交叉跨越

架空配电线路与铁路、道路、管道及各种架空线路交叉或接近的基本要求见表4－13。

表 4－13 架空配电线路与铁路、道路、管道及各种架空线路交叉或接近的基本要求

项　　目		铁　　路		道　　路	架空弱电线路①	架空电力线路（kV）			管　　道②	
						<1	6～10	35		
导线在跨越档内接头		不得接头		—	—				不得接头	
跨越档针式绝缘子或瓷横担支撑方式		双固定		—	双固定	6～35kV 线路跨越 6～10kV 线路为双固定			双固定	
最小垂直距离（m）	线路电压（kV）	至轨顶	至承力索或接触线	至路面	至被跨越线	至被跨越线			至管道任何部分	
									管道上人	管道不上人
	6～10	7.5	3.0	7.0	2.0	2.0	2.0	3.0	3.0	3.0
	<1	7.5	3.0	6.0	1.0	1.0	2.0	3.0	2.5	1.5
最小水平距离（m）	线路电压（kV）	电杆外缘至轨道中心		电杆外缘至路基边缘或明沟边缘	最大风偏情况下与边导线间距	最大风偏情况下与边导线间距			最大风偏情况下边导线至管道任何部分	
		交叉	平行							
	6～10	3.0	3.0	0.5	2.0	2.5	2.5	5.0	2.0	
	<1	3.0	3.0	0.5	1.0	2.5	2.5	5.0	1.5	

① 配电线路与弱电线路接近时，最小水平距离值未考虑对弱电线路的危险和干扰影响。

② 管道上的附属设施均应视为管道的一部分。架空线路与管道交叉时，交叉点不应选在管道的检查平台和阀门处，与管道交叉跨越或平行接近时，管道应接地。

⑤ 接户线

由高低压线路至建筑物第一个支持点之间的一段架空线，称为接户线。接户线敷设的一般要求如下。

（1）低压接户线的档距不宜大于 25m，档距超过 25m 时，宜设接户杆。接户杆的档距不应超过 40m。

（2）低压接户线应采用绝缘导线，导线截面应根据负荷计算电流和机械强度确定，并应考虑今后发展的可能性。其最小允许截面见表 4－14。

表 4-14　　　　　　　　　　　　低压接户线的最小截面

接户线架设方式	档距（m）	最小截面（mm²）	
		绝缘铜线	绝缘铝线
自电杆上引下	10 以下	2.5	4.0
	10～25	4.0	6.0
沿墙敷设	6 及以下	2.5	4.0

（3）高压接户线的档距不宜大于 30m。铜绞线最小截面为 16mm²；铝绞线最小截面为 25mm²。

（4）低压接户线的最小线间距离见表 4-15。

表 4-15　　　　　　　　　　　　低压接户线的最小线间距离

架设方式	档距（m）	线间距离（mm）
自电杆上引下	25 及以下	150
	25 以上	200
沿墙敷设	6 及以下	100
	6 以上	150

低压接户线的零线和相线交叉处，应保持一定的距离或采用绝缘措施。高压接户线的线间距离，不应小于 450mm。

（5）接户线在进线处的对地距离。低压接户线在进线处的最小对地距离为 2.7m；高压接户线在进线处的最小对地距离为 4.5m。

（6）跨越街道的低压接户线。通车街道的低压接户线至路面中心的垂直距离不应小于 6m；胡同（里）、弄、巷的低压接户线至路面中心的垂直距离不应小 3m。

（7）低压接户线与建筑物有关部分的距离。与接户线下方窗户的垂直距离不小于 300mm；与接户线上方阳台或窗户的垂直距离不小于 800mm；与窗户或阳台的水平距离不小于 750mm；与墙壁、构架的距离不小于 50mm。

（8）不同金属、不同规格的接户线，不应在接户线档距内连接。跨越通车道路的接户线，不准有接头。自电杆引下的导线截面为 16mm² 及以上的低压接户线，应使用低压蝶式绝缘子。

⑥ 导线的排列

6～10kV 线路一般采用三角形排列，0.5kV 以下线路一般采用水平排列，排列顺序如图 4-1 所示。

二、电力架空线路的组成及其类型与作用

电力架空线路主要由电杆、导线、横担、绝缘子、金具、拉线、基础及接地装置等组成。

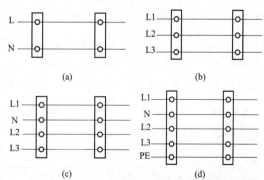

图 4-1　低压架空线路导线排列顺序
(a) 单相两线；(b) 三相三线；(c) 三相四线；(d) 三相五线
L1、L2、L3——相线；N——中性线；PE——接地线

（一）电杆

各种杆型在线路中的特征及其在线路中的应用，如图 4-2 所示。

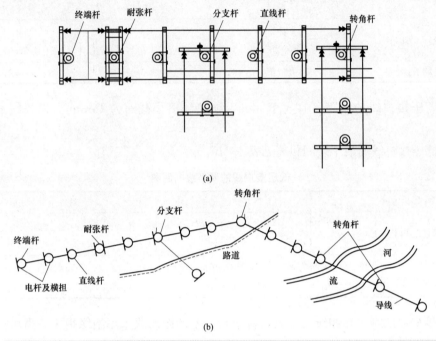

（a）

（b）

图 4-2　各种杆型在线路中的特征及应用

（a）各种电杆的特征；（b）各种杆型在线路中的应用

❶ 电杆的类型

在架空电力线路中，电杆埋在地上，主要是用来架设导线、绝缘子、横担和各种金具的重量，有时还要承受导线的拉力。根据材质的不同，电杆可分为木电杆、钢筋混凝土电杆和铁塔 3 种。

木电杆运输和施工方便，价格便宜，绝缘性能较好，但是机械强度较低，使用年限较短，日常的维修工作量偏大。目前除在建筑施工现场作为临时用电架空线路外，其他施工场所中用得不多；钢杆机械强度大，使用年限长，消耗钢材量大，价高易生锈，主要用于居民区 35kV 或 110kV 的架空线路；铁塔机械强度大，使用年限长，消耗钢材量大，价高，易生锈，主要用于 110kV 和 220kV 的架空线路，一般用于 25kV 以上架空线路；钢筋混凝土电杆挺直、耐用和价格低廉，不易腐蚀，其运输和组装较困难，广泛用于 100kV 以下架空配电线路。常用的电杆多为圆形空心钢筋混凝土电杆，其规格见表 4-16。

表 4-16　　　　　　　　　钢筋混凝土电杆规格

杆长（m）	7	8		9		10		11	12	13	15
梢径（mm）	150	150	170	150	190	150	190	190	190	190	190
底长（mm）	240	256	277	270	310	283	323	337	350	363	390

❷ 电杆在线路中的作用分类

电杆是架空线路最基本的元件之一。

电杆按照所使用材料的不同，可分为木杆、水泥杆、金属杆3种。木杆是办电初期所使用的材料，目前，在低压电网改造及新建线路中正在逐步淘汰。金属杆分为钢管杆、型钢杆和铁塔。金属杆机械强度大，维修工作量小，使用年限长，但价格较贵，而且材料来源比较紧张，因此，金属杆主要应用于高压架空线路，低压线路很少使用。

电杆按照在线路中的作用，可分为直线杆、耐张杆、转角杆、分支杆、终端杆和特种杆6种。其类型及说明见表4-17。

表4-17　　　　　　　　　　　　电杆在线路中的类型及说明

电杆类型	图示（mm）	说　明
直线杆	 50　400　300　300　400　50 1500 300	直线杆又称中间杆，是架空线路使用最多的电杆，大约占全部电杆的80%。直线杆只考虑承受导线的垂直荷重以及线路垂直方向风力的水平荷重，不考虑承受顺线路方向的导线拉力。因此，只用在线路的直线部分，不得作为分支杆、终端杆、耐张杆和交叉跨越用。直线杆顶部比较简单，如左图所示。这种电杆一般不装拉线，但在台风较多和多雨地区，每隔两三档应该在线路两侧打一对拉线，防止向两侧倒杆
耐张杆	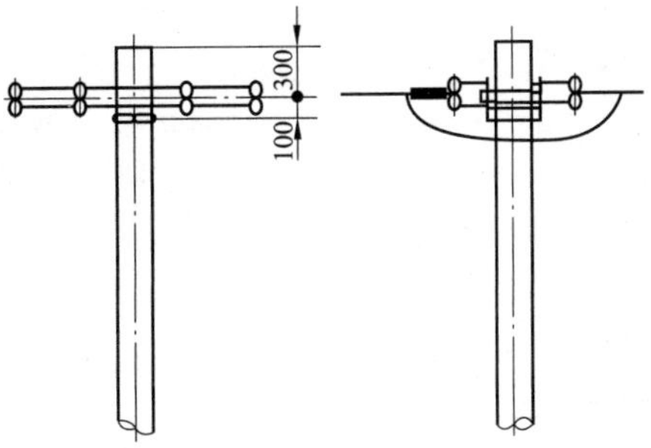 300 100	耐张杆又称承力杆或锚杆。为了防止线路某一处断线，造成整个线路的杆塔顺线路方向倾倒，必须设置耐张杆。耐张杆在正常情况下承受的荷重和直线杆相同，但有时还要承受邻档导线拉力差所引起的顺线路方向的拉力。通常在耐张杆的前后方各装一根拉线，用来平衡这种拉力。两个耐张杆之间的距离叫作耐张段，或者说在耐张段的两端安装耐张杆。耐张杆的顶部如左图所示
转角杆	 50　400　300　300　400　50 1500 300 100 30°~45° 30°~45°转角杆	转角杆用在线路改变方向的地方，通过转角可以实现线路转弯。转角杆的构造应根据转角的大小决定。当线路偏转的角度小于15°时，可以用一根横担；转角为15°~30°时，可用两根横担；转角为30°~45°时，除用两根横担以外，两侧导线应该用跳线连接；转角为45°~90°时，应该用两对横担并用跳线连接两侧的导线。转角不大（小于30°）时，应在导线合成拉力的相反方向装一根拉线，用来平衡两根导线的拉力；转角较大时，应该采用两根拉线各平衡一根导线的拉力。转角杆顶部结构如左图所示

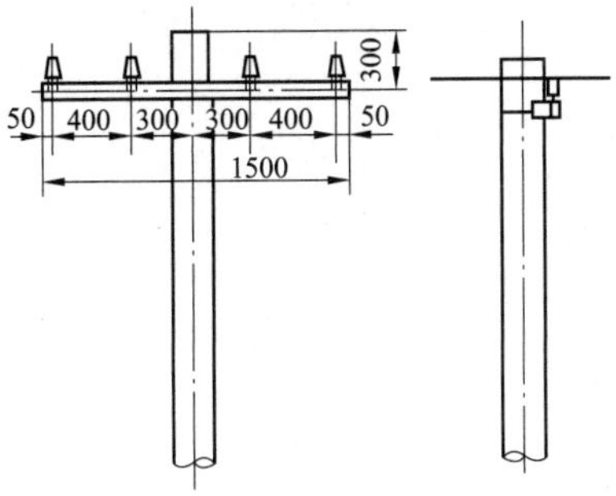

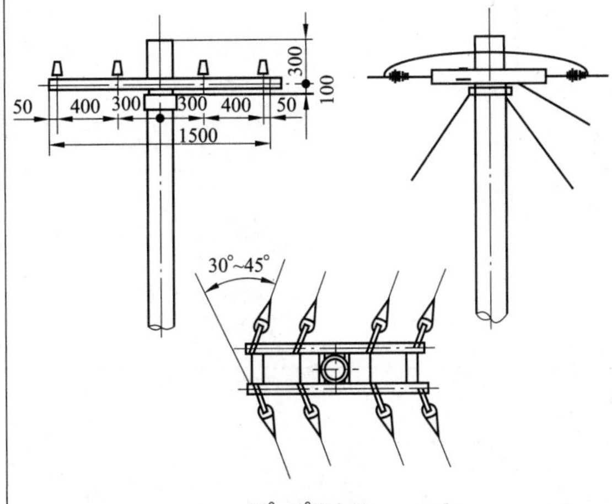

续表

电杆类型	图示（mm）	说　明
终端杆	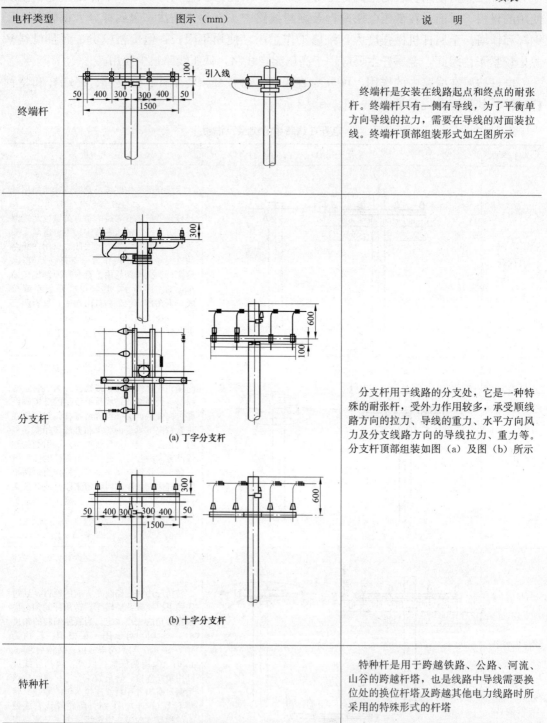	终端杆是安装在线路起点和终点的耐张杆。终端杆只有一侧有导线，为了平衡单方向导线的拉力，需要在导线的对面装拉线。终端杆顶部组装形式如左图所示
分支杆	(a) 丁字分支杆 (b) 十字分支杆	分支杆用于线路的分支处，它是一种特殊的耐张杆，受外力作用较多，承受顺线路方向的拉力、导线的重力、水平方向风力及分支线路方向的导线拉力、重力等。分支杆顶部组装如图（a）及图（b）所示
特种杆		特种杆是用于跨越铁路、公路、河流、山谷的跨越杆塔，也是线路中导线需要换位处的换位杆塔及跨越其他电力线路时所采用的特殊形式的杆塔

（二）导线

　　导线是线路的主体，担负着输送电能的使命。它的主要作用是传导电流，还要承受正常的拉力和气候影响（风、雨、雪、冰等）。导线按结构分有裸导线和绝缘线两大类。裸导线按其结构分，有单股导线、多股导线和复合材料多股绞线。绞线又分钢绞线、铝绞线和钢芯铝绞线。单股导线直径不超过 4mm，截面一般在 10mm² 以下。架空线常用的导线是铝绞线、钢芯铝绞线等，钢芯铝绞线用于高压线路，铝绞线用于低压线路，低压线路也常用绝缘铜导线作架空线路。在 35kV 以上的高压线路中，还要架装避雷线，常用的避雷线为镀锌钢绞线。

架空导线型号一般由两部分组成，前边字母表示导线的材料，即 T 为铜线；L 为铝线；LG 为钢芯铝线；HL 为铝合金线；J 为绞线。后面的数字表示导线的标称截面，例如：TJ-25 表示标称截面为 25mm² 的铜绞线；LJ-35 表示标称截面为 35mm² 的铝绞线；LGJ-25/4 表示标称截面为 25mm² 的钢芯铝绞线（25 指铝线截面，4 指钢线截面）；LGJQ-150 表示标称截面为 150mm² 的轻型钢芯铝绞线；LGJJ-185 表示标称截面为 185mm² 的加强型钢芯铝绞线。

架空线路的导线一般采用铝绞线。当高压线路档距或交叉档距较长，杆位高差较大时，架空线应采用钢芯铝绞线。由配电变压器低压配电箱（盘）引到低压架空线路上的低压引上线采用硬绝缘导线，低压进户、接户线也必须采用硬绝缘导线。

架空配电线路的导线不应采用单股的铝线或铝合金线。高压线路的导线不应采用单股铜线。

3～10kV 架空配电线路的导线，一般采用三角或水平排列，多回路线路共杆时宜采用三角水平混合排列或垂直排列。低压配电线路架空导线，一般采用水平排列。由于低压架空配电线路中性线的电位在三相对称时为零，而且其截面也较小，机械强度较差，所以中性线一般架设在靠近电杆的位置。

（三）横担、金具和绝缘子

1 **横担**

横担的种类很多，按制作材料可分为木横担、钢横担和瓷横担 3 种，高、低压架空配电线路的横担主要是这 3 种，配电线路常用的横担规格见表 4-18。

表 4-18　　　　　　　　　配电线路常用的横担规格　　　　　　　　单位：mm

横担种类	高　压	低　压
钢横担	＜63×5	＜50×5
木横担（圆形截面）	ϕ120	ϕ100
木横担（方形截面）	100×100	80×80

（1）横担的类型和用途。横担按形式可分为正横担、侧横担、交叉横担、单横担和双横担等，如图 4-3 所示。横担按类型分为单横担、双横担及带斜撑的双横担（见表 4-19）。按材料类型分为角钢横担、木横担以及低压瓷横担。

常用的横担有角钢横担和木横担以及低压瓷横担。角钢横担和木横担的截面应根据导线的截面和根数选择，但不应小于下列数值：角铁横担 5mm×50mm×50mm，方木横担 70mm×90mm 或 80mm×80mm。角铁横担和木横担的长度是根据导线的根数、相邻电杆间档距的大小和线间距离决定的。档距越大，线间距离也越大，以防止风吹导线时造成混线，引起线间短路。

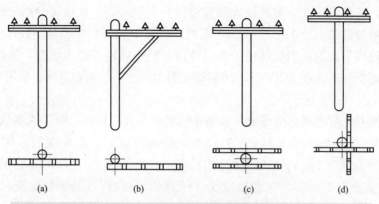

图 4-3　几种常用横担的形状

(a) 正横担；(b) 侧横担；(c) 双横担；(d) 交叉横担

表 4-19　　　　　　　　　　　横担类型和用途

类　型	适用杆型	承受荷载
单横担	直线杆，15°以下转角杆	导线的垂直荷载
双横担	15°~45°转角杆，耐张杆（两侧导线拉力差为零）	导线的垂直荷载
	45°以上转角杆，终端杆，分歧杆	一侧导线最大允许拉力的水平荷载；导线的垂直荷载
	耐张杆（两侧导线有拉力差），大跨越杆	两侧导线拉力差的水平荷载；导线的垂直荷载
带斜撑的双横担	终端杆，分歧杆，终端型转角杆	侧导线最大允许拉力的水平荷载；导线的垂直荷载
	大跨越杆	两侧导线拉力差的水平荷载；导线的垂直荷载

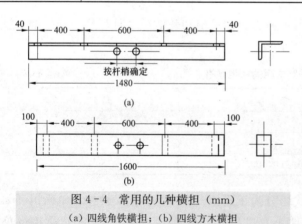

图 4-4　常用的几种横担（mm）

(a) 四线角铁横担；(b) 四线方木横担

规程规定，高、低压线路同杆架设时，直线杆横担间的垂直距离不小于 1.2m；分支杆或转角杆横担间的垂直距离不小于 1m。低压与低压线路同杆架设时，直线杆横担间的垂直距离不小于 0.6m；分支杆或转角杆横担间的垂直距离不小于 0.3m。如图 4-4 所示为几种常见的低压横担。

（2）横担的长度。见表 4-20。

表 4-20　　　　　　　　　　　常用横担的长度　　　　　　　　　　　单位：mm

线路类型	横担种类	长　度
6~10kV 线路		1500，1800
低压线路	二线式	850
	四线式	1400
	五线式	1800

（3）横担的安装位置。直线杆，装在负荷侧；承力杆，装在张力的反向侧；直线杆多层横担应装设在同一侧。

2 金具

在架空线路上金具是指用于导线、避雷线的接续、固定和保护，绝缘子的组装、固定和保护，拉线的组装及调节的重要零件。线路金具按其性能和用途可划分为线夹类金具、连接金具、接续金具、保护金具和拉线金具五大类，见表4-21。

表4-21　　　　　　　　　　　金具类型、性能和用途

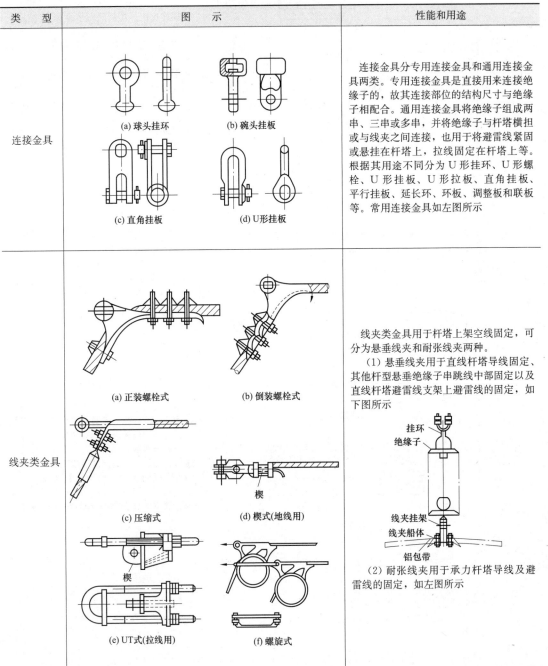

类　型	图　示	性能和用途
连接金具	(a) 球头挂环　(b) 碗头挂板　(c) 直角挂板　(d) U形挂板	连接金具分专用连接金具和通用连接金具两类。专用连接金具是直接用来连接绝缘子的，故其连接部位的结构尺寸与绝缘子相配合。通用连接金具将绝缘子组成两串、三串或多串，并将绝缘子与杆塔横担或与线夹之间连接，也用于将避雷线紧固或悬挂在杆塔上，拉线固定在杆塔上等。根据其用途不同分为U形挂环、U形螺栓、U形挂板、U形拉板、直角挂板、平行挂板、延长环、环板、调整板和联板等。常用连接金具如左图所示
线夹类金具	(a) 正装螺栓式　(b) 倒装螺栓式　(c) 压缩式　(d) 楔式(地线用)　楔　(e) UT式(拉线用)　楔　(f) 螺旋式	线夹类金具用于杆塔上架空线固定，可分为悬垂线夹和耐张线夹两种。 （1）悬垂线夹用于直线杆塔导线固定、其他杆型悬垂绝缘子串跳线中部固定以及直线杆塔避雷线支架上避雷线的固定，如下图所示　挂环　绝缘子　线夹挂架　线夹船体　铝包带 （2）耐张线夹用于承力杆塔导线及避雷线的固定，如左图所示

续表

类　型	图　　示	性能和用途
保护金具	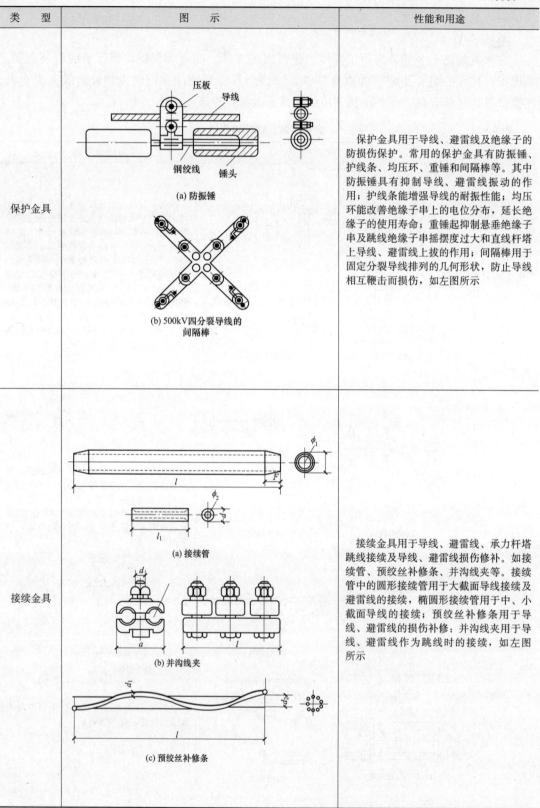 (a) 防振锤 (b) 500kV四分裂导线的 间隔棒	保护金具用于导线、避雷线及绝缘子的防损伤保护。常用的保护金具有防振锤、护线条、均压环、重锤和间隔棒等。其中防振锤具有抑制导线、避雷线振动的作用；护线条能增强导线的耐振性能；均压环能改善绝缘子串上的电位分布，延长绝缘子的使用寿命；重锤起抑制悬垂绝缘子串及跳线绝缘子串摇摆度过大和直线杆塔上导线、避雷线上拔的作用；间隔棒用于固定分裂导线排列的几何形状，防止导线相互鞭击而损伤，如左图所示
接续金具	(a) 接续管 (b) 并沟线夹 (c) 预绞丝补修条	接续金具用于导线、避雷线、承力杆塔跳线接续及导线、避雷线损伤修补。如接续管、预绞丝补修条、并沟线夹等。接续管中的圆形接续管用于大截面导线接续及避雷线的接续，椭圆形接续管用于中、小截面导线的接续；预绞丝补修条用于导线、避雷线的损伤补修；并沟线夹用于导线、避雷线作为跳线时的接续，如左图所示

续表

类　型	图　示	性能和用途
拉线金具	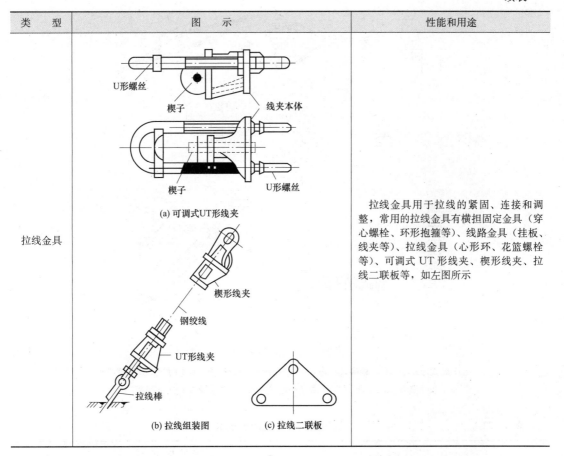 (a) 可调式UT形线夹 (b) 拉线组装图　(c) 拉线二联板	拉线金具用于拉线的紧固、连接和调整，常用的拉线金具有横担固定金具（穿心螺栓、环形抱箍等）、线路金具（挂板、线夹等）、拉线金具（心形环、花篮螺栓等）、可调式 UT 形线夹、楔形线夹、拉线二联板等，如左图所示

❸ 绝缘子

绝缘子是用来支撑架空导线，并使导线与大地绝缘。

（1）绝缘子类型。架空线路常用的绝缘子有针式绝缘子（茶台）、蝶式绝缘子（柱瓶）、悬式绝缘子（吊瓶）、瓷横担和棒式绝缘子等，如图 4-5 所示。绝缘有高压（6kV、10kV、35kV）和低压（1kV 以下）之分。

1）针式绝缘子有木担直脚、铁担直脚和弯脚 3 种类型。按针脚长短分为长脚绝缘子和短脚绝缘子。长脚绝缘子用在木横担上，短脚的用在铁横担上。

常用的针式绝缘子型号为 PD-1、PD-2、PD-3、PD-1-1 型抗弯 10 000N，PD-1-2 型抗弯 8000N，PD-13 型抗弯 30 000N。其中，P 表示针式，D 表示低压，数字为尺寸大小的代号。LJ-16 或 LJ-25 型铝绞线一般选用抗弯 8000N 的绝缘子。

低压线路针式绝缘子规格见表 4-22。

2）蝴蝶式绝缘子用在耐张杆、转角杆和终端杆上。常见的型号是 ED-1、ED-2 或 ED-3 型。其中，E 表示蝴蝶式，D 表示低压，数字为尺寸大小的代号。ED-1 型抗拉 18 000N，ED-2 型抗拉 15 000N，ED-3 型抗拉 10 000N。

低压线路蝶式瓷绝缘子由瓷件、穿针和铁板构成。瓷件带有两个较大的伞裙，表面涂一层棕色或白色瓷釉，低压线路蝶式绝缘子规格见表 4-23。

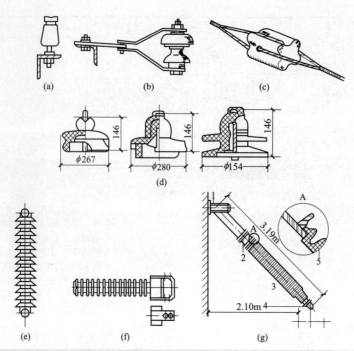

图 4-5　绝缘子类型

（a）针式绝缘子；（b）蝴蝶式绝缘子；（c）悬式拉线绝缘子；（d）防污型悬式绝缘子；
（e）瓷质棒式绝缘子；（f）瓷横担绝缘子；（g）玻璃钢摆动式绝缘横担

表 4-22　　　　　　　　　　　　　　低压线路针式绝缘子规格

型　号	瓷件弯曲强度（kN）	主要尺寸（mm）		
		瓷件直径	螺纹直径	安装长度
PD-1T	8	80	16	35
PD-1M	8	80	16	110
PD-1-1T	10	88	16	35
PD-1-1M	10	88	16	110
PD1-T	10	76	12	35
PD1-M	10	76	12	110
PD-2T	5	70	12	35
PD-2M	5	70	12	105
PD-2W	5	70	12	55
PD-1-2T	8	71	12	35
PD-1-2M	8	71	12	110
PD-1-3T	3	54	10	35
PD-1-3M	3	54	10	110

表 4 – 23 低压线路蝶式绝缘子规格

型号	机械强度（kN）	主要尺寸（mm）			参考质量（kg）	安装环境与要求
		瓷件直径	瓷件高度	内孔直径		
ED – 1	12	100	90	22	0.75	用作工频交流或直流电压 1kV 以下低压架空线路终端、耐张和转角杆上作绝缘和固定之用，同时亦被广泛的用在线路中支持导线
163001	18	120	100	22	1.0	
ED – 2	10	80	75	20	0.40	
163002	13	89	76	20	0.5	
163003	15	90	80	20	0.5	
163004	13	80	80	22	0.25	
ED – 3	8	70	65	16	0.25	
163005	10	75	65	16	0.25	
ED – 4	5	60	50	16	0.15	

3）悬式绝缘子一般组装成绝缘子串使用，我国生产的悬式绝缘子有普通型和防污型两类。普通型悬式绝缘子有新系列（XP）、老系列（X）和钢化玻璃系列（LPX）三大类。新系列产品尺寸小、质量小、性能好、金属附件连接结构标准化，它将逐步取代老系列产品。钢化玻璃缘子除了有新系列优点外，还具有强度高、爬距大、不易老化、维护方便等优点。普通悬式绝缘子按其连接方法可分为球形和槽形两种。防污型悬式绝缘子，按其伞形结构不同分为双层伞形和钟罩形两种。

4）瓷横担绝缘子有全瓷式和胶装式两种，前者直接绑扎，后者瓷头部带有连接金具，可以悬挂线夹。瓷横担绝缘子结构简单、安装方便、能充分利用杆高，降低线路造价，较常用于 10～35kV 线路中瓷横担绝缘子型号含义如下。

$$\boxed{\text{I}}\ \boxed{\text{II}}\ \boxed{\text{III}}$$

框图中　Ⅰ——S 表示胶装式，SC 表示全瓷式；

　　　　Ⅱ——表示 50％全波冲击闪络电压（kV）；

　　　　Ⅲ——Z 表示直立式（水平式不标注）。

低压线路瓷横担绝缘子规格见表 4 – 24。

表 4 – 24 低压线路瓷横担绝缘子规格

型 号	额定电压（kV）	主要尺寸（mm）		
		长度	线槽数	线间距离
SD1 – 1	0.2	535	2	400
SD2 – 2	0.2	570	2	380
168501	0.5	360	3	93
168502	0.5	430	3	93
168503	0.5	470	3	93
168001	0.5	305	2	155

街码是线路沿墙敷设时所用的绝缘子，也可以装在近距离配电的电杆上。在房屋比较密集高大的地方采用这种绝缘子比较合适。

（2）绝缘子的选用。见表 4 – 25 至表 4 – 27。

表 4-25　　　　　　　按线路电压和横担材料选用针式绝缘子

线路电压（kV）	铁横担	木横担
10	P-15T	P-10M
6	P-10T	P-6M
0.38	PD-1T	PD-1M

表 4-26　　　　　　　蝶形绝缘子的选用

导线型号及规格	绝缘子型号	导线型号及规格	绝缘子型号
LJ-35mm² 及以下	ED-4	LJ-70~185mm²	ED-2
LJ-35~70mm²	ED-3	LJ-185mm² 及以上	ED-1

注　按 380V 线路、档距为 50m 考虑，只供参考。

表 4-27　　　　　　　悬式拉线绝缘子串片数的确定

线路电压（kV）	悬垂串片数	耐张串片数	线路电压（kV）	悬垂串片数	耐张串片数
6~10	1	2	110	6~7	7~8
35	2~3	3~4	220	12~13	13~14

（3）绝缘子串组装。如图 4-6 所示。

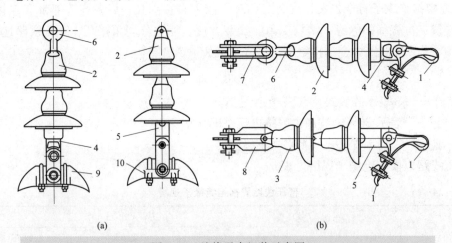

图 4-6　绝缘子串组装示意图

（a）垂直；（b）水平（耐张）

1—耐张线夹，NLD 型；2—盘形悬式绝缘子，XP-7 型；3—盘形悬式绝缘子，XP-7C 型；

4—碗头挂板，W-7 型；5—平行挂板，PS-7 型；6—球头挂环，Q-7 型；

7—直角挂板，Z-7 型；8—U 型挂板，U-7 型；9—悬垂线夹，XGU-5 型；

10—悬垂线夹，XGU-2 型

注　型号供参考

（四）拉线

1　拉线的类型

拉线的类型及拉线方法见表 4-28。

表 4 - 28 拉线的类型及拉线方法

类 型	拉 线 方 法
普通拉线	普通拉线也叫承力拉线，多用在线路的终端杆、转角杆、耐张杆等处，主要起平衡力的作用。拉线与电杆夹角宜取 45°，如受地形限制，可适当减少，但不应小于 30°，如图 4 - 7 所示。架空线路转角在 45°及以下时，在转角杆处仅允许装设分角拉线；线路转角在 45°以上时，应装设顺线型拉线。耐张杆装设拉线时，当电杆两侧导线截面相差较大时，应装设对称拉线
过道拉线	过道拉线也称水平拉线，由于电杆距离道路太近，不能就地安装拉线，或跨越其他设备时，则采用过道拉线。即在道路的另一侧立一根拉线杆，在此杆上作一条过道拉线和一条普通拉线。过道拉线应保持一定高度，以免妨碍行人和车辆通行，如图 4 - 8 所示。过道拉线在跨越道路时，拉线对路边的垂直距离不应小于 4.5m，对行车路面中心的垂直距离不应小于 6m；跨越电车行线时，对路面中心的垂直距离不应小于 9m
Y 形拉线	Y 形拉线也称 V 形拉线，可分为垂直 V 形和水平 V 形两种，主要用在电杆较高、横担较多、架设导线条数较多的地方，如图 4 - 9 所示。 垂直 V 形拉线就是在垂直面上拉力合力点上下两处各安装一条拉线，两条拉线可以各自和拉线下把相连，也可以合并为一根拉线与拉线下把相连，如同"Y"字形，如图 4 - 9（a）所示。水平 V 形拉线多用于 H 杆，拉线上端各自连到两单杆的合力点或者合成一根拉线，也可把各自两根拉线连接到拉线的下把，如图 4 - 9（b）所示
两侧拉线	两侧拉线也称人字托线或防风拉线，多装设在直线杆的两侧，用以增强电杆抗风吹倒的能力。防风拉线应与线路方向垂直，拉线与电杆的夹角宜取 45°
四方拉线	四方拉线也称十字拉线，在横线方向电杆的两侧和顺线路方向电杆的两侧都装设拉线，用以增强耐张单杆和土质松软地区电杆的稳定性
共同拉线	在直线路的电杆上产生不平衡拉力时，因地形限制不能安装拉线时，可采用共同拉线，即将拉线固定在相邻电杆上，用以平衡拉力
转角拉线	用于转角杆，也起平衡拉力的作用，如图 4 - 10 所示
自身拉线	为防止电杆弯曲，因地形限制不能安装拉线时，可采用弓形拉线。此时电杆的地中横木需要适当加强，其形式如图 4 - 11 所示

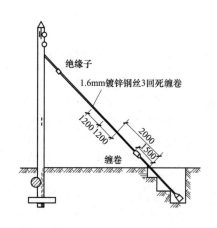

图 4 - 7 普通拉线（mm）

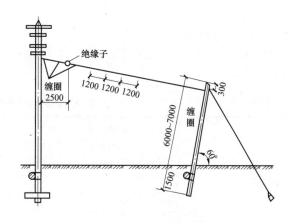

图 4 - 8 过道拉线示意（mm）

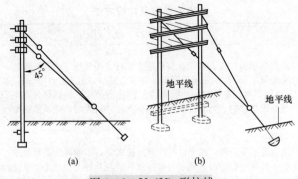

图 4-9　V（Y）形拉线
(a) 垂直；(b) 水平

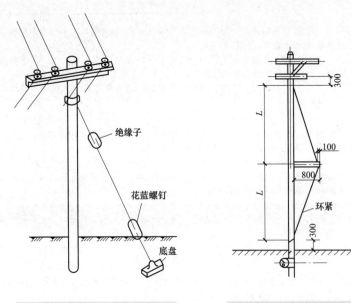

图 4-10　转角拉线　　　　图 4-11　自身拉线（mm）

② 拉线材料

拉线应采用镀锌钢绞线或镀锌铁线，其截面应根据计算确定。常用拉线的规格和抗拉强度见表 4-29。

表 4-29　　　　　常用拉线的规格及抗拉强度

拉线型号		计算截面 （mm²）	瞬时破坏应力 （N/mm²）	安全系数	拉线最大允许拉力 （N）
镀锌铁线	T-3/φ4	37.7	370	2.5	5600
	T-5/φ4	62.8	370	2.5	9300
	T-7/φ4	88.0	370	2.5	13 000
镀锌钢绞线	GJ-25	26.6	1200	2.0	16 000
	GJ-35	37.2	1200	2.0	22 000
	GJ-50	49.5	1200	2.0	30 000
	GJ-70	72.2	1200	2.0	43 000
	GJ-100	101.0	1200	2.0	60 000

❸ 拉线的计算

拉线的计算主要包括两部分，即确定拉线的长度和截面，其详细内容如下。

（1）拉线长度计算。一条拉线是由上把、中把和下把3部分构成的，如图4-12所示。拉线实际需要长度（包括下部拉线棒出土部分）除了拉线装成长度（上部拉线和下部拉线）外，还应包括上下把折面缠绕所需的长度，即拉线的余割量。

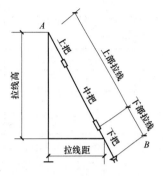

图4-12　拉线的结构示意图

1）上部拉线余割量的计算方法如下。

上部拉线的余割量＝拉线装成长度＋上把与中把附加长度－下部拉线出土长度。

如果拉线上加装拉紧绝缘子及花篮螺栓，则拉线余割量的计算方法是：上部拉线余割量＝拉线装成长度＋上把与中把附加长度＋绝缘子上、下把附加长度－下部拉线出长度－花篮螺栓长度。

2）在一般平地上计算拉线的装成长度时，也可采用查表的方法。查表时，首先应知道拉线的拉距和高度，计算出距高比，然后依据距高比即可从表4-30中查得。如已知拉线距是4.5m，拉线高为6m，则距高比是0.75（即4.5/6），查表4-33，得

$$拉线装成长度＝拉线距×1.7＝4.5m×1.7＝7.65m。$$

表4-30　　　　　　　　　　　　　　换算拉线装成长度表

距高比	拉线装成长度	距高比	拉线装成长度	距高比	拉线装成长度
2	拉距×1.1	1	拉距×1.4	0.55（即1/2）	拉距×2.2
1.5（即3/2）	拉距×1.2	0.75（即3/4）	拉距×1.7	0.33（即1/3）	拉距×3.2
1.25	拉距×1.3	0.66（即2/3）	拉距×1.8	0.25（即1/4）	拉距×4.1

（2）拉线截面计算。电杆拉线所用的材料有镀锌铁线和镀锌钢绞线两种。镀锌铁线一般用 $\phi4.0$ 一种规格，但施工时需绞合，制作比较麻烦。镀锌钢绞线施工较方便，强度稳定，有条件可尽量采用。镀锌铁线与镀锌钢绞线换算见表4-31。

表4-31　　　　　　　　　　$\phi4.0$镀锌铁线与镀锌钢线换算表

$\phi4.0$镀锌铁线根数	3	5	7	9	11	13	15	17	19
镀锌钢绞线截面（mm^2）	25	25	35	50	70	70	100	100	100

电杆拉线的截面计算大致可分为以下两种情况。

1）普通拉线终端杆：拉线股数＝导线根数×N_1－N_1'。

2）普通拉线转角：拉线股数＝导线根数×$N_1\mu$－N_1'。

N_1、N_1' 和 μ 的数值，可以从表4-32至表4-34中查出。

表4-32 每根导线需要的拉线股数

导线规格	水平拉线股数 N_2	普通拉线 N_1		导线规格	水平拉线股数 N_2	普通拉线 N_1	
		$\alpha=30°$	$\alpha=45°$			$\alpha=30°$	$\alpha=45°$
LJ-16	0.34	0.68	0.48	LJ-150	1.85	3.70	2.62
LJ-25	0.53	1.06	0.75	LJ-185	2.29	4.58	3.24
LJ-35	0.73	1.47	1.04	LGJ-120	2.56	5.11	3.62
LJ-50	1.06	2.12	1.50	LGJ-150	3.26	6.52	4.61
LJ-70	1.16	2.32	1.64	LGJ-185	4.02	8.04	5.68
LJ-95	1.55	3.12	2.20	LGJ-240	5.25	0.50	7.43

注 1. 表中所列数值采用 $\phi4.0$ 镀锌铁线所做的拉线。

2. α 为拉线与电杆的夹角。

表4-33 钢筋混凝土电杆相当的拉线股数

电杆梢径（mm）—电杆高度（m）	水平拉线股数 N_2	普通拉线股数 N_1'		电杆梢径（mm）—电杆高度（m）	水平拉线股数 N_2	普通拉线股数 N_1'	
		$\alpha=30°$	$\alpha=45°$			$\alpha=30°$	$\alpha=45°$
$\phi150-9.0$	0.50	0.99	0.70	$\phi170-10.0$	0.79	1.58	1.12
$\phi150-9.0$	0.45	0.89	0.68	$\phi170-11.0$	1.03	2.06	1.46
$\phi150-10.0$	0.75	1.47	1.04	$\phi170-12.0$	0.96	1.92	1.36
$\phi170-8.0$	0.54	1.07	0.76	$\phi190-11.0$	1.10	2.19	1.55
$\phi170-9.0$	0.48	0.97	0.63	$\phi190-12.0$	1.02	2.04	1.44

注 1. 钢筋混凝土电杆本身强度，可起到一部分拉线作用。此表所列数值即为不同规格的电杆可起到的拉线截面（以拉线股数表示）的作用。

2. 表中所列数值采用 $\phi4.0$ 镀锌铁线所作的拉线。

3. α 为拉线与电杆的夹角。

表4-34 转角杆折算系数

转角 ϕ	15°	30°	45°	60°	75°	90°
折算系数 μ	0.261	0.578	0.771	1.00	1.218	1.414

4 拉线棒

拉线的底把一般均采用圆钢制成拉线棒形式。拉线棒除承受计算拉力所必需的直径外，还应增加 2~4mm 作为腐蚀的补偿。按规定拉线棒直径不应小于 16mm，一般选用 $\phi16$、$\phi19$、$\phi22$、$\phi25$ 等6种拉线棒规格，并减少 2mm 作为计算的有效直径。各拉线棒的允许拉力以及与拉线的配合见表4-35。

表4-35 拉线棒计算

拉线棒直径（mm）	有效直径（mm）	有效截面积（mm²）	允许应力（N/mm²）	拉线棒允许拉力（N）	配合拉线型号	拉线最大允许拉力（N）
16	14	154	160	24 600	GJ-25	16 000
—	—	—	—	—	GJ-35	22 000
19	17	227	160	36 300	GJ-50	30 000

续表

拉线棒直径 (mm)	有效直径 (mm)	有效截面积 (mm²)	允许应力 (N/mm²)	拉线棒允许拉力 (N)	配合拉线型号	拉线最大允许拉力 (N)
22	20	314	160	50 000	GJ－70	43 000
25	23	491	160	78 500	GJ－100	60 000
28	26	531	160	84 900	2×GJ－70	86 000
34	32	804	160	128 000	2×GJ－100	120 000

❺ 拉线盘

在埋设拉线盘之前，首先应将下把拉线棒组装好，然后再进行整体埋设。拉线坑应有斜坡，回填土时应将土块打碎后夯实。拉线坑宜设防沉层。拉线棒应与拉线盘垂直，其外露地面部分长度应为 500～700mm。目前，普遍采用的下把拉线棒为圆钢拉线棒，它的下端套有丝口。上端有拉环，安装时拉线棒穿过水泥拉线盘孔，放好垫圈，拧上双螺母即可，如图 4－13 所示。在下把拉线棒装好之后，将拉线盘放正，使底把拉环露出地面 500～700mm，即可分层填土夯实。

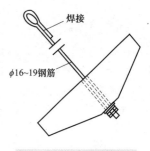

图 4－13　拉线盘埋设

拉线盘选择及设埋深度以及拉线底把所采用的镀锌线和镀锌钢绞线与圆钢拉线棒的换算，见表 4－36。

表 4－36　　　　　　　　　　拉线盘的选择及埋设深度

拉线所受拉力 (kN)	选用拉线规格		拉线盘规格 (m)	拉线盘埋深 (m)
	φ14.0 镀锌铁线 (股数)	镀锌钢绞线 (mm²)		
15 及以下	5 及以下	25	0.6×0.3	1.2
21	7	35	0.8×0.4	1.2
27	9	50	0.8×0.4	1.5
39	13	70	1.0×0.5	1.6
54	2×9	2×50	1.2×0.6	1.7
78	2×13	2×70	1.2×0.6	1.9

拉线棒地面上下 200～300mm 处，都要涂以沥青。泥土中含有盐碱成分较多的地方，还要从拉线棒出土 150mm 处起，缠卷 80mm 宽的麻带，缠到地面以下 350mm 处，并浸透沥青，以防腐蚀。涂油和缠麻带都应在填土前做好。

三、电力架空线路工程平面图的识读

电力架空线路工程平面图是导线、电杆在地面上的走向与布置的图纸。它能清楚地表现线路的走向、电杆的位置、档距、耐张段等情况。在平面图中用中实线表示导线，电杆的图形符号为〇，其中 A 为杆材或所属部门，B 为杆长，C 为杆号。进行电力架空线路工程平面图阅读时，应重点明确的内容主要包括以下几个方面。

1）采用的导线型号、规格和截面。

2）跨越的电力线路（如低压线路）和公路的情况。

3）至变电站终端杆的有关做法。

4）掌握杆型情况，共有多少电杆和电杆类型。

5）计算出线路的分段与档位。

6）了解线路共有拉线多少根，拉线有 45°拉线、水平拉线、高桩拉线等。

❶ 高压电力架空线路工程平面图

如图 4-14 所示是一条 10kV 高压电力架空线路工程平面图。由于 10kV 高压线都是 3 条导线，所以图中只画单线，不需表示导线根数。

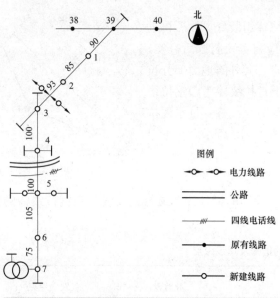

图 4-14　10kV 高压电力架空线路工程平面图

图中 38、39、40 号为原有线路电杆，从 39 号杆分支出一条新线路，自 1 号杆到 7 号杆，7 号杆处装有一台变压器 T。数字 90、85、93 等是电杆间距，高压架空线路的杆距一般为 100m 左右。新线路上 2、3 杆之间有一条电力线路，4、5 杆之间有一条公路和路边的电话线路，跨越公路的两根电杆为跨越杆，杆上加双向拉线加固。5 号杆上安装的是高桩拉线。在分支杆 39 号杆、转角杆 3 号杆和终端杆 7 号杆上均装有普通拉线，其中转角杆 3 号杆在两边线路延长线方向装了一组拉线和一组撑杆。

❷ 低压电力架空线路工程平面图

某建筑工地施工用电 380V 低压电力架空线路工程平面图，如图 4-15 所示。它是在总平面图上绘制的。低压电力线路为配电线路，要把电能输送到各个不同用电场站，各段线路的导线根数和截面积均不相同，需在图上标注清楚。

图 4-15 所示中待建建筑为工程中将要施工的建筑，计划扩建建筑是准备将来建设的建筑。每个待建建筑上都标有建筑面积和用电量，如 1 号建筑建筑面积 8200m²，用电量为 176kW，P_{js} 表示计算功率。图右上角是一个小山坡，画有山坡的等高线。

电源进线为 10kV 架空线，从场外高压线路引来。电源进线使用铝绞线（LJ），LJ-3×25 为 3 根截面为 25mm² 导线，接至 1 号杆。在 1 号杆处为 2 台变压器，图中 2×SL7-250kV·A 是变压器的型号标注，SL7 表示 7 系列三相油浸自冷式铝绕组变压器，额定容量为 250kV·A。

从 1 号杆到 14 号杆为 4 根 BLX 型导线，图中 BLX-3×95+1×50 为线路标注，其中 BLX 表示橡皮绝缘铝导线，3×95 表示 3 根导线截面为 95mm²，1×50 表示 1 根导线截面为 50mm²。这一段线路为三相四线制供电线路，3 根相线 1 根中性线。14 号杆为终端杆，装一根拉线。从 13 号杆向 1 号建筑做架空接户线。

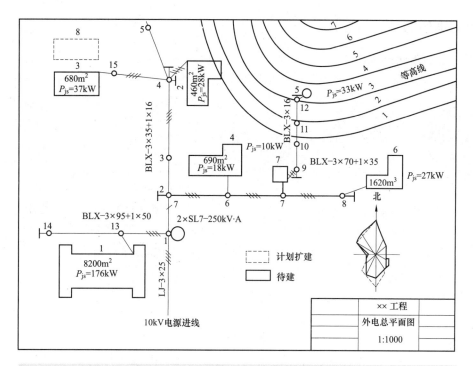

图 4-15　380V 低压电力架空线路工程平面图

1 号杆到 2 号杆上为两层线路，一路为到 5 号杆的线路，4 根 BLX 型导线（BLX-3×35+1×16），其中 3 根导线截面为 35mm²、1 根导线截面为 16mm²；另一路为横向到 8 号杆的线路，4 根 BLX 型导线（BLX-3×70+1×35），其中 3 根导线截面为 70mm²、1 根导线截面为 35mm²。1 号杆到 2 号杆间线路标注为 7 根导线，这是因为在这一段线路上两层线路共用 1 根中性线，在 2 号杆处分为 2 根中性线。2 号杆为分支杆，要加装两组拉线，5 号杆、8 号杆为终端杆也要加装拉线。

线路在 4 号杆分为三路，第一路到 5 号杆；第二路到 2 号建筑物，要做 1 条接户线；最后一路经 15 号杆接入 3 号建筑物。为加强 4 号杆的稳定性，在 4 号杆上装有两组拉线。

在 2 号杆到 8 号杆的线路上，从 6 号杆处接入 4 号建筑物，从 7 号杆处接入 7 号建筑物，从 8 号杆处接入 6 号建筑物。

从 9 号杆到 12 号杆是给 5 号设备供电的专用动力线路，电源取自 7 号建筑物。动力线路使用 3 根截面为 16mm² 的 BLX 型导线（BLX-3×16）。

第二节　电力电缆线路工程图的识读

电缆敷设的方法很多，包括直接埋地在下、装在室内地沟内、穿在管道中、装在地下隧道内、电缆托盘敷设以及沿建筑物明敷等。应根据电缆线路的长短、电缆数量、周围环境条件等具体条件决定敷设方法。目前，电力电缆线路多用于在对于环境要求较高的城市供电线路，在现代建筑设施中得到了广泛应用。

一、电力电缆的种类与选择

❶ 电力电缆的种类

电缆线芯按截面形状可分为圆形、半圆形和扇形 3 种,如图 4-16 所示。圆形和半圆

形的用得较少,扇形芯大量使用于 1～10kV 三芯和四芯电缆。根据电缆的品种与规格,线芯可以制成实体,也可以制成绞合线芯。绞合线芯系由圆单线和成型单线绞合而成。

按绝缘材料的不同,常用电力电缆分为以下几类。

1)油浸纸绝缘电缆。

图 4-16　电缆线芯同形状
(a)圆形;(b)半圆形;(c)扇形

2)聚氯乙烯绝缘、聚氯乙烯护套电缆,即全塑电缆。

3)交联聚乙烯绝缘、聚氯乙烯护套电缆。

4)橡皮绝缘、聚氯乙烯护套电缆,即橡皮电缆。

5)橡皮绝缘、橡皮护套电缆,即橡套软电缆。

除了电力电缆,常用电缆还有控制电缆、信号电缆、电视射频同轴电缆、电话电缆、光缆、移动式软电缆等。电缆的型号是由许多字母和数字排列组合而成的,型号中字母的排列顺序和字符含义见表 4-37 和表 4-38。

表 4-37　　　　　　　　　　　　　　电缆型号字母含义

类　别	导　体	绝　缘	内护套	特　征
电力电缆(省略不表示)	T—铜线(可省)	Z—油浸纸	Q—铅套	D—不滴油
		X—天然橡胶	L—铝套	F—分相
K—控制电缆	L—铝线	(X)D—丁基橡胶	H—橡套	CY—充油
P—信号电缆		(X)E—乙丙橡胶	(H)P—非燃性	P—屏蔽
YT—电梯电缆		V—聚氯乙烯	HF—氯丁胶	C—滤尘用或重型
U—矿用电缆		Y—聚乙烯	V—聚氯乙烯护套	G—高压
Y—移动式软缆		YJ—交联聚乙烯	Y—聚乙烯护套	
H—市内电话缆		E—乙丙胶	VF—复合物	
UZ—电钻电缆			HD—耐寒橡胶	
DC—电气化车辆用电缆				

表 4-38　　　　　　　　　　　　　　外护层代号含义

第一个数字		第二个数字	
代　号	铠装层类型	代　号	外护层类型
0	FQ	0	无
1	钢带	1	纤维线包
2	双钢带	2	聚氯乙烯护套
3	细圆钢丝	3	聚乙烯护套
4	粗圆钢丝	4	—

2 电力电缆的选择

电力电缆线芯截面的选择应满足以下基本要求。

（1）最大工作电流作用下的线芯温度不得超过按电缆使用寿命确定的允许值，持续工作回路的线芯工作温度，见表4-39。

表4-39　　　　　　　　　　　　常用电力电缆最高允许温度

电缆类型	电压（kV）	最高允许温度（℃）	
		额定负荷时	短路时
粘性浸渍纸绝缘	1～3	80	250
	6	65	
	10	60	
	35	50	175
不滴流纸绝缘	1～6	80	250
	10	65	
	35	65	175
交联聚乙烯绝缘	≤10	90	250
	>10	80	
聚氯乙烯绝缘		70	160
自容式充油	63～500	75	160

注　1. 对发电厂、变电站以及大型联合企业等重要回路铝芯电缆，短路最高允许温度为200℃。

2. 含有锡焊中间接头的电缆，短路最高允许温度为160℃。

（2）最大短路电流作用时间产生的热效应，应满足热稳定条件。对非熔断器保护的回路，满足热稳定条件可按短路电流作用下线芯温度不超过表4-42规定的允许值。

（3）连接回路在最大工作电流作用下的电压降，不得超过该回路允许值。

（4）较长距离的大电流回路或35kV以上高压电缆还应按"年费用支出最小"原则选择经济截面。

（5）铝芯电缆截面不宜小于4mm²。

（6）水下电缆敷设当线芯承受拉力且较合理时，可按抗拉要求选用截面。

对于干线或某些场所的电缆支线规格，应考虑发展的需要，同时要与保护装置相配合。若选出的电缆截面为非标准截面时，应按上限选择。电力电缆型号的选择，应根据环境条件、敷设方式、用电设备的要求和产品技术数据等因素来确定，以保证电缆的使用寿命。一般应按下列原则考虑。

1）在一般环境和场所内宜采用铝芯电缆；在振动剧烈和有特殊要求的场所，应采用铜芯电缆；规模较大的重要公共建筑宜采用铜芯电缆。

2）埋地敷设的电缆，宜采用有外护层的铠装电缆；在无机械损伤可能的场所，也可采用塑料护套电缆或带外护层的铅（铝）包电缆。

3）在可能发生位移的土壤中（如沼泽地、流砂、大型建筑物附近）埋地敷设电缆时，应采用钢丝铠装电缆，或采取措施（如预留电缆长度，用板桩或排桩加固土壤等）消除因电缆位移作用在电缆上的应力。

4）在有化学腐蚀或杂散电流腐蚀的土壤中，不宜采用埋地敷设电缆。必须埋地时，应采用防腐型电缆或采取防止杂散电流腐蚀电缆的措施。

5）敷设在管内或排管内的电缆，宜采用塑料护套电缆，也可采用裸铠装电缆或采用特殊加厚的裸铅包电缆。

6）在电缆沟或电缆隧道内敷设的电缆，不应采用有易燃和延燃的外护层，宜采用裸铠装电缆、裸铅（铝）包电缆或阻燃塑料护套电缆。

7）架空电缆宜采用有外被层的电缆或全塑电缆。

8）当电缆敷设在较大高差的场所时，宜采用塑料绝缘电缆、不滴流电缆或干绝缘电缆。

9）靠近有抗电磁干扰要求的设备及设施的线路或自身有防外界电磁干扰要求的线路，可采用非铠装电缆。

10）室内明敷的电缆，宜采用裸铠装电缆；当敷设于无机械损伤及无鼠害的场所，允许采用非铠装电缆。

11）沿高层或大型民用建筑的电缆沟道、隧道、夹层、竖井、室内桥架和吊顶敷设的电缆，其绝缘或护套应具有非延燃性。

12）三相四线制系统中应采用四芯电力电缆，不应采用三芯电缆另加一根单芯电缆或以导线、电缆金属护套作中性线。如用三芯电缆另加一根导线，当三相负荷不平衡时，相当于单芯电缆的运行状态，容易引起工频干扰，在金属护套和铠装中，由于电磁感应将产生电压和感应电流而发热，造成电能损失。对于裸铠装电缆，还会加速金属护套和铠装层的腐蚀。

13）在三相系统中，不得将三芯电缆中的一芯接地。

二、电缆敷设的一般规定

电缆敷设施工前，应对电缆进行详细检查。电缆的规格、型号、截面电压等级、长度等均应符合设计要求；外观无扭曲、损坏等现象。电缆敷设时，应符合下列规定。

（1）电缆敷设时，不应破坏电缆沟和隧道的防水层。

（2）在三相四线制系统中使用的电力电缆不应采用三芯电缆另加一根单芯电缆或导线，以电缆金属护套等作中性线等方式。在三相系统中，不得将三芯电缆中的一芯接地运行。

（3）三相系统中使用的单芯电缆，应组成紧贴的正三角形排列（充油电缆及水底电缆可除外），并且每隔1m应用绑带扎牢。

（4）并联运行的电力电缆，其长度应相等。

（5）电缆敷设时，在电缆终端头与电缆接头附近可留有备用长度。直埋电缆应在全长上留出少量裕度，并作波浪形敷设。

（6）电缆各支持点间的距离应按设计规定。当设计无规定时，则电缆支持点间的距离见表4-40。

（7）电缆的最小弯曲半径见表4-41。

表 4 - 40 电缆支持点间的距离（m）

电缆种类	敷设方式	支架上敷设①		钢索上悬吊敷设	
		水平	垂直	水平	垂直
电力电缆	无油电缆	1.5	2.0	—	—
	橡塑及其他油浸纸绝缘电缆	1.0	2.0	0.75	1.5
控制电缆		0.8	1.0	0.6	0.75

① 包括沿墙壁、构架、楼板等非支架固定。

表 4 - 41 电缆最小允许弯曲半径与电缆外径的比值（倍数）

电缆种类	电缆护层结构	单 芯	多 芯
油浸纸绝缘电力电缆	铠装或无铠装	20	15
橡胶绝缘电力电缆	橡胶或聚氯乙烯护套	—	10
	裸铅护套	—	15
	铅护套钢带铠装	—	20
塑料绝缘电力电缆	铠装或无铠装	—	10
控制电缆	铠装或无铠装	—	10

（8）油浸纸绝缘电力电缆最高与最低点之间的最大位差见表 4 - 42。

表 4 - 42 油浸纸绝缘电力电缆最大允许敷设位差 单位：m

电压等级（kV）	电缆护层结构	铅 套	铝 套
黏性油浸纸绝缘电力电缆	1～3 无铠装	20	25
	1～3 有铠装	25	25
	6～10 无铠装或有铠装	15	20
	20～36 无铠装或有铠装	5	—
充油电缆		按产品规定	—

注 1. 不滴流油浸纸绝缘电力电缆无位差限制。
　　2. 水底电缆线路的最低点是指最低水位的水平面。

当不能满足要求时，应采用适应于高位差的电缆，或在电缆中间设置塞止式接头。

（9）电缆敷设时，电缆应从盘的上端引出，应避免电缆在支架上及地面摩擦拖拉。电缆上不得有未消除的机械损伤（如铠装压扁、电缆绞拧、护层折裂等）。

（10）用机械敷设电缆时的最大牵引强度见表 4 - 43。

表 4 - 43 电缆最大允许牵引强度 单位：MPa

牵引方式	牵 引 头		钢丝网套	
受力部位	铜芯	铝芯	铅套	铝套
允许牵引强度	0.7	0.4	0.1	0.4

（11）油浸纸绝缘电力电缆在切断后，应将端头立即铅封；塑料绝缘电力电缆也应有可靠的防潮封端。充油电缆在切断后还应符合下列要求。

1）在任何情况下，充油电缆的任一段都应设有压力油箱，以保持油压。

2）连接油管路时，应排除管内空气，并采用喷油连接。

3）充油电缆的切断处必须高于邻近两侧的电缆，避免电缆内进气。

4）切断电缆时应防止金属屑及污物侵入电缆。

（12）敷设电缆时，如电缆存放地点在敷设前 24h 内的平均温度以及敷设现场的温度低于表 4-44 的数值时，应采取电缆加温措施，否则不宜敷设。

表 4-44 电缆最低允许敷设温度 单位：℃

电缆类别	电缆结构	最低允许敷设温度
油浸纸绝缘电力电缆	充油电缆	-10
	其他油浸纸绝缘电缆	0
橡胶绝缘电力电缆	橡胶或聚氯乙烯护套	-15
	裸铅套	-20
	铅护套钢带铠装	-7
塑料绝缘电力电缆		0
控制电缆	耐寒护套	-20
	橡胶绝缘聚氯乙烯护套	-15
	聚氯乙烯绝缘、聚氯乙烯护套	-10

（13）电力电缆接头盒的布置应符合下列要求。

1）并列敷设电缆，其接头盒的位置应相互错开。

2）电缆明敷时的接头盒，须用托板（如石棉板等）托置，并用耐电弧隔板与其他电缆隔开，托板及隔板应伸出。接头两端的长度各不小于 0.6m。

3）直埋电缆接头盒外面应有防止机械损伤的保护盒（环氧树脂接头盒除外）。位于冻土层内的保护盒，盒内宜注以沥青，以防水分进入盒内因冻胀而损坏电缆接头。

（14）电缆敷设时，不宜交叉，电缆应排列整齐，加以固定，并及时装设标志牌。

（15）标志牌的装设应符合下列要求。

1）在下列部位，电缆上应装设标志牌：电缆终端头、电缆中间接头处；隧道及竖井的两端；人孔井内。

2）标志牌上应注明线路编号（当设计无编号时，则应写明电缆型号、规格及起讫地点）；并联使用的电缆应有顺序号；字迹应清晰，不易脱落。

3）标志牌的规格宜统一。标志牌应能防腐，且挂装应牢固。

（16）直埋电缆沿线及其接头处应有明显的方位标志或牢固的标桩。

（17）电缆固定时，应符合下列要求。

1）在下列地方应将电缆加以固定：

① 垂直敷设或超过 45°倾斜敷设的电缆，在每一个支架上。

② 水平敷设的电缆，在电缆首末两端及转弯、电缆接头两端处。

③ 充油电缆的固定应符合设计要求。

2）电缆夹具的形式宜统一。

3）使用于交流的单芯电缆或分相铅套电缆在分相后的固定，其夹具的所有铁件不应构成闭合磁路。

4）裸铅（铝）套电缆的固定处，应加软垫保护。

（18）沿电气化铁路或有电气化铁路通过的桥梁上明敷电缆的金属护层（包括电缆金属管道），应沿其全长与金属支架或桥梁的金属构件绝缘。

（19）电缆进入电缆沟、隧道、竖井、建筑物、盘（柜）以及穿入管子时，出入口应封闭，管口应密封。

（20）对于有抗干扰要求的电缆线路，应按设计规定做好抗干扰措施。

（21）装有避雷针和避雷线的构架上的照明灯电源线，必须采用直埋于地下的带金属护层的电缆或穿入金属管的导线。电缆护层或金属管必须接地，埋地长度应在 10m 以上，方可与配电装置的接地网相连或与电源线、低压配电装置相连接。

（22）直埋电缆的敷设除了必须遵循电缆敷设的基本要求以外，还应符合直埋技术标准。

三、电缆支架的配制及安装

（1）钢结构支架所用钢材应平直，无显著扭曲。下料后长度偏差应在 5mm 以内，切口处应无卷边、毛刺。

（2）钢支架应焊接牢固，无显著变形。支架各横撑间的垂直净距应符合设计要求，其偏差不应大于 2mm。当设计无规定时，可参照表 4 - 45 的数值，但层间净距应不小于两倍电缆外径加 10mm；充油电缆为不小于两倍电缆外径加 50mm。

表 4 - 45　　　　　　　　　　　电缆支架层间最小允许垂直净距

电缆种类			敷设方法			
			电缆夹层	电缆隧道	电缆沟	架空（吊钩除外）
			层间最小允许垂直净距（mm）			
电力电缆	10kV 及以下		200	200	150	150
	20～35kV		—	250	200	200
	充油电缆	外径≤100mm	—	300	—	—
		外径＞100mm	—	350	—	—
控制电缆			120	120	100	100

（3）电缆支架应安装牢固，横平竖直。各电缆支架的同层横档应在同一水平面上，其高低偏差不应大于 5mm。在有坡度的电缆沟内或建筑物上安装的电缆支架，应有与电缆沟或建筑物相同的坡度。电缆支架横档至沟顶、楼板或沟底的最小距离，当设计无规定时见表 4 - 46。

表 4 - 46　　　　　电缆支架横档至沟顶、楼板或沟底的最小距离　　　　　单位：mm

项　目	敷设方法		
	电缆隧道及夹层	电缆沟	吊架
最上层横档至沟顶或楼板 最下层横档至沟底或地面	300～350 100～150	150～200 50～100	150～200 —

（4）组装后的钢结构竖井，其垂直偏差不应大于其长度的 0.2%，支架横撑的水平误差不应大于其宽度的 0.2%，竖井对角线的偏差不应大于对角线长度的 0.5%。

（5）电缆托架的制作、安装应符合设计的要求。

（6）电缆支架必须先涂防腐底漆，刷漆应均匀完整。

位于湿热、盐雾以及有化学腐蚀地区的电缆支架，应作特殊的防腐处理或热镀锌，也可采用其他耐腐蚀性能较好的材料制作支架。

四、电缆管的加工及敷设

（1）电缆保护管的加工及敷设与电气配管的要求基本相同。如电缆管弯制后的弯扁程度不大于管子外径的 10%，管口应做成喇叭口形或磨光。

（2）电缆管内径应不小于电缆外径的 1.5 倍，混凝土管、陶土管，石棉水泥管应不小于 100mm。

（3）电缆管的弯曲半径应符合所穿入电缆弯曲半径的规定。每根电缆管最多不应超过 3 个弯头，直角弯应不多于 2 个。

（4）电缆明敷时，应符合下列要求。电缆管应安装牢固，不宜将电缆管直接焊在支架上，电缆管支持点间的最小距离，当设计无规定时见表 4 - 47；当塑料管的直线长度超过 30m 时，宜加装补偿装置。

表 4 - 47　　　　　　　　　　　电缆管支持点间的距离

管径（mm）	电缆类别		
	硬质塑料管	钢　管	
		薄壁钢管	厚壁钢管
	支持点间距离（m）		
20 及以下	1.0	1.0	1.5
25～32	—	1.5	2.0
32～40	1.5	—	—
40～50	—	2.0	2.5
50～70	2.0	—	—
70 以上	2.5	2.5	3.5

（5）电缆管的连接应符合下列要求。

1）金属管宜采用大一级的短管套接，短管两端焊牢密封，当采用带有丝口的管接头连接时，连接处应密封良好。

2）硬质塑料管在套接或插接时，其插入深度不应小于管子内径的 1.1～1.8 倍，在插接面上应涂以胶合剂粘牢密封；采用套接时，套管两端应封焊，以保证牢固、密封。

（6）采用钢管作电缆管时，应在外表涂以防腐漆（埋入混凝土内的管子可不涂漆）；采用镀锌管时，锌层剥落处也应涂以防腐漆。

（7）引至设备的电缆管管口位置，应便于与设备连接并不妨碍设备拆装和进出。并列敷设的电缆管管口应排列整齐。

（8）利用电缆的保护钢管作接地或接零线时，应首先焊好接地或接零线，再敷设电缆。

有丝扣的管接头处，须用跳线焊接。

（9）敷设混凝土、陶土、石棉水泥等电缆管时，其地基应坚实、平整，不应有沉陷。电缆管的敷设应符合下列要求。

1）电缆管的埋设深度一般为 800mm。

2）在人行道下面敷设时，不应小于 500mm。

3）在重车通行的地方要增加埋设深度。

4）电缆管应有不小于 0.1％的排水坡度。

5）电缆管的内表面应光滑。

6）连接时管孔应对准，接缝应严密，防止地下水和泥浆渗入。

五、电缆的敷设方法

电缆的敷设方式较多，常用的有直埋地敷设、电缆沟敷设、电缆隧道敷设、排管敷设、室内外支架明敷和桥架线槽敷设等。电缆工程敷设方式的选择，应视工程条件、环境特点和电缆类型、数量等因素，且按满足运行可靠、便于维护的要求和技术经济合理的原则来选择。

同一路径，少于 6 根的 35kV 及以下电力电缆，在不易有经常性开挖的地段及城镇道路边缘宜采用直埋敷设。在有爆炸危险场所明敷的电缆、露出地坪上需加以保护的电缆及地下电缆与公路、铁路交叉时，应采用穿管敷设；地下电缆通过房屋、广场及规划将作为道路的地段，宜采用穿管敷设。在厂区、建筑物内地下电缆数量较多但不需采用隧道时，城镇人行道开挖不便且电缆需分期敷设，同时又不属于有化学腐蚀液体或高温熔化金属溢流的场所，或在载重车辆频繁经过的地段，或经常有工业水溢流、可燃粉尘弥漫的厂房内等情况下，宜用电缆沟。同一通道的地下电缆数量众多，电缆沟不足以容纳时应采用隧道。同一通道的地下电缆数量众多，且位于有腐蚀性液体或经常有地面水流溢的场所，或含有 35kv 以上高压电缆，或穿越公路、铁道等地段，宜用隧道。垂直走向的电缆，宜沿墙、柱敷设，当数量较多，或含有 35kV 以上高压电缆时，应采用竖井。在地下水位较高的地方、化学腐蚀液体溢流的场所，厂房内应采用支持式架空敷设；建筑物或厂区不适于地下敷设时，可用架空敷设。电缆敷设要符合施工规范要求。电缆型号、电压和规格应符合设计；电缆绝缘良好；对油浸纸电缆应进行潮湿判断；直埋电缆与水底电缆应经直流耐压试验。电缆敷设时，在电缆终端头与电缆接头附近应留有备用长度。

（一）直埋电缆的敷设

① 敷设方法

当沿同一路径敷设的室外电缆根数为 8 根及以下，且场地有条件时，电缆宜采用直接埋地敷设。电缆直埋地敷设无需复杂的结构设施，既简单，又经济，电缆散热也好，适用于电力电缆敷设距离较长的场所。但采用直埋敷设时应避开含有酸、碱强腐蚀或杂散电流电化学腐蚀严重影响地段。电缆直接埋地的做法如图 4-17 所示，其中电缆沟最大边坡坡度比（$H:L_3$）见表 4-48。

电力电缆的敷设方式很多，其中直埋敷设因为简单、经济，又有利于提高电缆的载流量，因此应用最为广泛。电力电缆的直埋敷设可分为机械敷设（敷缆机）和人工敷设两种。前者将开沟、敷缆和回填 3 项工作由敷缆机一次完成；后者是用人工方法挖沟、敷缆和回填。

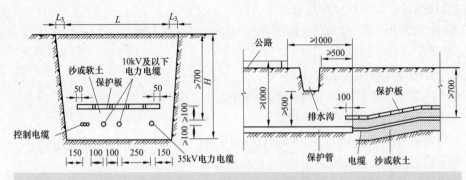

图 4-17　电缆直接埋地敷设

表 4-48		电缆沟最大边坡坡度比（$H : L_3$）			单位：mm
土壤名称	边坡坡度	土壤名称	边坡坡度	土壤名称	边坡坡度
砂土	1∶1	黏土	1∶0.33	干黄土	1∶0.25
亚砂土	1∶0.67	含砾石卵石土	1∶0.67		
亚黏土	1∶0.50	泥炭岩白垩土	1∶0.33		

（1）敷缆机适用的情况。

1）地形平坦，土质松软，无其他建筑物及地下设施，以及树木障碍较少的地方。

2）地形有部分不平坦，电缆穿越时可以开挖的路面及无水渠道地区，或部分有小树的地方。

3）黏土、流沙或冬季冻土地带。

4）河床平坦，河底不是淤泥，施工时水深不超过 0.8m 的河流与沟渠。

（2）人工敷缆方式适用的情况。

1）市区有大量地上建筑物和地下设施，妨碍敷缆机施工的地区或狭小路面（小于 3m）及敷缆机不能通过的地带。

2）在坡度超过 30°的地区，土地坚硬（如含有坚石、大卵石等地质）或沼泽、淤泥地带。

3）穿越高等级公路、铁路等不宜开挖地带或作"S"形敷设时。

4）地形横沟多、起伏频繁或有特殊敷设要求的地带。

5）电缆直径较大或同一沟内敷设多条电缆时。

敷设电缆时，如果环境与条件允许，最好采用敷缆机敷设电缆。这样，既可以保证敷缆质量、节省人力，又可以提高施工效率。但对于地理条件复杂的城市，尤其是大型企业的厂区，目前采用人工敷缆仍是电缆敷设的主要方法。

❷ 直埋敷设标准

直埋电缆的敷设除了必须遵循电缆敷设的基本要求以外，还应符合下列直埋技术标准。

（1）采取相应的保护措施。如铺沙、筑槽、穿管、防腐、毒土处理等，或选用适当型号的电缆。

（2）电缆的埋设深度（电缆上表面与地面距离）不应小于 700mm；穿越农田时不应小

于 1000mm。只有在出入建筑物、与地下设施交叉或绕过地下设施时才允许浅埋，但浅埋时应加装保护设施。北方寒冷地区，电缆应埋设在冻土层以下，上下各铺 100mm 厚的细沙。

（3）多根并列敷设的电缆，中间接头与邻近电缆的净距不应小于 250mm，两条电缆的中间接头应前后错开 2m，中间接头周围应加装防护设施。

（4）电缆之间，电缆与其他管道、道路、建筑物等之间平行或交叉时的最小距离见表 4-49。严禁将电缆平行敷设于管道的上面或下面。

低压埋地敷设的电缆之间及其与各种设施平行或交叉的最小净距见表 4-50。

表 4-49   直埋电缆与其他物体的最小允许净距   单位：m

项　　目		最小允许净距		备　　注
		平行	交叉	
① 电力电缆间及其与控制电缆间	10kV 及以下	0.1	0.5	（1）控制电缆间平行敷设时，间距不作规定；①、③当电缆穿管或用隔板隔开时，平行净距可降为 0.1m。 （2）在交叉点前后 1m 范围内，如电缆穿入管中或用隔板隔开，交叉净距可降到 0.25m
	10kV 以上	0.25	0.5	
② 控制电缆间		—	0.5	
③ 不同使用部门电缆间		0.5	0.5	
① 热力管道（管沟）及电力设备		2.0	0.5	（1）虽净距能满足要求，但检修管路可能伤及电缆时，在交叉点前后 1m 范围内，尚需采取保护措施。 （2）当交叉净距不满足要求时，应将电缆穿入管中，此时净距可降至 0.25m。 （3）对④项，应采取隔热措施，使电缆周围土壤温升不超过 10℃
② 油管道（管沟）		1.0	0.5	
③ 可燃气体及易燃液体管道（管沟）		1.0	0.5	
④ 其他管道（管沟）		0.5	0.5	
铁路路轨		3.0	1.0	—
电气化铁路路轨	交流	10.0	1.0	—
	直流	1.5	1.0	不满足要求时，应采取适当的防蚀措施
公路		1.0	1.0	
城市街道路面		1.0	0.7	特殊情况，平行净距可酌减
电杆基础（边线）		0.6	—	
建筑物基础（边线）		1.0	—	
排水沟		—	0.5	—

注 当电缆穿管或其他管道有防护设施时，表中净距应从管壁或防护设施的外壁算起。

表 4-50   低压埋地敷设的电缆之间及其与各种设施平行或交叉的最小净距   单位：m

项　　目	平行时	交叉时
1kV 及以下电力电缆之间，以及与控制电缆之间	0.1	0.5（0.25）
通信电缆	0.5（0.1）	0.5（0.25）
热力管沟	2.0	（0.5）
水管、压缩空气等	1.0（0.25）	0.5（0.25）
可燃气体及易燃液体管道	1.0	0.5（0.25）

续表

项　目	平行时	交叉时
建筑物、构筑物基础	0.5	
电杆	0.6	
乔木	1.5	
灌木丛	0.5	
铁路	3.0（与轨道）	1.0（与轨底）
道路	1.5（与路边）	1.0（与路面）
排水明沟	1.0（与沟边）	0.5（与沟底）

注　1. 路灯电缆与道路灌木丛平行距离不限。

　　2. 表中括号内数字是指局部地段电缆空管、加隔板保护或加隔热层保护后允许的最小净距。

　　3. 电缆与铁路的最小净距不包括电气化铁路。

（5）电缆与铁路、公路、城市街道、厂区道路等交叉时，应敷设在坚固的隧道或保护管内。保护管的两端应伸出路基两侧 1000mm 以上，伸出排水沟 500mm 以上，伸出城市街道的车辆路面。

（6）电缆在斜坡地段敷设时，应注意电缆的最大允许敷设位差，在斜坡的开始及顶点处应将电缆固定；坡面较长时，坡度在 30°以上的地段，每间隔 10m 固定一点。

（7）各种电缆同敷设于一沟时，高压电缆位于最底层，低压电缆在最上层，各种电缆之间应用 50～100mm 厚的细沙隔开；最上层电缆的上面除细沙以外，还应覆盖坚固的盖板或砖层，以防外力损伤。同一沟内的电缆不得相互重叠、交叉、扭绞。电缆沟底的宽度应根据所敷设电缆的根数而定，其最小宽度见表 4-51，电缆沟顶部的宽度应为电缆沟底部宽度向两侧各延伸 100mm。

表 4-51　　　　　　　　　　电缆沟底宽度表

电缆沟底宽度（mm）		控制电缆根数						
		0	1	2	3	4	5	6
电缆根数	0	—	240	320	400	480	560	640
	1	270	410	490	570	560	730	810
	2	440	580	660	740	820	900	980
	3	610	750	830	910	990	1070	1150
	4	780	920	1000	1080	1160	1240	1320
	0	950	1090	1170	1250	1330	1410	1490

注　顶部宽度＝底部宽度＋200mm。

（8）直埋电缆应具有铠装和防腐层。电缆沟底应平整，上面铺 100mm 厚细沙或筛过的软土。电缆长度应比沟槽长出 1‰～2‰，作波浪敷设。电缆敷设后，上面覆盖 100mm 厚的细沙或软土，然后盖上保护板或砖，其宽度应超过电缆两侧各 50mm。

（9）直埋电缆从地面引出时，应从地面下 0.2m 至地上 2m 加装钢管或角钢防护，以防止机械损伤。确无机械损伤处的铠装电缆可稍加防护。另外，电缆与铁路、公路交叉或穿墙时，也应穿管保护。电缆保护管的内径不应小于电缆外径的 1.5 倍，预留管的直径不应小于100mm。

（10）直埋电缆应在线路的拐角处、中间接头处、直线敷设的每50m处装设标志牌，并在电缆线路图上标明。

（二）电缆保护管敷设

1 电缆保护管的加工

无论是钢保护管还是塑料保护管，其加工制作均应符合下列规定。

（1）电缆保护管管口处宜做成喇叭形，可以减少直埋管在沉降时，管口处对电缆的剪切力。

（2）电缆保护管应尽量减少弯曲，弯曲增多将造成穿电缆困难，对于较大截面的电缆不允许有弯头。电缆保护管在垂直敷设时，管子的弯曲角度应大于90°，避免因积水而冻坏管内电缆。

（3）每根电缆保护管的弯曲处不应超过3个，直角弯不应超过2个。当实际施工中不能满足弯曲要求时，可采用内径较大的管子或在适当部位设置拉线盒、以利电缆的穿设。

（4）电缆保护管在弯制后，管的弯曲处不应有裂缝和显著的凹瘪现象。管弯曲处的弯扁程度不宜大于管外径的10%。如弯扁程度过大，将减少电缆管的有效管径，造成穿设电缆困难。

（5）保护管的弯曲半径一般为管子外径的10倍，且不应小于所穿电缆的最小允许弯曲半径，电缆的最小弯曲半径见表4-52。

（6）电缆保护管管口处应无毛刺和尖锐棱角，防止在穿电缆时划伤电缆。

表4-52　　　　　　　　　　　　电缆最小弯曲半径

电缆形式			多　芯	单　芯
控制　电缆			$10D$	
橡皮绝缘电力电缆	无铅包、钢铠护套		$10D$	
	裸铅包护套		$15D$	
	钢铠护套		$20D$	
聚氯乙烯绝缘电力电缆			$10D$	
交联聚乙烯绝缘电力电缆			$15D$	$20D$
油浸纸绝缘电力电缆	铅　　包		$30D$	
	铅包	有铠装	$15D$	$20D$
		无铠装	$20D$	
自容式充油（铅包）电缆				$20D$

2 电缆保护管的连接

（1）电缆保护钢管连接。电缆保护钢管连接时，应采用大一级短管套接或采用管接头螺纹连接，用短套管连接施工方便，采用管接头螺纹连接比较美观。为了保证连接后的强度，管连接处短套管或带螺纹的管接头的长度，不应小于电缆管外径的2倍。无论采用哪一种方式，均应保证连接牢固，密封良好，两连接管管口应对齐。

电缆保护钢管连接时，不宜直接对焊。当直接对焊时，可能在接缝内部出现焊瘤，穿电缆时会损伤电缆。在暗配电缆保护钢管时，在两连接管的管口处打好喇叭口再进行对焊，且两连接管对口处应在同一管轴线上。

（2）硬质聚氯乙烯电缆保护管连接。对于硬质聚氯乙烯电缆保护管，常用的连接方法有两种，即插接连接和套管连接。

1）插接连接。硬质聚氯乙烯管在插接连接时，先将两连接端部管口进行倒角，如图 4 - 18 所示，然后清洁两个端口接触部分的内、外面，如有油污则用汽油等溶剂擦净。接着可将连接管承口端部均匀加热，加热部分的长度为插接部分长度的 1.2～1.5 倍，待加热至柔软状态后即将金属模具（或木模具）插入管中，浇水冷却后将模具抽出。

为了保证连接牢固可靠、密封良好，其插入深度宜为管子内径的 1.1～1.8 倍，在插接面上应涂以胶合剂粘牢密封。涂好胶合剂插入后，再次略加热承口端管子，然后急骤冷却，使其连接牢固，如图 4 - 19 所示。

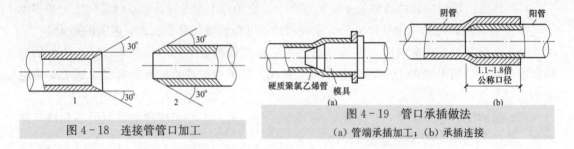

图 4 - 18　连接管管口加工

图 4 - 19　管口承插做法
（a）管端承插加工；（b）承插连接

2）套管连接。在采用套管套接时，套管长度不应小于连接管内径的 1.5～3 倍，套管两端应以胶合剂粘接或进行封焊连接。采用套管连接时，做法如图 4 - 20 所示。

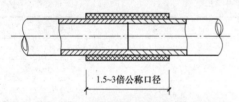

图 4 - 20　硬质聚氯乙烯管套管连接

❸ 电缆保护管的敷设

（1）敷设要求。

1）直埋电缆敷设时，应按要求事先埋设好电缆保护管，待电缆敷设时穿在管内，以保护电缆避免损伤及方便更换和便于检查。

2）电缆保护钢、塑管的埋设深度不应小于 0.7m，直埋电缆当埋设深度超过 1.1m 时，可以不再考虑上部压力的机械损伤，即不需要再埋设电缆保护管。

3）电缆与铁路、公路、城市街道、厂区道路下交叉时应敷设于坚固的保护管内，一般多使用钢保护管，埋设深度不应小于 1m，管的长度除应满足路面的宽度外，保护管的两端还应两边各伸出道路路基 2m；伸出排水沟 0.5m；在城市街道应伸出车道路面。

4）直埋电缆与热力管道、管沟平行或交叉敷设时，电缆应穿石棉水泥管保护，并应采取隔热措施。电缆与热力管道交叉时，敷设的保护管两端各伸出长度不应小于 2m。

5）电缆保护管与其他管道（水、石油、煤气管）以及直埋电缆交叉时，两端各伸出长度不应小于 1m。

（2）高强度保护管的敷设地点。

在下列地点，需敷设具有一定机械强度的保护管保护电缆。

1）电缆进入建筑物及墙壁处；保护管伸入建筑物散水坡的长度不应小于 250mm。保护罩根部不应高出地面。

2）从电缆沟引至电杆或设备，距地面高度 2m 及以下的一段，应设钢保护管保护，保护管埋入非混凝土地面的深度不应小于 100mm。

3）电缆与地下管道接近和交叉时的距离不能满足有关规定时。

4）当电缆与道路、铁路交叉时。

5）其他可能受到机械损伤的地方。

（3）电缆保护管的敷设类型及说明见表 4-53。

表 4-53　　　　　　　　　　　电缆保护管的敷设类型及说明

类　　型	说　　　　　　明
明敷电缆保护管	（1）明敷的电缆保护管与土建结构平行时，通常采用支架固定在建筑结构上，保护管装设在支架上。支架应均匀布置，支架间距不宜过大，以免保护管出现垂度，电缆管支持点间最大距离见下表。 表　电缆管支持点间最大允许距离　　　　单位：mm （见下表） （2）如明敷的保护管为塑料管，其直线长度超过 30m 时，宜每隔 30m 加装一个伸缩节，以消除由于温度变化引起管子伸缩带来的应力影响。 （3）保护管与墙之间的净空距离不得小于 10mm；与热表面距离不得小于 200mm；交叉保护管净空距离不宜小于 10mm；平行保护管间净空距离不宜小于 20mm。 （4）明敷金属保护管的固定不得采用焊接方法
混凝土内保护管敷设	对于埋设在混凝土内的保护管，在浇筑混凝土前应按实际安装位置量好尺寸，下料加工。管子敷设后应加以支撑和固定，以防止在浇筑混凝土时受震移位。保护管敷设或弯制前应进行疏通和清扫，一般采用铁丝绑上棉纱或破布穿入管内清除脏污，检查通畅情况，在保证管内光滑畅通后，将管子两端暂时封堵
电缆保护钢管顶管敷设	当电缆直埋敷设线路时，其通过的地段有时会与铁路或交通频繁的道路交叉，由于不可能较长时间地断绝交通，因此常采用不开挖路面的顶管方法。不开挖路面的顶管方法，即在铁路或道路的两侧各挖掘一个作业坑，一般可用顶管机或油压千斤顶将钢管从道路的一侧顶到另一侧。顶管时，应将千斤顶、垫块及钢管放在轨道上用水准仪和水平仪将钢管找平调正，并应对道路的断面有充分的了解，以将管顶坏或顶坏其他管线。被顶钢管不宜作成尖头，以平头为好，尖头容易在碰到硬物时产生偏移。 在顶管时，为防止钢管头部变形、阻止泥土进入钢管和提高顶管速度，也可在钢管头部装上圆锥体钻头，在钢管尾部装上钻尾，钻头和钻尾的规格均应与钢管直径相配套。也可以用电动机为动力，带动机械系统撞打钢管的一端，使钢管平行向前移动
电缆保护钢管接地	用钢管作电缆保护管时，如利用电缆的保护钢管作接地线时，要先焊好接地跨接线，再敷设电缆。应避免在电缆敷设后焊接地线烧坏电缆。钢管有丝扣的管接头处，在接头两侧应用跨接线焊接。用圆钢作跨接线时，其直径不宜小于 12mm；用扁钢作跨接线时，扁钢厚度不应小于 4mm，截面积不应小于 100mm²。 当电缆保护钢管接地采用套管焊接时，不需再焊接地跨接线

表　电缆管支持点间最大允许距离　　　　单位：mm

电缆管直径	硬质塑料管	钢　管	
		薄壁钢管	厚壁钢管
20 及以下	1000	1000	1500
25～32	—	1500	2000
32～40	1500	—	—
40～50	—	2000	2500
50～70	2000	—	—
70 以上	—	2500	3000

（三）电缆排管敷设

按照一定的孔数和排列先预制好水泥管块，再用水泥砂浆浇注成一个整体，然后将电缆穿入管中，这种敷设方法称为电缆管敷设，如图 4-21 所示。

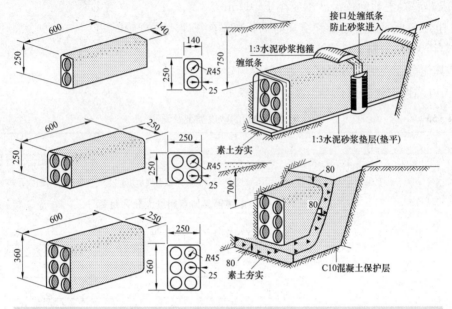

图 4-21　电缆排管敷设示意图（mm）

电缆排管多采用石棉水泥管、混凝土管、陶土管等管材，适用于电缆数量不多（一般不超过 12 根），而道路交叉较多，路径拥挤，又不宜采用直埋或电缆沟敷设的地段。其施工较为复杂，敷设和更换电缆也不方便。散热性差；但是它的保护效果较好，使电缆不易受到外部机械损伤，且不占用空间，运行可靠。

❶ 电缆排管的敷设要求

电缆排管敷设时应满足以下要求。

（1）电缆排管埋设时，排管沟底部地基应坚实、平整，不应有沉陷。如不符合要求，应对地基进行处理并夯实，以免地基下沉损坏电缆。电缆排管沟底部应垫平夯实，并铺以厚度不小于 80mm 厚的混凝土垫层。

（2）电缆排管敷设应一次留足备用管孔数，当无法预计时，除考虑散热孔外，可留 10% 的备用孔，但不应少于 2 孔。

（3）电缆排管管孔的内径不应小于电缆外径的 1.5 倍，电力电缆的管孔内径不应小于 90mm，控制电缆的管孔内径不应小于 75mm。

（4）排管顶部距地面不应小于 0.7m，在人行道下面敷设时，承受压力小，受外力作用的可能性也较小；如地下管线较多，埋设深度可浅些，但不应小于 0.5m。在厂房内不宜小于 0.2m。

（5）当地面上均匀荷载超过 100kN/m² 或排管通过铁路及遇有类似情况时，必须采取加固措施，防止排管受到机械损伤。

（6）排管在安装前应先疏通管孔，清除管孔内积灰杂物，并应打磨管孔边缘的毛刺，防止穿电缆时划伤电缆。

（7）电缆排管为便于检查和敷设电缆，在电缆线路转弯、分支、终端处应设人孔井。在直线段上，每隔30m以及在转弯和分支的地方也须设置电缆人孔井。电缆人孔的净空高度不宜小于1.8m，其上部人孔的直径不应小于0.7m。

（8）排管安装时，应有不小于0.5％的排水坡度，并在人孔井内设集水坑，集中排水。

（9）电缆排管敷设连接时，管孔应对准，以免影响管路的有效管径，可保证敷设电缆时穿设顺利。电缆排管接缝处应严密。不得有地下水和泥浆渗入。

❷ 石棉水泥管排管敷设

石棉水泥管排管敷设，就是利用石棉水泥管以排管的形式，周围用混凝土或钢筋混凝土包封敷设。

（1）石棉水泥管混凝土包封敷设。石棉水泥管排管在穿过铁路、公路及有重型车辆通过的场所时，应选用混凝土包封的敷设方式方法如下。

1）在电缆管沟沟底铲平夯实后，先用混凝土打好100mm厚底板，在底板上浇注适当厚度的混凝土后，再放置定向垫块，并在垫块上敷设石棉水泥管。

2）定向垫块应在管接头处两端300mm处设置。

3）石棉水泥管排放时，应注意使水泥管的套管及定向垫块相互错开。

4）石棉水泥管混凝土包装敷设时，要预留足够的管孔，管与管之间的相互间距不应小于80mm。如采用分层敷设，应分层浇注混凝土并捣实。

（2）混凝土管块包封敷设。当混凝土管块穿过铁路、公路及有重型车辆通过的场所时，混凝土管块应采用混凝土包封的敷设方式，如图4-22所示。

混凝土管块的长度一般为400mm，其管孔的数量有2孔、4孔、6孔不等。现场常采用的是4孔、6孔管块。根据工程情况，混凝土管块也可在现场组合排列成一定形式进行敷设。

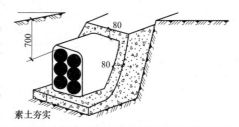

图4-22　混凝土管块用混凝土
包封示意图（mm）

1）混凝土管块混凝土包封敷设时，应先浇筑底板，然后再放置混凝土管块。

2）在混凝土管块接缝处，应缠上宽80mm、长度为管块周长加上100mm的接缝纱布、纸条或塑料胶粘布，以防止砂浆进入。

3）缠包严密后，先用1:2.5水泥砂浆抹缝封实，使管块接缝处严密，然后在混凝土管块周围灌注强度不小于C10的混凝土进行包封，如图4-23所示。

4）混凝土管块敷设组合安装时，管块之间上下左右的接缝处，应保留15mm的间隙，用1:2.5水泥砂浆填充。

5）混凝土管块包封敷设，按规定设置工作井，混凝土管块与工作井连接时，管块距工作井内地面距离不应小于400mm。管块在接近工作井处，其基础应改为钢筋混凝土基础。

（3）石棉水泥管钢筋混凝土包封敷设。对于直埋石棉水泥管排管，如果敷设在可能发生位移的土壤中（如流砂层、8度及以上地震基本烈度区、回填土地段等），应选用钢筋混

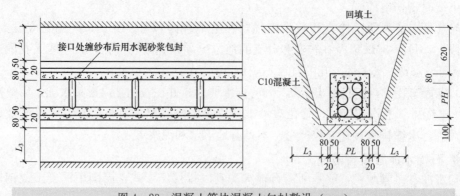

图 4-23　混凝土管块混凝土包封敷设（mm）

凝土包封敷设方式。钢筋混凝土的包封敷设，在排管的上、下侧使用 $\phi16$ 圆钢，在侧面当排管截面高度大于 800mm 时，每 400mm 需设 $\phi2$ 钢筋一根，排管的箍筋使用 $\phi8$ 圆钢，间距 150mm，如图 4-24 所示。当石棉水泥管管顶距地面不足 500mm 时，应根据工程实际另行计算确定配筋数量。

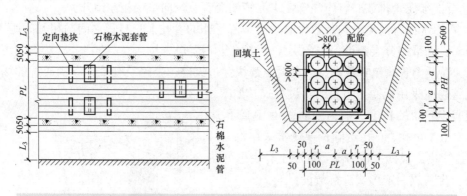

图 4-24　石棉水泥管钢筋混凝土包封敷设示意图（mm）

石棉水泥管钢筋混凝土包封敷设，在排管方向及敷设标高不变时，每隔 50m 须设置变形缝。石棉水泥管在变形缝处应用橡胶套管连接，并在管端部缝隙处用沥青木丝板填充。在管接头处每隔 250mm 处另设置 $\phi20$ 长度为 900mm 的接头联系钢筋；在接头包封处设 $\phi25$ 长度为 500mm 套管，在套管内注满防水油膏，在管接头包封处，另设 $\phi6$ 间距为 250mm 长的弯曲钢管，如图 4-25 所示。

③ 电缆在排管内敷设

敷设在排管内的电缆，应按电缆选择的内容进行选用，或采用特殊加厚的裸铅包电缆。穿入排管中的电缆数量应符合设计规定。电缆排管在敷设电缆前，为了确保电缆能顺利穿入排管，并不损伤电缆保护层，应进行疏通，以清除杂物。清扫排管通常采用排管扫除器，把扫除器通入管内来回拖拉，即可清除积污并刮平管内不平的地方。此外，也可采用直径不小于管孔直径 0.85 倍、长度约为 600mm 的钢管来疏通，再用与管孔等直径的钢丝刷来清除管内杂物，以免损伤电缆。

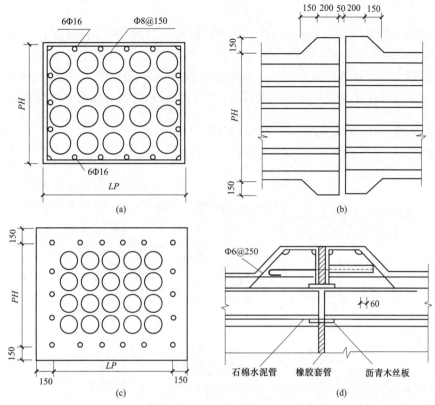

图 4-25　钢筋混凝土包封石棉水泥管排管变形缝做法（mm）

（a）排管断面；（b）平面图；（c）排管变形缝断面；（d）局部剖面

在排管中拉引电缆时，应把电缆盘放在人孔井口，然后用预先穿入排管孔眼中的钢丝绳，把电缆拉入管孔内。为了防止电缆受损伤，排管管口处应套以光滑的喇叭口，人孔井口应装设滑轮。为了使电缆更容易被拉入管内，同时减少电缆和排管壁间的摩擦阻力，电缆表面应涂上滑石粉或黄油等润滑物。

（四）桥梁电缆的敷设

桥梁电缆敷设是指将电缆直接敷设在电缆专用桥架上，用电缆桥架敷设电力电缆、控制电缆及弱电电缆，是近年兴起的电缆敷设方法，在室内敷设电缆的设计中被广泛采用。

❶ 敷设准备

在桥梁上敷设电缆前所进行的施工计划、材料和工具的准备，电缆盘架放置点的选择，电缆的搬运以及电缆允许弯曲半径和敷设高度差的规定等，均与直埋敷设电缆相同。另外，根据桥梁上敷设电缆的特点，在施工前的现场调查和复测中还应注意以下几点。

1）按照施工设计图纸，确定过桥电缆与桥两侧陆地部分架空线路或电缆线路的衔接地点及该衔接点至桥头的电缆路径，并在上下坡处、过障碍处、拐弯处以及除规定外需特殊预留的地点补加标桩。

2）核对穿越障碍物的地点，提出施工方案。

3）确定电缆在路基与桥头电缆槽道或保护钢管衔接处的安装方式。核对桥梁结构是否与电缆施工安装图纸一致。确认电缆支架、槽道或保护管的准确位置和安装方法，并做好标记。

4）与桥梁电缆敷设发生关系的工务、电务、机务等以及桥梁有关单位联系好施工配合事宜，办理正式的施工手续，并取得施工认可。

5）了解桥上列车通过的时间、频率，并确定施工防护方法和电缆敷设方法。

6）详细丈量并记录桥上电缆线路的长度、桥梁伸缩的位置与数量、电缆预留长度和位置以及电缆中间接头的位置和安装方法。

电缆桥架分为梯阶式、托盘式和槽式，如图 4-26 所示。电缆桥架的安装方式如图 4-27 所示。托盘式桥架的空间布置如图 4-28 所示。槽式电缆桥架的敷设是在专用支架上先放电缆槽，放入电缆后可以在上面加盖板，即美观又清洁。

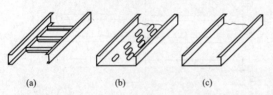

(a)　　　　(b)　　　　(c)

图 4-26　电缆桥架的类型

(a) 梯阶式；(b) 托盘式；(c) 槽式

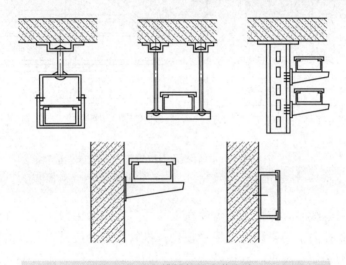

图 4-27　电缆桥架的安装方式

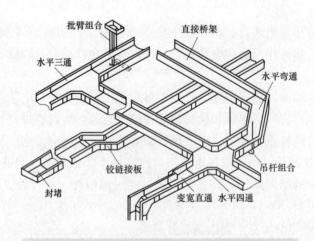

图 4-28　托盘式电缆桥架的空间布置形式

2 敷设方式

（1）电缆通过小桥的敷设。电缆通过跨度小于 32m 的小桥时敷设方式有两种：一是电缆采用钢管保护，埋设于路基石渣内；二是采用钢管保护，安装于人行道栏杆立柱外侧的电缆支架上。栏杆立柱分为角钢立柱和混凝土立柱两种，无论哪种，均应在每个栏杆立柱上安装一个电缆托架。

（2）电缆通过大桥的敷设。电缆通过钢筋混凝土大桥和钢梁大桥的敷设方式是：采用金属制成的槽道。在混凝土梁上，电缆槽道安装在人行道栏杆立柱的外侧；在钢梁上，电缆槽道安装在人行道外侧的下弦梁上。电缆槽道的宽度有两种规格：210mm 宽的用于敷设一条电力电缆和一条信号电缆；300mm 宽的用于敷设两条电力电缆和一条信号电缆。电缆槽道支架的间距：在混凝土梁上为 2～3m；在钢梁上为 3～5m。为了使电缆不因桥梁的振动而缩短使用寿命，应选用塑料绝缘电缆，还要在电缆槽道内加垫有弹性的自熄泡沫衬垫，桥梁两端和桥梁伸缩缝处应留有松弛余量，以免电缆受损。

桥梁上敷设电缆用的槽道、保护钢管、支架等金属设施，均应采取有效的防腐措施，其防腐的方法与周期应根据实际情况决定。应特别指出的是，电缆在桥梁上敷设时，必须做好接地，包括电缆中间接头接地，以及电缆槽道、管道两端的接地。在伸缩缝等断开槽道或管道之间，应用钢丝绳焊接起来。

总之，电缆槽道、管道上任意一点的接地电阻均不应大于 10Ω，当超过此值时，应加装辅助接地装置。接地装置的安装应满足技术规程的要求。

3 电缆敷设

桥梁电缆敷设前，应首先安装电缆支架和槽道；同时挖掘陆地上的电缆沟，预埋好穿越障碍处的电缆导管和桥梁处的电缆保护管或槽道。在这些工作完成以后，才可敷设电缆。敷设电缆时，一般将电缆支架放在桥头的陆地部分上，施工人员在桥上牵引电缆行进时，应位于敷设电缆一侧的人行道上，不得在铁道上来回跨越。当桥上有列车通过时，应暂时停止施放电缆，以保证施工的安全。另外，在施放电缆时，桥头两侧必须派专人监护，以确保安全。

电缆的敷设方法与直埋电缆敷设方法相同。当整盘电缆敷放开后，即可从与陆地上架空线路或电缆线路的衔接点开始，依次放入电缆沟内和电缆槽道内。电缆放入电缆槽道时，应预先在电缆槽道内衬垫具有弹性的自熄性泡沫衬垫，然后盖上槽道盖板并加以固定，同时做好竣工资料的记录。

（五）隧道电缆的敷设

1 敷设方式

电缆在公路或铁路隧道中的敷设方式有两种：一种是将电缆敷设在混凝土槽中；另一种是在隧道侧壁上悬挂敷设。

（1）混凝土槽中敷设。电缆在混凝土槽中敷设时，混凝土槽设在隧道下部紧靠隧道壁处。对于新建隧道，敷设电缆用的混凝土槽由建筑部门按设计图纸在隧道边侧砌筑；对于已使用的原有隧道，则由电缆施工单位预制好混凝土槽安放于隧道边侧。电缆在槽内敷设时应铺垫细沙或其他防震材料，槽上应加盖板并密封。电缆出入混凝土槽时，应加钢管保护，管口应封堵。

（2）侧壁悬挂敷设。电缆在隧道侧壁上悬挂敷设是一种简单、经济的敷设方式。根据悬挂方式的不同，又可分为钢索悬挂和钢骨尼龙挂钩悬挂两种方式。

1）钢索悬挂。钢索悬挂是在隧道侧壁上安装支持钢索的托架，电缆用挂钩挂在钢索上。托架间的距离一般为 15～20m。挂钩间的距离通常为 0.8～1.0m。这种方式由于采用大量的金属钢件，在隧道内极易腐蚀损坏，造成电缆的脱落或损伤，因此，这种方式应尽量不采用或少采用。

2）钢骨尼龙挂钩悬挂。钢骨尼龙挂钩悬挂是在隧道侧壁上安装支持电缆用的钢骨尼龙挂钩，将电缆直接挂在挂钩上。挂钩间的距离为上 1m，其安装的高度应不低于 4m（铁路隧道的高度从轨面算起），在电缆的预留段或伸缩段处，波状敷设的最低点不得低于 3.3m。这种敷设方式具有结构简单、施工方便、节省钢材、成本低、使用寿命长等优点，因此，在隧道电缆敷设中应用最广。

为了施工与维护的方便和安全，电缆中间接头一般设置在避车洞的上方，电缆的接头处应留有足够的落地作业长度，一般为 10～12m。另外，考虑到电缆受温度变化的影响，每隔 250～300m，要预留伸缩段一处，一般为 3～5m。电缆预留段和伸缩段处采用波状敷设方式，在作波状敷设时，波形的曲率半径在任何处均不得超过规定的标准。

电缆从隧道内引出时，可以采用直埋敷设方式、钢索悬挂或架空敷设方式。由于架空敷设方式结构简单、费用低，应该提倡。

通过隧道的电缆，其两端终端头的固定方式有在隧道口墙壁上和隧道口附近的电杆上两种。当终端头固定在隧道口墙壁上时，电缆头固定架下沿距地面应不小于 5m；电缆头各相带电部位之间及其与墙壁的距离，对于 10kV 及以下电缆应不小于 200mm，电缆用卡箍固定在墙壁上。当电缆终端头固定在隧道口附近的电杆上时，电缆由隧道口架空或由地面下引上电杆，这两种方式均应从地面下 0.2m 至地面上 2m 加装保护管。

当电缆连续通过两个距离较近的隧道时，或因地质、地形、障碍物阻挡，不宜在两隧道之间架设架空明线或敷设直埋电缆时，可采用架空电缆线路，其敷设多采用钢索悬挂方式。

② 敷设方法

在隧道中敷设电缆的方法有两种：当隧道长度不超过 400m 时，可将电缆盘放在隧道口，用人工牵引向隧道里敷设电缆，其方法与直埋电缆的敷设方法大致相同。当隧道长度在 400m 以上时，公路隧道内的电缆敷设方法同上。铁路隧道可将电缆盘支放在轨道车牵引的平板车上，轨道车以不大于 1m/s 的速度缓慢行驶，施工人员一部分站在平板车上的电缆盘旁，另一部分在车下随车行走，准备随时处理出现的问题。将电缆敷放开并置于轨道外以后，再将电缆移至电缆槽内或悬挂在隧道壁上。在敷设过程中，轨道车司机与平板车上的施工人员必须密切配合，以便及时处理敷设中出现的各种问题，防止损伤电缆或造成其他意外事故。

在敷设电缆之前，应首先进行预埋混凝土槽或钢骨尼龙挂钩的工作。通常可以利用轨道车将各种用料运进隧道，分散放置于安全、便利的处所，以节省搬运工时。在混凝土槽中敷设电缆，应先按图纸砌筑电缆槽，对于新建隧道，应预先掀开电缆槽盖板，清扫槽道，然后按有关规定放入衬垫或细沙。安装钢骨尼龙挂钩时，司利用风枪在隧道侧壁上打出深

110mm、长宽各40mm的墙洞，然后用水泥沙浆将挂钩埋设牢固，并在达到要求强度以后挂设电缆，或者用膨胀螺栓固定钢骨尼龙挂钩后挂设电缆。

在隧道侧壁上悬挂敷设电缆时，需要特别注意的是：不得侵入"建筑接近界限"。为了确保行车安全，每天施工开始、中途和结束时，都必须认真检查是否有侵入"建筑接近界限"的现象，并及时予以消除，以免发生事故。另外，施工中还应在隧道两端设专人监护，以确保施工的安全。隧道内敷设的电缆宜选用塑料电缆，其接头部位要特别注意防潮。

（六）水下电缆的敷设

1 电缆线路的选择

选择水底电缆线路时，首先要掌握水文、河（海）床地形及其变迁情况、地质组成、地层结构、水下障碍物、堤岸工程结构和范围、通航方式、船舶种类、航行密度和附近已敷设电缆的位置等资料。其次，还应对敷设现场的水深、河（海）床地质等资料进行测量。

水下电缆线路应选择在由泥、沙和砾石等构成的稳定地段，并且要求河（海）道较直、岸边无冲刷、航行船只不抛锚的地带。在没有适当的保护措施时，不宜在捕捞区、码头、船台、锚地、避风港、水下建筑物附近、航道疏浚挖泥区和筑港规划区敷设电缆；在化工厂排污区附近，由于腐蚀严重也不宜敷设水下电缆。应尽量选择水浅、流速慢、河（海）滩等便于敷设电缆的船只靠岸及电缆登陆作业的地区。电缆登陆地点不应选择在河（海）岸的凸出部位，而应选择凹入有淤泥的部位。水下电缆同样应选择最短的路径，以利于减少投资。

2 敷设方式

根据水下地质条件的不同，水下电缆有水底深埋和水底明敷两种方式。深埋对电缆外护层的防腐和减少外力损伤都有很大的好处。电力电缆外露在海水或其他咸水区域的金属外套或铠装层一般在3～5年就会产生严重的腐蚀。经过锚地及捕捞区的水下电缆线路，应根据各种损害因素采取不同深度的深埋措施。水下电缆在河滩（海边）区段时，位于枯水（低潮）位以上的部分应按陆地直埋方式深埋，枯水（低潮）位至船篙能撑到的地方或船只可能搁浅的地方，由潜水员冲沟深埋，并牢固装盖。水下电缆应是完整的一条，因为电缆中间接头是一个薄弱环节，发生故障的可能性比电缆本身大，而水下电缆的维修又比较困难，所以除了跨越特长水域的水下电缆，一般不允许有中间接头。

水下电缆上岸以后，如直埋段长度不足50m，在陆地上要加装锚定装置。在岸边的水下电缆与陆地电缆连接的水陆接头处，也应采取适当的锚定措施，以使陆上电缆不承受拉力。水下电缆线路的两岸，应在水域或航政管辖部门批准的禁锚区上设立标志，各类标志应按各自的规定设立夜间照明装置。

在水下电缆敷设完毕后，要修改海图或内河航道图，将电缆正确位置标在图纸上，以防止船只抛锚损坏电缆。

3 敷设方法

水下电缆的敷设必须使用敷缆船。其敷设方法由电缆的长度、重量、外径以及水深、流速、地形等因素决定。电缆敷设要按照设计的路径敷设。水下电缆除了要满足陆地上敷设电缆的一般要求外，还要特别注意防止电缆的扭曲和打圈，但也不应在敷设电缆时拉得太紧，以免电缆悬离水底面而承受重力和水流冲击力。在具有一定的冲刷和淤积变化处敷设电缆时，应采用蛇形路径，以适应上述情况的变化。在单流向的河道敷设电缆时，应采用逆流上凸弧形敷设，以保证河床冲刷时电缆不致悬离河床。因此，敷设水下电缆时，既要保持一定的张力，又要有一定的松弛度，这样才能保证水下电缆的敷设质量。水下电缆的敷设方法可分为盘放和散放两种。

（1）盘放。盘放是将电缆直接由电缆盘上放出的一种施工方法。在水域不太宽、流量较小的河道上敷设水下电缆时，可将电缆盘放在岸上，由对岸钢丝绳牵引敷设，但这种方法必须用浮桶或小船将电缆悬浮在水面上，不可把电缆放在河底拖拉，否则会损坏电缆。

在水域宽广、流量大、航行船只频繁处敷设水下电缆时，应将电缆盘装在敷缆船上，边航行边放电缆。根据敷缆船及水道的特点，可用敷缆船上的卷扬机自身收卷钢丝绳或由对岸卷扬机牵引。当条件允许时，也可采用抛锚法敷设电缆。这种方法的敷缆速度慢，对河道交通影响也较大，但可实施边放电缆边深埋的措施。

（2）散放。散放是较长水下电缆的敷设方法。将电缆先散装圈绕在敷缆船的舱内，舱顶架一高架，电缆经高架、滑轮、滑道入水，然后边航行边敷缆。在敷设大跨度的水下电缆时，敷缆船往往由拖轮绑拖，这种方法又称吊拖法。水下电缆的敷设应选择小潮汛憩流或枯水期间施工，气象上要求视线清晰，风力小于 5 级，六分仪测量用的陆标等均能清晰可见。

水下电缆的敷设应从登陆长度大、滩池长、船不易停泊和登陆作业较困难的一侧开始。登陆作业时，为将敷缆船尽量靠近岸边，往往选择高潮时间比较理想，一般不让船只搁浅上岸。电缆离船登陆时应用浮桶或小船托浮，然后用陆上卷扬机等将其牵引上岸。牵引时，电缆下面应用滑轮等支起，以免摩擦损伤。当电缆登陆长度足够后，必须在水边将电缆牢固地锚定，以防电缆受水流冲击等外力作用而拉动岸上电缆。登陆作业结束后，方可将浮桶和小船托浮的电缆自岸边起依次放入水中。

为了控制电缆敷设时的张力，应将电缆的入水角（电缆与水面的夹角）保持在 30°～60°，一般在水深超过 30m 时保持在 60°左右，以防拉力过大。入水角过大会造成电缆匝圈，过小会增大电缆拉力。另外，在敷设跨距 10km 以上的水下电缆时，应在电缆路径上设置导航浮标，以免敷设船和电缆路径的偏移。水下电缆在敷设完毕后，凡有潜水条件者，均应作潜水检查，检查电缆在水下是否放平，有无悬空等，并做好详细记录。

六、电力电缆线路工程平面图的识读示例

电缆线路工程平面图是表示电缆敷设、安装、连接的具体方法及工艺要求的简图，一般用平面布置图表示。

示例 1：如图 4-29 所示为 10kV 电缆线路工程的平面图，图中标出了电缆线路的走向、敷设方法、各段线路的长度及局部处理方法。

电缆采用直接埋地敷设，电缆从××路北侧 1 号电杆引下，穿过道路沿路南侧敷设，到××大街转向南，沿街东侧敷设，终点为造纸厂，在造纸厂处穿过大街，按规范要求在穿过道路的位置要穿混凝土管保护。

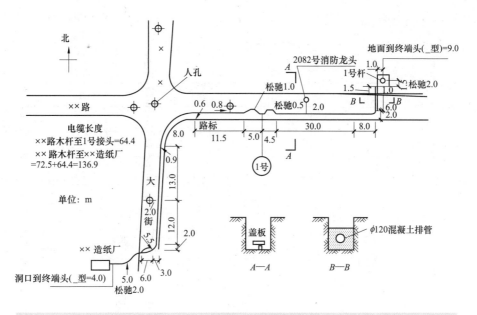

图 4-29 电缆线路工程平面图（m）

如图 4-29 所示右下角为电缆敷设方法的断面图。剖面 $A—A$ 是整条电缆埋地敷设的情况，采用铺沙子盖保护板的敷设方法，剖切位置在图中 1 号位置右侧。剖面 $B—B$ 是电缆穿过道路时加保护管的情况，剖切位置在图中 1 号杆下方路面上。这里电缆横穿道路时使用的是直径 120mm 的混凝土保护管，每段管长 6m，在图右上角电缆起点处和左下角电缆终点处各有一根保护管。

电缆全长 136.9m，其中包含了在电缆两端和电缆中间接头处必须预留的松弛长度。

如图 4-29 所示中间标有 1 号的位置为电缆中间接头位置，1 号点向右直线长度 4.5m内做了一段弧线，这里要有松弛量 0.5m，这个松弛量是为了将来此处电缆头损坏修复时所需要的长度。向右直线段 30+8=38m，转向穿过公路，路宽 2+6=8m，电杆距路边 1.5+1.5=3m，这里有两段松弛量共 2m（两段弧线）。电缆终端头距地面为 9m。电缆敷设时距路边 0.6m，这段电缆总长度为 64.4m。

从 1 号位置向左 5m 内做一段弧线，松弛量为 1m。再向左经 11.5m 直线段进入转弯向下，弯长 8m。向下直线段 13+12+2=27m 后，穿过大街，街宽 9m。造纸厂距路边 5m，留有 2m 松弛量，进厂后到终端头长度为 4m。这一段电缆总长为 72.5m，电缆敷设距路边的 0.9m 与穿过道路的斜向增加长度相抵不再计算。

示例 2： 如图 4-30 所示是某生活区供电线中平面图。1 号楼为商业网点，2 号楼为幼儿园，3~10 号楼为住宅楼。供电电源引自 10kV/0.4kV 变电站，用电力电缆线路引出。商业网点电源回路为 WP-VV22-3×95+1×50mm²，由变电站直接敷设到位。WL1-VV22-3×95+1×50mm² 为各用户的照明电力电缆，引至 1 号杆时改为架空敷设，采用 LJ-3×70+1×50mm² 铝绞线，送至 3 号电线杆后，用 LJ-3×70+1×50mm² 铝绞线将电能送至各分干线，接户线采用 LJ-3×35+1×16mm² 铝绞线。WL2-VV22-2×25mm² 为路灯照明电力电缆，到 1 号电线杆后，改用 LJ-2×25mm² 铝绞线。电线杆型分别为 42Z

（直线杆），42F（分支杆）、42D（终端杆），杆高为9m，路灯为60W灯泡。

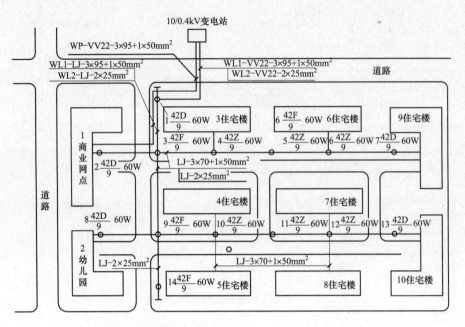

注：1. 照明分干线均为LJ-3×70+1×50mm²。

2. 照明接户线均为LJ-3×35+1×16mm²。

3. 电费过道路时穿SC100镀锌钢管保护。

图4-30 某生活小区供电线路工程平面图

第五章

常用建筑电气设备控制电路图识读

在建筑工程中，许多设备都是由电动机拖动的。这些设备的上升、下降、前进、后退、启动、停止、加速、减速等机械运动，需要通过控制电动机的工作状态和运行方式来完成。对电动机以及其他用电设备都需要对其运行方式进行控制，从而形成了各种控制系统。

在电气工程中，对电动机和其他用设备运行方式的控制，也是保证设备正常安全运行，保证产品质量的关键。对电动机及其他用电设备的供电和运行方式进行控制的电路的图纸，称为控制电路图。用来指导控制线路安装、接线和维修的图纸，称为控制接线图。控制电路图是使用最多、最常见的电气工程图。

在目前建筑领域的电力拖动中，最普遍、最大量采用的是由接触器、继电器等有接点电器组成的控制装置，它具有简单经济、容易实现、便于掌握等优点。随着电子技术的发展，又陆续采用了可控硅控制、软启动控制、变频控制以至由电子计算机组成的控制装置。在各种控制装置中，除了控制元件外，为了确保工作可靠和设备与工作人员的安全，还应装设保护元件，如熔断器、断路器等。

第一节 基 本 知 识

一、电气控制电路图中的常用电器

在建筑设备电气控制中，为了满足生产工艺和生产的过程要求，需要对电动机进行顺序启动、停止、正反转、调速和制动等电气控制，由此构成了很多基本环节（各种控制、保护环节，显示报警环节等）。电气控制系统无论其复杂与否都是由一些基本环节，即单元电路组成，而这些基本的单元电路又是由电器元件组成的。

低压电器用来接通或断开电路，同时起到控制、保护、调节电动机的启/停、正/反转、调速和制动等作用的电器元件。由低压电器组成的，如刀开关、熔断器、控制按钮、接触器等，通常称为继电器接触器控制系统。这种系统通过机械触点的断续控制（开关动作，包括各种元件的断续闭合和断开）来控制目标。

为了更好地读懂继电器接触器控制系统的电气控制图，首先要掌握元器件的原理和功能。在识图时要清楚每个器件的结构、图形符号及接线方式。低压电器的种类繁多，按其用途、操作方式、执行机构的不同，可以有不同的分类方式。

❶ 按用途分类

按其用途进行分类可分为低压配电电器、低压控制电器、低压主令电器、低压保护电器和低压执行电器等。

（1）低压配电电器是用于供电系统中进行电能的输送和分配的电器，主要有低压断路器（俗称空气开关）、隔离开关、刀开关和自动开关等。

（2）低压控制电器是用来控制电路和控制系统的电器，主要有接触器、继电器、起动器和各种控制器。

（3）低压主令电器是用来发送控制指令的电器，主要有控制按钮、主令开关、行程开关和万能转换开关等。

（4）低压保护电器是用来保护电路及各种电器设备的电器，主要有熔断器、热继电器、电压继电器和电流继电器等。

（5）低压执行电器是用来完成既定的动作或传递能量的电器，即执行元件，主要有电动机、灯、电阻丝、电磁铁和电磁离合器等。

❷ 按操作方式分类

按操作方式的不同，可将低压电器分为自动电器和手动电器。

（1）自动电器主要是在外来信号或者本身的参数变化下自动完成其功能。如接触器和继电器在电信号的作用下吸合或分离；热继电器在大电流的情况下自动动作，切断电路；熔断器在过电流的情况下熔断而保护电路。

（2）手动电器主要通过人力的作用来完成其切换动作。常用的手动电器有控制按钮、刀开关和组合开关等。

❸ 按执行机构分类

按执行机构的不同，可将低压电器分为有触点电器和无触点电器。

（1）有触点电器主要通过触点的动作来执行信号，如接触器和继电器等。

（2）无触点电器主要是利用晶闸管等电力电子器件的导通和截止来反映信号。

二、电气控制图常用图形符号

电路图所使用的图形符号应按《电气简图用图形符号》GB/T 4728 所规定的原则选用和组合，本节主要介绍几种控制电路的常用电器，常用电器的图形符号及型号的含义如下。

❶ 接触器

接触器是一种广泛应用的开关电器，主要用于频繁接通和断开的交、直流主电路以及大容量的控制电路中，具有失电压保护功能，并能进行远距离控制。接触器种类很多，根据使用电路不同分为直流接触器和交流接触器。在工业生产中，使用广泛的是电磁式交流接触器，简称接触器。下面主要介绍空气式交流接触器。

空气式交流接触器（以下简称交流接触器或接触器）用来接通或者断开主电路、电动机和大容量的控制电路。交流接触器每小时可开闭几百次，所以用来频繁地接通和断开负载，还可实现远距离控制，因此被广泛应用。

交流接触器主要由电磁铁和触点两部分组成，接触器的文字符号为 KM，其图形符号如图 5-1 所示。在识图时应注意，接触器原理图中线圈和各个触点可根据需要绘制在不同的位置，但文字符号是一致的，以表示是同一接触器。根据用途的不同，接触器的触点分为主触点和辅助触点，主触点可通过较大的电流，即可通过额定电流，应用在主电路中，可驱动电动机、电焊机等设备；辅助触点通过的电流较小，用以提供控制电路的信号。

在使用交流接触器时，注意接触器上采用的灭弧措施。接触器的主触点在断开期间，由于电场的存在，使得触头表面的自由电子大量溢出。同时，在高温和强电场的作用下，电子运动撞击空气分子，使空气电离而产生电弧，为防止电弧烧坏触点或使切断时间过长，在交流接触器上采用了灭弧装置。

灭弧措施要求快速拉大电弧的长度，使单位长度上的电弧电压降低，使自由电子和空穴复合的运动速度加快，散热面积加大，冷却速度加快。常用的灭弧装置有吹弧和栅片灭弧两种方法。

我国常用交流接触器有 CJ 系列和 CJX 系列。下面以 CJ20 系列的距离接触器为例，介绍其型号含义，如图 5-2 所示。

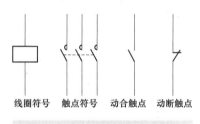

图 5-1　交流继电器图形符号

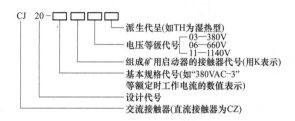

图 5-2　CJ20 系列交流接触器的型号含义

常用交流接触器的额定电流有 5A、10A、20A、40A、75A、120A 等，线圈的额定电压一般为工频 220V 和 380V 交流电。

直流接触器的工作原理和结构与交流接触器相似，常用的有 CZ 系列。

❷ 控制按钮

控制按钮通常用来接通或断开控制电路，控制按钮所通过的电流很小，仅用于提供信号。它的作用是控制接触器、继电器等电器的动作。控制按钮由按钮帽、弹簧、静触点和动触点组成。控制按钮的图形符号如图 5-3 所示。

控制按钮有一对动合触点或动断触点，也有两对动合或动断触点，还有多对触点。在设计和工程实践中，通常将两个或多个控制按钮单元做成一体、双体、三体和多体按钮，以满足电动机启停或其他复杂控制系统的需要。在

图 5-3　控制按钮的图形符号

使用控制按钮时，一般同一电路使用多个控制按钮，为了区分不同的控制作用，防止误操作，使用不同颜色的按钮帽，以示区别。按钮帽的颜色有红、白、蓝、绿、黑等。根据规范《人机界面标志标识的基本和安全规则》GB 4025 的规定，"启动"按钮为绿色，"停止"按钮为红色。

控制按钮还有自保持和自复位两种。自保持按钮内部有电磁或机械结构，当按下按钮后，在撤去外力时，按钮不能自动复位，继续保持。自复位按钮在外力撤去后，按钮在弹

簧的作用下将恢复原位。控制按钮的分类见表5-1。

表5-1 控制按钮的分类

分　类		代号	特　点
安装方式	面板安装按钮		开关板，控制台上安装固定用
	固定安装按钮		底部有安装固定孔
保护方式	开启式按钮	K	无防护外壳，适用于嵌入在面板上
	保护式按钮	H	有保护外壳，可防止偶然触及带电部分
	防水式按钮	S	有密封外壳，可防止雨水等入侵
	防腐式按钮	F	有密封外壳，可防止腐蚀性气体等入侵
操作方式	按压操作		按压操作
	旋转操作　手柄式	X	用手柄旋转操作，有两个或三个位置
	旋转操作　钥匙式	Y	用钥匙插入旋转操作，可防止错误操作
	拉式	L	用拉杆进行操作，有自锁和自动复位两种
	万向操纵杆式	W	操纵杆可以向任何方向动作来进行操作
复位性	自复位按钮		外力释放后，按钮在弹簧的作用下将回复原位
	自保持按钮		内部有电磁或者机械结构，当按下后，在撤去外力时按钮不会自行复位，继续保持
结构特性	一般按钮		一般结构
	带灯按钮	D	按钮内装有信号灯，兼作信号灯使用
	紧急式按钮	J	一般有蘑菇头突出，作紧急时切断电源用

国内常用的按钮系列有LA和引进的LAY系列。控制按钮的型号含义如图5-4所示。

3 组合开关

组合开关也称万能开关，可实现多组触头的组合。它可在机床中作为不带负载的接通或者断开电源，供转换之用；也可在小容量电动机的启动、停止和正反转，或直接作为电源开关。组合开关的图形符号如图5-5所示，文字符号为QS。

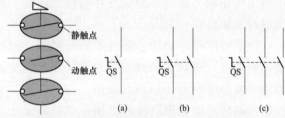

图5-5 组合开关的图形示意图和图形符号
(a) 单极开关；(b) 双极开关；(c) 三极开关

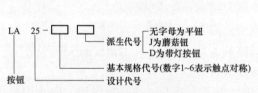

图5-4 控制按钮的图形符号

组合开关有单极、双极和多极三大类，具有结构紧凑、体积小和操作方便等优点。根据接线方式不同，可分为通断、两位转换、三位转换和四位转换等。组合开关的技术参数有额定电压、额定电流、操作频率和极数等。其中额定电流有10A、25A、60A以及100A等几个等级。

④ 接近开关

接近开关是利用电感、电容来感应靠近的金属体或利用超声波来感知物体等方式控制物体的位置。

⑤ 位置开关

位置开关常作为检测元件。在自动控制系统中，用于需要控制或检测运动器件的位置。位置开关按其结构分为机械式和电子式。机械式位置开关有行程开关和微动开关；电子式开关有接近开关、光电开关等。

行程开关装在运动部件到达的既定位置时，其上所安装的撞块会碰撞行程开关，在机械部件的作用下，行程开关动作。行程开关和控制按钮的原理相似，区别是行程开关的推杆或其他机械装置是在机械的碰撞下动作的，而控制按钮是在人的手动作用下动作。行程开关的种类很多，机械式的有直杆式、直杆滚动式、转臂式等。直杆式行程开关的图形符号如图 5-6 所示。

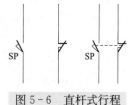

图 5-6　直杆式行程开关的图形符号

国内常用的行程开关有 LX19、JLXK1、LX32 等系列。

通常将尺寸很小的行程开关称为微动开关。微动开关体积小，灵敏度高，常用在定位精度比较高的地方。国内常用的微动开关有 LXW5、LXW31 等系列。

⑥ 自耦补偿起动器

自耦补偿起动器又叫补偿器，是笼型电动机的另一种常用减压启动设备，主要用于较大容量笼型电动机的启动，它的控制方式也分为手动式和自动式两种。

手动式自耦补偿起动器主要由自耦变压器、触点系统、保护装置、操作机构和箱体等组成，如图 5-7 所示。启动时，自耦变压器先通过操作机构和触点系统的切换，将自耦变压器绕组的一部分或全部与电动机定子绕组串联，由于自耦变压器绕组感抗分去部分电源电压，电动机定子绕组就处于减压状态启动。通常自耦变压器备有 65% 和 80% 两组中间抽头。电动机定于绕组接 65% 的抽头时，起动转矩只有额定转矩的 38.5%；若接在 80% 的抽头上，则起动

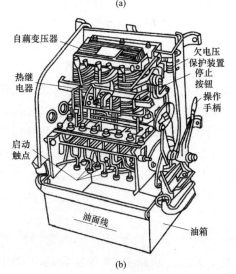

图 5-7　QY3 型自耦补偿起动器
(a) 内部电路；(b) 结构

转矩为额定转矩的64%。

为了加强保护功能，在自耦补偿起动器内，备有过载和失电压保护装置。

⑦ Y-△起动器

Y-△起动器是电动机减压启动设备之一，适用于定子绕组为三角形联结的笼型电动机的减压启动。它有手动式和自动式两种。手动式Y-△起动器外形及触点分合情况如图5-8所示。由于它未带保护装置，所以必须与其他保护电器配合使用。自动式Y-△起动器主要由接触器、热继电器、时间继电器等组成，它的内部结构如图5-9所示。自动式Y-△起动器有过载和失电压保护功能。

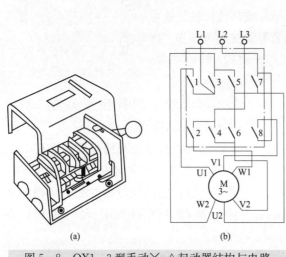

图5-8　QX1-3型手动Y-△起动器结构与电路
（a）外形结构；（b）电路

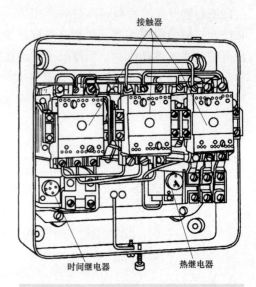

图5-9　QX1-3型手动Y-△起动器内部结构

Y-△起动器用在电动机启动瞬时，将定子绕组接成星形，使每相绕组从380V线电压降低至220V相电压，当电动机转速升高接近额定值时，通过手动或自动将其定子绕组切换成三角形联结，使电动机每相绕组在380V线电压下正常运转。

⑧ 低压断路器

低压断路器也称空气开关，以下简称断路器。常用的断路器为塑料外壳式，其操作方式为手动。断路器由触点、灭弧系统、脱扣器（如过电流脱扣器、欠电压脱扣器等）、操作机构和自由脱扣机构等组成。断路器在正常工作时，可用来分断接通正常的负荷电流，当电路发生故障时，起保护作用。当其保护的电路严重过载或短路，断路器能自动断开电路，断路器还是一种可恢复的保护电路。低压断路器的作用相当于刀开关、熔断器、热继电器和欠电压继电器的组合，它既可进行手动操作，又能进行欠电压、失电压、过载和短路保护的控制电器。

低压断路器的文字符号为QF，其图形符号如图5-10所示。国内常用的塑壳的断路器有DZ5、DZ10、DZ15、DZ520等系列，DZ15断路器的型号含义如图5-11所示。

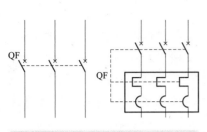

图 5-10 低压断路器的图形符号

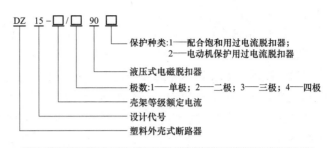

图 5-11 DZ15 断路器的型号含义

9 继电器

继电器是一种根据外界输入信号（电量或非电量）来控制电路自动切换的电器，实现信号的转换、传输和放大。它的输入信号可以是电流、电压、功率等电信号，也可以是温度、速度、压力等非电量信号。在这些信号的作用下，其输出均为继电器触点的动作（闭合或断开）。所以说，继电器在电路中起控制、放大和保护的作用。继电器与接触器的主要区别在于，接触器的主触点可以通过大电流驱动各种功率元件；而继电器的触点只能通过小电流，所以继电器只能为控制电路提供控制信号。对于小功率器件（数十瓦），可直接使用继电器驱动，如信号灯、小电动机等。

继电器种类很多，按其输入信号可分为电流继电器、电压继电器、功率继电器、时间继电器、热继电器等；按动作原理可分为电磁式继电器、感应式继电器、电动式继电器等。

（1）速度继电器。速度继电器是用来反映电动机等旋转机械的转速和转向变化的继电器。速度继电器通常和接触器等配合用于实现电动机的反接制动控制，所以也称反接制动继电器。速度继电器的图形符号如图 5-12 所示，文字符号为 KS。

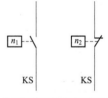

图 5-12 速度继电器
的图形符号

（2）中间继电器。中间继电器是在控制电路中传输或转换信号的元件，其特点是触点数量多，它对电路起到增加触头数量和中间的放大作用。中间继电器的工作原理与接触器相同，但种类繁多。除专用中间继电器外，额定电流小于 5A 的接触器通常也称为中间继电器。中间继电器的文字符号为 KA，其图形符号如图 5-13 所示；其型号含义如图 5-14 所示。

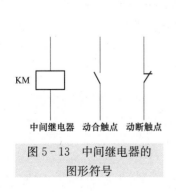

图 5-13 中间继电器的
图形符号

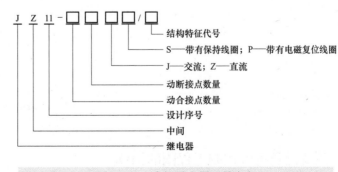

图 5-14 中间继电器型号含义

目前国内常用的中间继电器交流系列有 JZ7、JZ8 等；直流系列有 JZ14、JZ15 等。

⑩ 时间继电器

在控制电路中，特别是电力拖动和自动控制系统中，经常需要按一定的时间顺序进行电动机的接通或断开，有时需要一定时间的延时，才能完成相应的功能。具有延时功能的时间继电器即可完成此功能。时间继电器种类繁多，常见的有电磁阻尼式、空气阻尼式及电动机式等时间继电器。按延时方式分为通电延时型和断电延时型。通电延时型继电器：当信号输入即通电后，需经一段时间，触点才有动作，当输入信号消失时，触点立刻复位。断电延时型继电器：当断电一段时间后，触点才动作，通电后瞬时动作。

时间继电器的文字符号为 KT，其图形符号如图 5-15 所示。

国内常用的空气阻尼式时间继电器有 JS7、JS16、JS23 等系列，JS7 系列时间继电器的型号含义如图 5-16 所示。

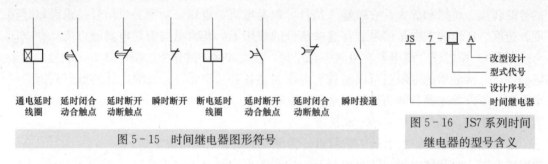

图 5-15　时间继电器图形符号

图 5-16　JS7 系列时间
继电器的型号含义

⑪ 热继电器

热继电器是一种保护电器，用于电动机长期的过载保护。由于热元件具有热惯性，因此热继电器在电路中不能作为瞬时过载保护，更不能用于短路保护。但正是因为热元件的热惯性，使得电动机在启动或短时过载的情况下，热继电器无动作，从而保证了电动机的正常工作。热继电器的文字符号为 KR，图形符号如图 5-17 所示。

目前，国内常用的热继电器的系列有 JR15、JR16、JR20 等。热继电器也广泛用于日常生活中，如电热水器、电冰箱压缩机的热保护装置以及电动机的热保护等。热继电器 JRS1 系列的型号含义如图 5-18 所示。

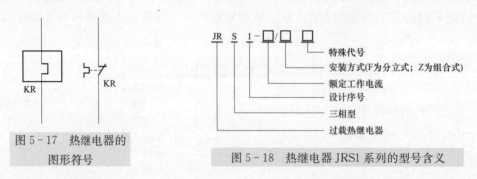

图 5-17　热继电器的
图形符号

图 5-18　热继电器 JRS1 系列的型号含义

三、建筑设备电气控制工程图的识读

对电动机进行控制需要使用各种控制元器件和线路，这些元器件和线路构成控制装置，说明控制装置工作原理、电气接线、安装方法等的图纸，称为电气控制图。其中，表示工作原理的图纸称为控制电路图（原称电气原理图），表示电气接线的图纸称为控制接线路图（原称安装接线图）。

（一）电气控制电路的基本环节、符号规则及读图方法

电气控制电路图是为了便于阅读与分析控制电路，根据简单清晰的原则，将电器中各个元件以展开的形式绘制而成，图中元件所处位置并不按实际位置布置，并且只画出需要的电器元件和接线端子。

电路图分主电路和辅助电路两大部分，主电路是电动机拖动部分，是电气电路中强电流通过的部分。如图 5 - 19 所示 C630 车床电气控制电路图，其主电路是三相电源（L1、L2、L3）经刀开关 QS1，接触器 KM 主触点到电动机 M1，电动机 M2 通过 QS2 控制。主电路用粗实线画出。辅助电路有控制电路、保护电路、照明电路，由按钮、接触器线圈、接触器常开触点、热继电器常闭触点、照明变压器、照明灯、开关等元件组成。辅助电路一般用细实线画出。

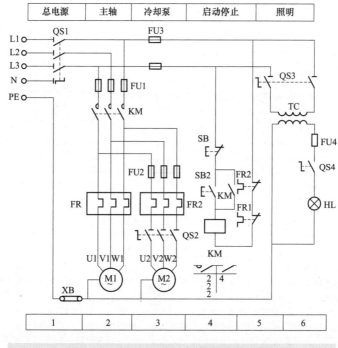

图 5 - 19 .C630 车床电气控制电路示意图

1 控制电路的基本环节

在一个控制电路中，能实现某项功能的若干电气元件的组合，称为一个控制环节，整个控制电路就是由这些控制环节有机地组合而成的。控制电路的基本环节见表 5 - 2。

表 5 - 2　　　　　　　　　　　　控制电路的基本环节

基本环节	说　　明
电源环节	电源环节包括主电路供电电源和辅助电路工作电源，由电源开关、电源变压器、整流装置、稳压装置、控制变压器、照明变压器等组成

续表

基本环节	说　明
信号环节	信号环节是显示设备和电路工作状态是否正常的环节，一般由蜂鸣器、信号灯、音响设备等组成
启动环节	启动环节包括直接启动和减压启动，由接触器和各种开关组成
运行环节	运行环节是电路的基本环节，其作用是使电路在需要的状态下运行，包括电动机的正反转、调速等
停止环节	停止环节的作用是切断控制电路供电电源，使设备由运转变为停止。停止环节由控制按钮、开关等组成
保护环节	保护环节由对设备和线路进行保护的装置组成，如短路保护由熔断器完成，过载保护由热继电器完成，失电压、欠电压保护由失电压线圈（接触器）完成。另外，有时还使用各种保护继电器来完成各种专门的保护功能
制动环节	制动环节的作用是使电动机在切断电源以后迅速停止运转。制动环节一般由制动电磁铁、能耗电阻等组成
顺序控制及 优先启动环节	在一个控制系统中有多台电气设备，只能按一定的顺序启动，或某台电气设备具有优先启动权的控制环节，如图 5-20 所示 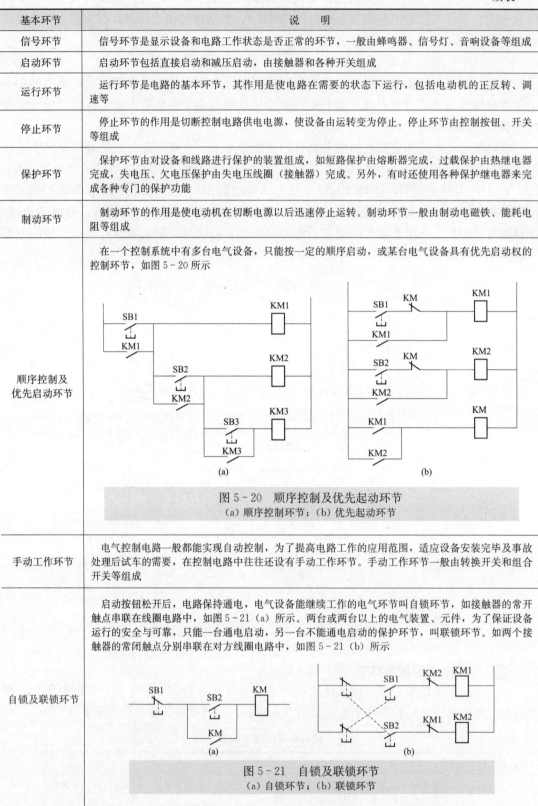 图 5-20　顺序控制及优先起动环节 （a）顺序控制环节；（b）优先起动环节
手动工作环节	电气控制电路一般都能实现自动控制，为了提高电路工作的应用范围，适应设备安装完毕及事故处理后试车的需要，在控制电路中往往还设有手动工作环节。手动工作环节一般由转换开关和组合开关等组成
自锁及联锁环节	启动按钮松开后，电路保持通电，电气设备能继续工作的电气环节叫自锁环节，如接触器的常开触点串联在线圈电路中，如图 5-21（a）所示。两台或两台以上的电气装置、元件，为了保证设备运行的安全与可靠，只能一台通电启动，另一台不能通电启动的保护环节，叫联锁环节。如两个接触器的常闭触点分别串联在对方线圈电路中，如图 5-21（b）所示 图 5-21　自锁及联锁环节 （a）自锁环节；（b）联锁环节

②　电路图符号的常用规则

电路图中的符号表示方法一般是以简洁、明了、准确的方式呈现给识图者。在识图中，符号的表示法有集中表示法、半集中表示法和分开法，在同一张图中可使用一种或多种表示方法。电路图符号的常用规则见表 5-3。

表 5-3　　　　　　　　　　　　　　　　电路图符号的常用规则

类　别	说　明
符号的使用	在电路图的绘制中，经常采用分开法，即同一项目各个部分的符号分散在图的不同位置，其间没有任何连接符号相连，只是标上了相同的项目代号。 例如电动机控制电路中，主电路和控制电路，交流接触器的线圈在控制电路，它的触点分别在主电路和控制电路，识图时应将两部分联系起来，根据电气控制基本元件在图中的表示方法，明确主电路与控制电路的控制关系。 还有其他快速看图的方法：插图检索法和表格检索法。 插图检索法：如图 5-22 所示为一个交流接触器，它带有多个动合、动断触点，分布在一张图的不同位置。电路图采用的是分开表示法，分散在图中不同位置的同一项目不同部分的图形符号，集中绘在一起，并绘出位置信息。其中 1-2、3-4、5-6 触点在第 2 张图纸的第 6 图区（用 2/6 表示）；12-13 触点在第 2 张图纸的第 4 图区（用 2/4 表示）；21-22 触点在第 1 张图上的第 3 区（用 1/3 表示），依次类推。插图可以与该项目的驱动部分的图形符号对齐，也有放在集中布局的空白处，也有绘在另一张图纸上，将插图直接绘制在该项目的驱动部分的图形符号旁，看图最方便。 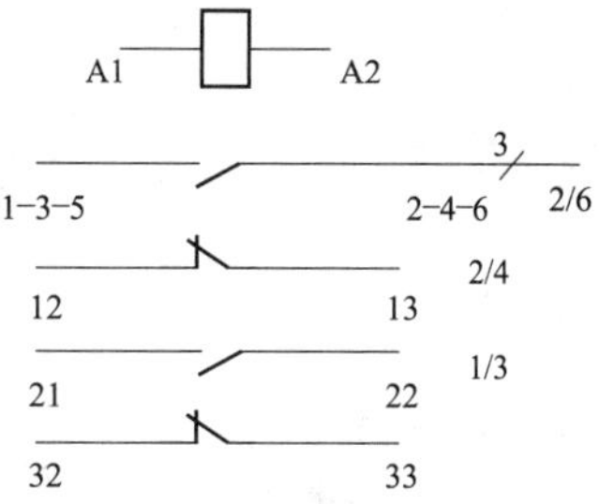 还有表格检索法：将触点和位置直接列表，在表上查找，见以下附表。 图 5-22　插图检索法示例 附表　表格检索 对于未用（备用）部分，在插图或表格中不标注其位置信息
电源的表示方法	在电路图中，电源的表示方法一般有两种：图形或符号。在电气工程图中常用符号表示，如＋、－、L1、L2、L3、N 等。如图 5-23（a）所示用＋、－表示控制电源；（b）图用 L1、L2 表示控制电路的电源，两种表示方法相同 图 5-23　电源的表示方法 （a）用＋、－极性表示控制电源；（b）用 L1、L2 相位表示电源
电路的表示法	在控制设备的电路图中，通常主电路用粗实线，辅助线路用细实线，也可以同用细实线。读图时注意表示三相电路的导线符号，按相序从上到下或从左到右排列，中性线排在相线的下方或右方。电路图上，当电路水平布置时，相似元件纵向对齐；当电路垂直布置时，相似元件横向对齐。相关联元件的连接线尽量短，以便在读图时了解它们之间的关系

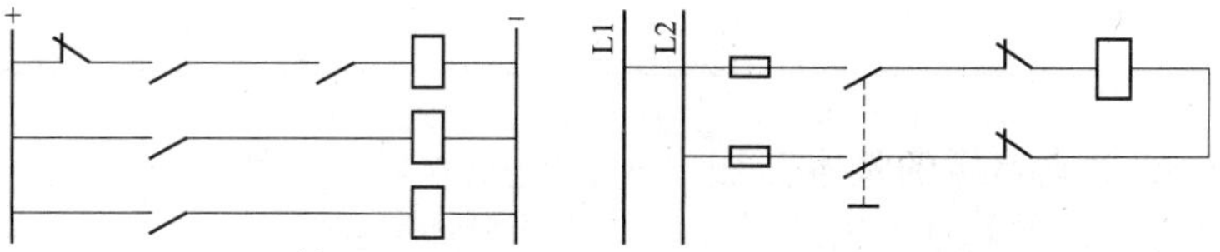

附表中的检索表：

动合触点	动断触点	位置	动合触点	动断触点	位置
1-2、3-4、5-6		2/6	21-22		1/3
	12-13	2/4		32-33	

类　　别	说　　明
文字标注	在电路图中，除了图形符号表示元件外，在符号旁标注项目代号，一般是以种类代号作为项目代号，必要时在图形符号标注元件、器件的主要参数。例如，有相位要求的三相负载如电动机、负载的三端，分别标注 U、V、W 或 L1、L2、L3。如果三相负载是打开的，则 6 个端子的标注为 U1、U2、V1、V2、W1、W2。交流系统的设备端三组符号为 U、V、W 或交流系统电源的三组符号为 L1、L2、L3，具体如图 5-24 所示 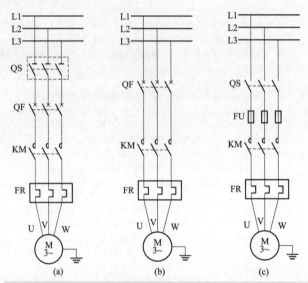 图 5-24　主电路示例 (a) 由隔离开关 QS、断路器 QF 等构成的主电路；(b) 由断路器 QF 等构成的主电路；(c) 由刀开关 QS、熔断器 FU 等构成的主电路 　　接触器、继电器的线圈标注 KM1、KM2，则触点的两端也用相同的字母标注。识读电路先分析电源及元件的表示方法。图 5-24 所示是电动机的主电路，3 种电路采用不同的保护装置。L1、L2、L3 表示三相电源，N 为地线，PE 为保护接地，其中图 5-24（a）利用隔离开关 QS、断路器 QF、接触器触点 KM、热元件 FR 构成了主电路的结构，接触器触点 KM、热元件 FR 受控制电路的接触器线圈和热继电器控制。QF 为低压断路器与其他元件配合，起到欠电压、失电压、过载和短路保护的作用；图 5-24（b）是利用断路器 QF、接触器触点 KM、热元件 FR 构成了主电路的结构；图 5-24（c）中改用刀开关和熔断器代替了断路器，它们的组合与断路器的作用基本相同，FR 为热继电器，在电路中起过载保护的作用。QS 为隔离开关，用来在无负荷情况下断开和闭合线路的电气设备，主要是保证被检修的设备或处于备用中的设备与其他正在运行的设备隔离，有些电路可省去

③ 识读电路图的基本方法

识读电路图的基本方法可以分成以下几个环节。

（1）拿到电气控制工程图后，首先阅读系统的工艺要求，设备的基本结构，采用的控制手段，主要用途等。

（2）粗读，即化整为节。电路图一般包括若干个单元环节，分析图时先将全图根据功能原理分成各个单元环节，明确各环节的作用。

（3）掌握读图基础。熟悉电气控制基本元件在图中的表示方法和作用，如接触器、继电器、行程开关等的性能特点，图形符号的标注方法，以及电气控制电路图的基本要领。

（4）细读。练好基本功，熟悉各种基本环节的控制电路。任何复杂的电路都是由基本环节或基本电路组成的，在掌握了基本控制电路的前提下，对电路图所划分的每个环节的控制原理及作用就能化难为易，读懂、读透。

（5）电气控制图的主要特点是根据识图方便的原则绘制的，电器元件的各部件在控电路中可以不画在一起，可以只画控制电路中所需要的部分。根据绘图的原则以及对各环节的分析理解，将它们联系起来，从而分析出整个系统的原理及作用。

（二）建筑电气设备基本控制电路图的分析

建筑电气设备控制系统都是由多种基本电路组成的，为了阅读复杂的控制系统电路，必须熟悉常用的基本控制电路。电气控制电路一般可分为电气原理部分和保护部分，下面就从这两个部分着手，以三相笼型异步电动机控制电路为例，分析电动机常用的控制电路图。

1 电动机正反转控制电路

如图 5-25 所示是电动机的正反转控制电路。电路中 QF 是断路器。电动机的正反转，只要将三相电源线的任意两相交换一下即可，在控制电路中用两个接触器来完成两根相线的交换。若要电动机正转，只要按下正转按钮 SB2，使接触器 KM1 线圈通电，铁芯吸合，主触点闭合（辅助动合触点闭合自锁），电动机正转。若要反转，应先按停止按钮 SB1，使 KM1 线圈失电触点复原后，才能使 KM2 线圈通电。因为正反转电路中，加了一个连锁环节，两个接触器线圈电路中分别串联了一个对方接触器的常开辅助触点，相互锁住了对方的电路。这种正反转电路是接触器连锁电路。电动机停转后，按下 SB3，则接触器 KM2 线圈通电，铁心吸合，主触点闭合，电动机的进线电源相序反相，电动机反转。

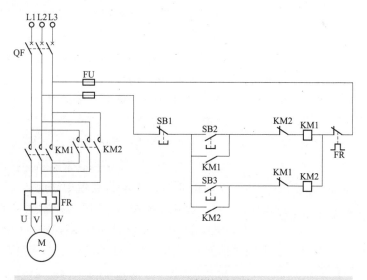

图 5-25 正反转控制电路

接触器连锁的电路，从正转到反转一定要先按停止按钮，使连锁触点复位，才能启动，使用时不太方便。这时可在控制电路中加上按钮连锁触点，称为复合连锁，如图 5-26 所示，复合连锁可逆电路可直接按正反转启动按钮，提高了工作效率。

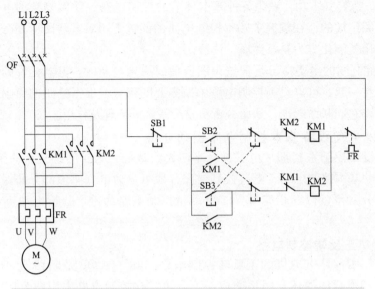

图 5-26 复合连锁可逆电路

控制电路的保护环节有短路保护 QF，过载保护 FR。零电压保护由接触器的线圈和自锁触点组成：联锁保护 KM1 和 KM2 分别将动断触点串联在对方线圈电路中，使两个接触器不可能同时通电，避免了 L1 和 L3 两相的短路故障。

② 电动机直接启动控制电路

如图 5-27 所示是电动机直接启动控制电路。工作时，合上电源开关 OF，按下启动按钮 SB2，接触器线圈 KM 通电，接触器主触点闭合，接通主电路，电动机启动运转。此时并联在启动按钮 SB2 两端的接触器辅助动合触点闭合，保证 SB2 松开后，电流可以通过 KM 的辅助触点继续给 KM 的线圈供电，保持电动机运转。故这对并联在 SB2 两端的常开触点称为自锁触点（或自保持触点），这个环节称为自锁环节。

电路中的保护环节有：短路保护、过载保护、零电压保护。短路保护有带短路保护的断路器 QF 和 FU 熔断器，主电路发生短路时，QF 动作，断开电路，起到保护作用。FU 为控制电路的短路保护。热继电器 FR 是电动机的过载保护。电动机的零电压保护是由接触器 KM 的线圈和 KM 的自锁触点组成，KM 线圈的电流是通过自锁触点供电的，线圈失去电压后，自锁触点断开，主触点断开，电动机停止转动。当恢复供电压，此时 KM 自锁触点不通，电动机不会自行启动（避免了电动机突然启动造成人身事故和设备损坏），这种保护称为零电压保护（也叫欠电压保护或失电压保护）。若要电动机运行，必须重新按下 SB2 才能实现。

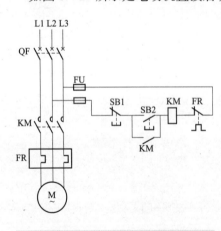

图 5-27 直接启动电路

❸ 点动控制电路

三相笼型异步电动机点动控制电路如图5-28所示，它由电源开关 QF、点动按钮 SB、接触器 KM 等组成。工作时，合上电源开关 QF，为电路通电作好准备，启动时，按下点动按钮 SB，交流接触器 KM 的线圈流过电流，电磁机构产生电磁力将铁心吸合，使3对主触点闭合，电动机通电转动。松开按钮后，点动按钮在弹簧作用下复位断开，接触器线圈失电，3对主触点断开，电动机失电停止转动。这种按按钮电动机就动，松按钮电动机就停的控制方式称为点动控制。

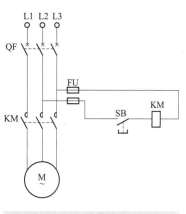

图5-28　点动控制电路

❹ 自动往复控制电路

如图5-29所示是行程开关（也称限位开关）控制的机床自动往复控制电路。自动往复信号由行程开关给出，当电动机正转时，挡铁撞到行程开关 ST1，ST1 发出电动机反转信号，使工作台后退（ST1 复位）。当工作台后退到挡铁压下时，ST2 发出电动机正转信号，使工作台前进，前进到再次压下 ST1，如此往复不断循环下去。SL2、SL2 是行程极限开关，当防止 ST1、ST2 失灵时，挡铁撞到 SL1 或 SL2，使电动机断电停车，避免工作台冲出行程造成事故。

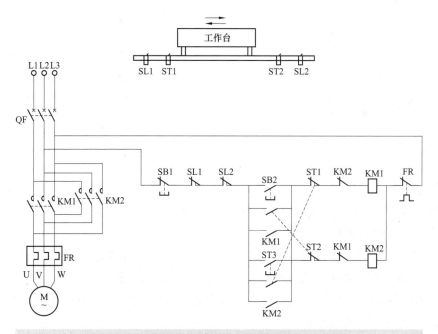

图5-29　自动往复控制电路

在控制电路图中，行程开关 ST1 的常闭触点与正转接触器 KM1 的线圈串联；ST1 的常开触点与反转起动按钮 SB2 并联。所以，挡铁压下 ST1 时，ST1 的常闭触点断开电动机的正转控制电路，使前进接触器线圈 KM1 失电，电动机停转，同时 ST1 常开触点闭合，接通电动机反转电路，使后退接触器 KM2 通电，电动机反转，ST2 的工作原理与 ST1 相同，不再阐述。

行程极限开关 SL1、SL2 是保护用开关，它们的常闭触点串联在控制回路中。当 ST1、ST2 失效时，SL1、SL2 被挡铁压下，使其常闭触点断开电动机的控制回路，电动机停转。

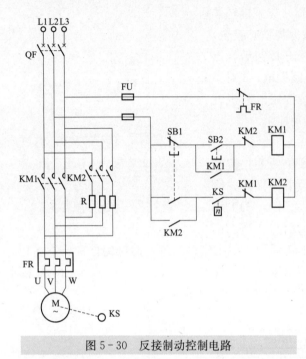

图 5 - 30   反接制动控制电路

5 反接制动控制电路

如图 5 - 30 所示是用速度继电器 KS 来控制的电动机反接制动电路。速度继电器 KS 与电动机同轴，R 是反接制动时的限流电阻。

启动时，合上电源开关 QF，按下启动按钮 SB2，KM1 线圈通电，铁芯吸合，KM1 辅助常开触点闭合自锁，KM1 主触点闭合，电动机启动运行，在转速大于 120r/min 时，速度继电器 KS 常开触点闭合。

电动机停车时，按下停止按钮 SB1，KM1 线圈失电，铁芯释放，所有触点还原，电动机失电，惯性转动。KM2 线圈通电，铁芯吸合，KM2 主触点闭合，电动机串入电阻反接制动。当转速低于 100r/min 时，KS 触点断开，KM2 失电还原，制动结束。

6 自耦变压器减压启动电路

自耦变压器减压启动电路由自耦变压器、交流接触器、中间继电器、热继电器、时间继电器和按钮等组成，可用于 14～300kW 三相异步电动机减压启动，其控制电路如图 5 - 31 所示。当三相交流电源接入，电源变压器 TD 有电，指示灯 HL1 亮，表示电源正常，电动机处于停止状态。

启动时，按下启动按钮 SB2，KM1 通电并自锁，HL1 指示灯断电，HL2 指示灯亮，电动机减压启动；同时 KM2 和 KT 通电，KT 常开延时闭合触点经延时后闭合，在未闭合前电动机处于减压启动过程；当 KT 延时终了，中间继电器 KA 通电并自锁，使 KM1 和 KM2 断电，随即 KM3 通电，HL2 指示灯断电，HL3 指示灯亮，电动机在全压下运转。所以 HL1 为电源指示灯，HL2 为电动机减压启动指示灯，HL3 为电动机正常运行指示灯。图中虚线框中的按钮为两地控制。

7 丫-△减压启动控制电路

容量较小的电动机的启动可采用直接启动方式，但容量较大电动机的启动常用减压启动方式，启动时可以减少对电网电压的冲击。最常用的方式之一是丫-△减压启动，它适用于运行时定子绕组接成三角形联结的三相笼型异步电动机。当电动机绕组接成星形联结时，每相绕组承受电压为 220V 相电压。启动结束后再改成三角形联结，每相绕组承受 380V 线电压，实现了减压启动的目的。

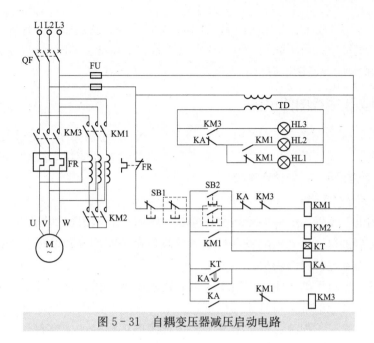

图 5-31　自耦变压器减压启动电路

如图 5-32 所示为Ｙ-△减压启动电路。图中 KM1 为启动接触器，KM2 为控制电动机绕组星形联结的接触器，KM3 为控制电动机绕组三角形联结的接触器。时间继电器 KT 用来控制电动机绕组星形联结的启动时间。

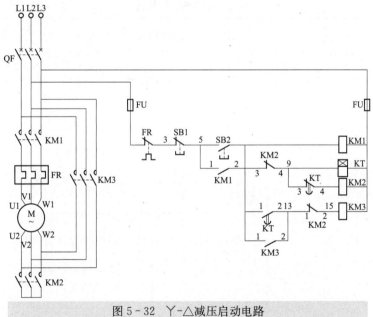

图 5-32　Ｙ-△减压启动电路

启动时先合上电源开关 QF，按下启动按钮 SB2，接触器 KM1、KM2 和时间继电器 KT 的线圈同时通电，KM1、KM2 铁芯吸合，KM1、KM2 主触点闭合，电动机定子绕组Ｙ联结启动。KM1 的常开触点闭合自锁，KM2 的常闭触点断开连锁。电动机在Ｙ联结下起动，待延时一段时间后，时间继电器 KT 的常闭触点延时断开，KM2 线圈失电，铁芯释放，触点还原；KT 的常开触点延时闭合，KM3 线圈通电，铁芯吸合，KM3 主触点闭合，将电动机定子绕组接成三角形联结，电动机在全压状态下运行。同时 KM3 常开触点闭合自锁，KM3 常闭触点断开连锁，使 KT 失电还原。

四、电气控制安装接线图的识读

电气控制安装接线图是表示电气装置、设备或元件的连接关系，是进行配线、接线、调试和线路检查及维修不可缺少的图纸。接线图按表达对象和使用场合的不同，可分为单元接线图、互连接线图、端子接线图等。

（一）单元接线图

一个成套的电气装置，由许多控制设备组成，每一个控制设备中由许多电气元件组成，单元接线图就是提供每个单元内部各项目之间导线连接关系的一种简图。而各单元之间的外部连接关系可由互连接线图表示。

接线图中各个项目不画实体，用实线或点划线框表示电器元件的外形，减少绘图工作量，框图中只绘出对应的端子，电器的内部、细节可简略。图中每个电器所处的位置应与实际位置一致，给安装、配线、调试带来方便。接线图中标注的文字符号、项目代号、导线标记等内容，应与电路图上的标注一致。

❶ 导线连接表示方法

导线连接表示方法见表 5-4。

表 5-4 　　　　　　　　　　　　导　线　连　接　表　示　方　法

表示方法	说　　明
单线图表示法	图中各元件之间走向一致的导线可用一条线表示，即图上的一根线实际代表一束线。某些导线走向不完全相同，但某一段上相同，也可以合并成一根线，在走向变化时，再逐条分出去。所以用单线图绘制的线条，可从中途汇合进去，也可从中途分出去，最后达到各自的终点——相连元件的接线端子，如图 5-33 所示 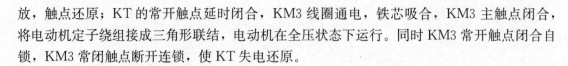 图 5-33　单线图表示方法 单线法绘制的图中，容易在单线旁标注导线的型号、根数、截面积、敷设方法、穿管管径等，图面清畅，给施工准备材料带来方便，阅读方便。但当施工技术人员水平不太高时，在看接线图时会有一定困难，要对照原理图，才能接线

续表

表示方法	说　　　明
多线图表示法	多线图表示法就是将电气单元内部各项目之间的连接线全部如实画出来，即按照导线的实际走向一根一根地分别画出。如图 5-34 所示，图中每一条细实线代表一根导线。多线图表示法最接近实际，接线方便，但元件太多时，线条多而乱，不容易分辨清楚 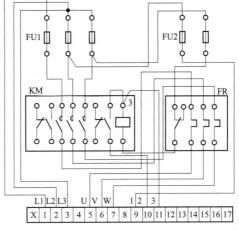 图 5-34　多线图表示方法
相对编号法	相对编号法是元件之间的连接不用线条表示，采用相对编号的方法表示出元件的连接关系。如图 5-35 所示，甲乙两个元件的连接，在甲元件的接线端子旁标注乙元件的文字符号或项目代号和端子代号。在乙元件的接线端子旁标注甲元件的文字符号或项目代号和端子代号。相对编号法绘制的单元接线减少了绘图工作量，但增加了文字标注工作量。相对编号法在施工中给接线、查线带来方便，但不直观，对线路的走向没有明确表示，给敷设导线带来困难 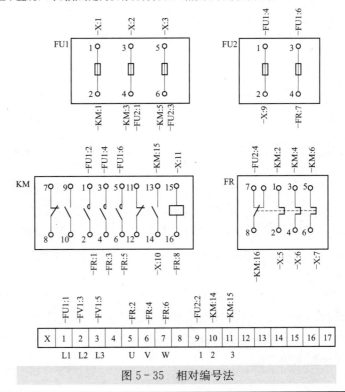 图 5-35　相对编号法

❷ 单元接线图表示方法与接线图读图时的技巧

（1）单元接线图表示方法。单元接线图一般有 3 种表示方法：连续线表示法、单线表示法、中断线表示法。每种方法各具特点，下面举例说明。

如图 5-36 所示为某机床的电控柜单元接线图，图中单元内部各电器元件之间的接线关系是用细实线表示的，且每条细实线代表一根导线，导线清楚地标注了端子与端子的连接，读图直观明了，这种表示方法称为连续线表示法。连续线表示法就是将电气单元内部各项目之间的连接线全部表示在单元接线图内，不能省略。

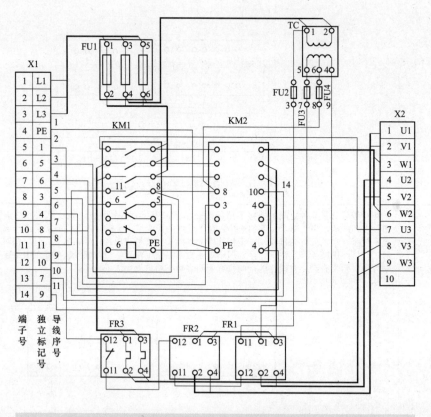

图 5-36　某机床的电控柜单元接线图连续线表示法示例

如图 5-37 所示，将图 5-36 所示某机床的电控柜单元接线图的接线方法改为单线表示法。将同一方向的导线用一条线束表示，使图中的线条明显减少，显得简洁、明快。从图中最左边端子排的导线序号看，将相同走向的导线如 5～11 号中 7 根导线用一根线束表示，省去了多条导线的标注，使识图更加快捷。为了区分单线和线束，图中用粗实线表示线束，细实线表示单线。

用单线表示法即单线图绘制的线条，可以从中途汇集进去，也可以从中途分散出去，最终达到各自的终点元器件的接线端子，读图 5-37 所示可分析出单线表示法的优点，图面清晰、明了，很容易在单线旁找到标注导线的型号、根数、敷设方法、穿管管径等，给工作人员带来很大的方便。

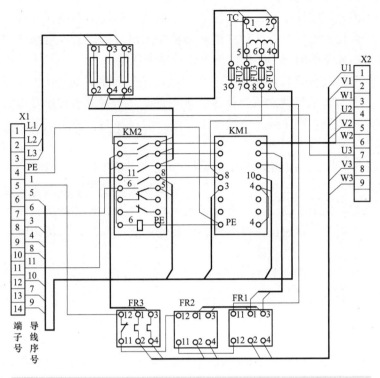

图 5-37　某机床的电控柜单元接线图单线表示法示例

　　如图 5-38 所示为中断线表示法，也称相对编号法，它是采用中断线表示单元内的接线。此方法采用了远端标志，图中的连接线省略了，但需要用大量的文字标注，利用相对

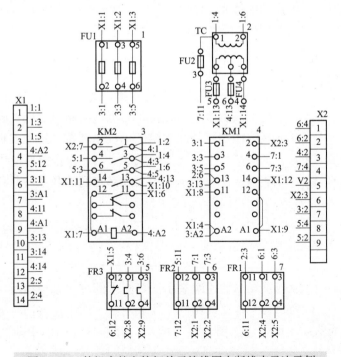

图 5-38　某机床的电控柜单元接线图中断线表示法示例

编号的方法表示出元件的连接关系。读图时，根据文字标注查看电器元件之间的联系。连接导线采用独立标记，电器端子旁标注的是与电路图对应的序号，电路图中每个节点无重复序号，这样各单元图的内部文字标注量简化，易读易懂。

例如，A 与 B 两元件连接，在 A 元件的接线端子旁标注 B 元件的文字符号或项目代号和端子代号；在 B 元件的接线端子旁标注 A 元件的文字符号或项目代号和端子代号。

相对编号法在施工中给接线、查线带来方便，但对线路走向表示得不直观，给敷设导线带来不便。

3 种表示法各有特点。单元接线图的连续线表示法即简图上每个项目的相对位置与实际位置大体一致，相关工作人员识图方便，但连接线较多，使图形看起来复杂。而单线表示法就显得简洁清楚，识图便捷。为了方便识图，有时一个完整的系统接线图，将两种方法结合起来绘制。中断线表示法虽去掉了连接线，使用文字标注，但读图时不如前两种方法直观。

（2）单元接线图读图时的技巧。尽管单元接线图有 3 种表示方法，但在识图时应注意它们的共同特点，分析接线图中标注的项目代号、端子代号、导线标记与电路图上的对应关系。

接线图中各个项目采用简化外形表示，如图 5-37 所示，其中一个接触器和热继电器的端子分布标注得详细，其他的接触器和继电器只绘制其对应端子，项目细节予以忽略，这样使接线图简化，读图时应注意。所以，一般单元接线图中各电器多采用简化外形，外形图所采用的线条一定是实线。某些电路图主电路采用单线表示法绘制，辅助电路采用连接线绘制，这样既可以将主电路与辅助电路区分，又可以防止接线图接线过多。

在文字标注时，各电器的项目代号可以有两个，如图 5-38 所示，项目代号既是 KM1 又是 4，那么它的第三个端子既可写成 KM1：3 又可写成 4：3，图 5-38 是按后者标注的。单元接线图的连接线只能用粗实线和细实线。

（二）互连接线图

前面已提到各电气单元之间的联系用互连接线图，所以读完各个电气单元接线图后，要读互连接线图。互连接线图是表示多个电气设备和电气控制箱之间的连接关系，在互连接线图中为了区分电气单元接线图用点划线框架表示设备装置，不用实框线。框架内表示的是各单元的外接端子，并提供端子上所连接导线的去向，根据需要图中有时会给出相关电气单元接线图的图号。互连接线图只表示各单元外部之间的联系，而各电气单元内部导线连接关系不包括在内，由单元接线图表示。

互连接线图中连接线可用连续线表示法，也可用单线表示法。互连接线图不只是给通过连接导线提供单元之间的连接信息，还提供各电气单元的项目代号，电缆和线号等内容。

如图 5-39 所示为互连接线图的连续表示法，图中的每一条导线对应一个端子，识图方便直观。如图 5-40 所示为互连接线图的单线表示法，图中连接同一方向的端子，用一条线束表示。连线图简单明了。如图 5-41 所示为互连接线图的中断线或称相对编号表示法。

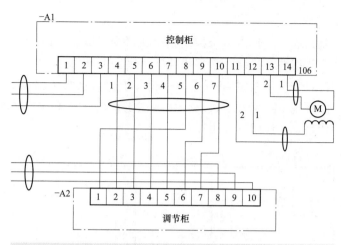

图 5-39　互连接线图的连续表示法示例

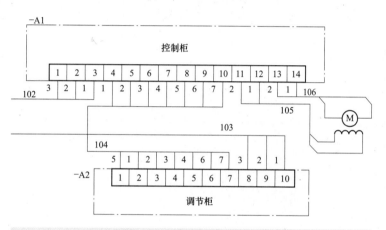

图 5-40　互连接线图的单线表示法示例

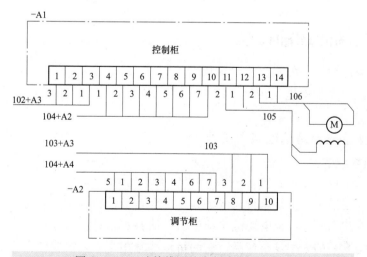

图 5-41　互连接线图的中断线表示法示例

（三）端子接线图

复杂的电气控制系统，经常由多个控制柜组成，为了减少绘图的工作量，方便识图者安装、施工及检修，常用端子接线图来替代互连接线图。如图 5-42 所示是端子接线图的示例。图中端子的位置与实际位置相对应。一般端子图表示的各单元的端子排列有规则，按纵向排列，电路图既规范，又便于读图。尤其在工程设计和施工中，便于安装接线。所以，用端子接线图代替互连接线图应用较广。

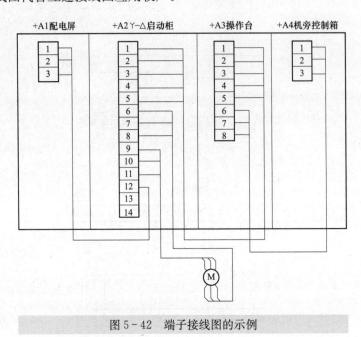

图 5-42　端子接线图的示例

第二节　建筑常用电气设备控制电路图识读

一、电梯系统控制电路图的识读

电梯指电力拖动的一种垂直运动的固定式提升设备。它具有运送速度快、安全可靠、操作简便的优点。电梯的电气控制系统决定着电梯的性能、自动化程度高低和运行的可靠性。

（一）电梯系统的结构组成与分类

① 电梯系统的结构组成

电梯系统的结构可分为机房、井道、轿厢、厅门等几大部分，如图 5-43 所示。

电梯是多层建筑中的重要垂直运输工具，它有一个轿厢和一个对重，它们之间用钢丝绳连接，悬挂在曳引轮上，经电动机驱动曳引轮使轿厢和对重在垂直导轨之间做上下相对运动。它是机电合一的大型复杂产品，它的机械部分相当于人的躯体，它的电气控制部分相当于人体的神经，电梯是现代技术的综合产品。为了更好地维修和管理电梯，必须对电梯及电梯的构造有一个详细的了解。

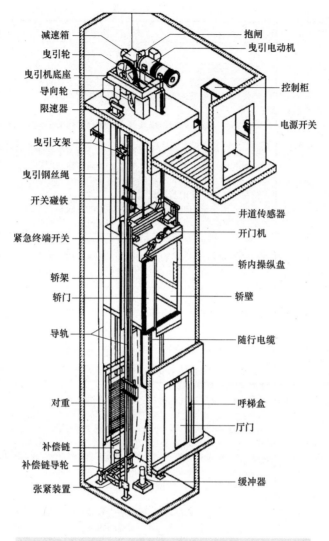

图5-43 交流电梯整体结构图

（1）机房部分有曳引机、限速器、极限开关、控制柜、信号柜、机械选层器、电源控制盘、排风设备、安全设施、照明等。

（2）井道部分有轿厢导轨、对重导轨、导轨架、对重装置、缓冲器、限速钢丝绳、张紧装置、线槽、分线盒、随线电缆、端站保护装置、平衡装置、钢带、井道照明及信号装置等。

（3）轿厢部分有轿门、安全钳装置、安全窗、导靴、自动开关门机构、平层装置、检修盒、操纵盘、轿内层站指示、通信报警装置、轿内照明、轿内排风等。

（4）厅门部分有厅门、召唤按钮盒、层部显示等。

❷ 电梯的分类

电梯的种类很多，其分类方法见表5-5。

表 5－5   电梯的分类方法

分类方法	说　明
按用途分类	(1) 乘客电梯是为运送乘客而设计的电梯。 (2) 载货电梯主要用来运送货物。通常装卸人员也随梯上下，轿厢有效面积和载重量都较大。 (3) 客货两用电梯是既可以用来运送乘客，也可以运送货物的电梯。它与客梯的区别主要在于轿厢内部的装饰结构不同。 (4) 病床电梯是为医院专门设计，用来运送病人、医疗器械的电梯。它的轿厢窄而深，有专职司机操纵，运行比较平稳。 (5) 住宅电梯是供住宅楼使用的电梯。主要运送乘客，也可运送家用物件或生活用品。 (6) 服务电梯（杂物电梯）可供图书馆、办公楼、饭店等运送图书、文件、食品等。 (7) 船舶电梯是用于船舶上的电梯，能在船舶的摇晃中正常工作。 (8) 观光电梯其轿厢壁透明，供乘客观光用。 (9) 车辆电梯是用来运送车辆的电梯。轿厢较大，有的无轿顶
按速度分类	(1) 低速电梯（丙类）是梯速小于等于 1m/s 的电梯，其规格有 0.25m/s、0.5m/s、0.75m/s、1m/s 等。 (2) 快速电梯（乙类）是梯速小于等于 2m/s 而大于 1m/s 的电梯，其规格有 1.5m/s、1.75m/s 等。 (3) 高速电梯（甲类）是梯速大于 2m/s 的电梯，其规格有 2m/s、2.5m/s、3m/s、6m/s、8m/s 等
按拖动方式分类	(1) 直流电梯是用直流电动机拖动的电梯。它包括直流电动机拖动的电梯和通过晶闸管整流器供电的直流电梯，此类电梯多为快速或高速电梯。 (2) 交流电梯是用交流电动机拖动的电梯。它包括下列几种。 1) 交流单速电梯。曳引电动机为交流电动机，额定梯速小于 0.5m/s。 2) 交流双速电梯。曳引电动机为交流电动机并有快慢两种速度，额定梯速在 1m/s 以下。 3) 交流三速电梯。曳引电动机为交流电动机并有高、中、低 3 种速度，额定梯速一般为 1m/s。 4) 交流调速电梯。曳引电动机为交流电动机，启动时采用开环，制动时采用闭环，装有测速发电机。 5) 交流调压调速电梯。曳引电动机为交流电动机，启动时采用闭环，制动时也采用闭环，装有测速发电机。 6) 交流调频调压调速电梯（VVVF）。采用微机变频器，以速度、电流反馈控制，在调整频率的同时调整定子电压，使磁通恒定、转速恒定，是新型拖动方式。安全可靠，梯速可达 6m/s。 (3) 液压传动电梯。依靠液压传动，可分为柱塞直顶式和柱塞侧冒式，梯速通常为 1m/s 以下。 (4) 其他电梯。 1) 齿轮齿条式电梯。电动机拖动齿轮，利用齿轮在齿条上的爬行拖动轿厢运动。 2) 螺旋式传动电梯。由电动机带动螺杆旋转，带动安装在轿厢上的螺母驱动轿厢上下运动
按机房位置分类	(1) 上置式电梯的机房位于井道上方。 (2) 下置式电梯的机房位于井道下方
按曳引机分类	(1) 有齿曳引机电梯的曳引机带有减速箱，可用于交流、直流电梯。 (2) 无齿曳引机电梯是由曳引电动机直接驱动曳引轮运动的电梯
按操纵方式分类	(1) 有司机电梯。必须有专职司机操纵。 (2) 无司机电梯。不需专职司机由乘客自己操纵，具有集选功能。 (3) 有、无司机电梯。可根据需要及客流转换控制方式，选择有司机操纵或无司机操纵

（二）电梯信号控制电路的识读

电梯在建筑物的每层都设有召唤按钮和显示运行工作的指示灯。如图 5－44 所示为电梯信号控制电路图，其控制工作原理是：当在二楼呼叫电梯时，按下召唤按钮 2ZHA，召唤继电器 2KZHJ 得电接通并自锁，按钮下面的指示灯亮，同时轿厢内召唤灯箱上代表二楼的指示灯 2HL 也点亮，线圈 KDLJ 通电，电铃响，通知司机二楼有人呼梯。司机明白以后按解除按钮 XJA 则铃停灯灭。

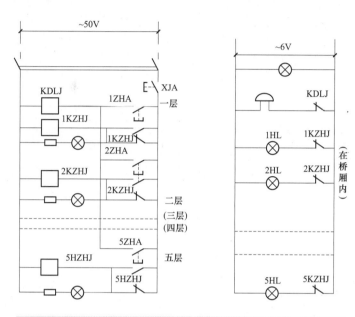

图 5-44　电梯信号控制电路图

（三）交流双速电梯控制电路的识读

交流双速电梯电气控制系统由拖动电路、直流控制电路、交流控制电路、照明电路、厅外召唤电路以及信号灯指示电路等六部分组成。采用不同控制方式的交流双速电梯电气控制系统除直流控制电路部分有较大的区别外，其余 5 部分基本相同。而交流双速控制电路电气控制系统具有较完善的性能和较高的自动化程度，多被用在速度小于等于 1m/s 的乘客电梯上。

交流双速控制电梯的电气控制系统按电路功能分为自动门的开关电路、轿厢指令控制与厅外召唤控制电路、指层电路与定向控制电路、电梯的启动加速与减速平层电路等，各电路之间的控制关系如图 5-45 所示。上述电路的相互配合使曳引电动机按指令启动、正转、反转、加速、等速、调速、制动、停止，实现了电梯各种工作状态的运行。

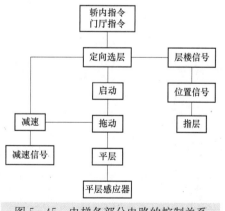

图 5-45　电梯各部分电路的控制关系

如图 5-46 所示为五层站 KTJ -□□/1.0 - XH 型交流双速信号控制电梯的电气原理图。

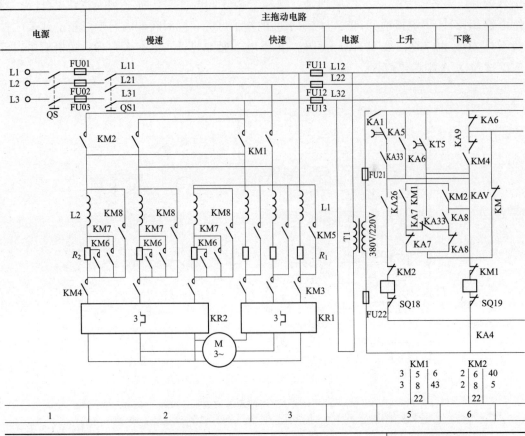

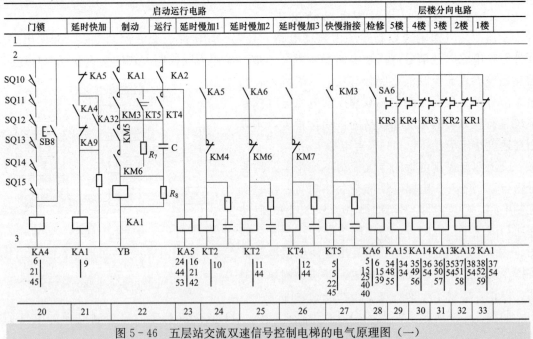

图 5-46 五层站交流双速信号控制电梯的电气原理图（一）

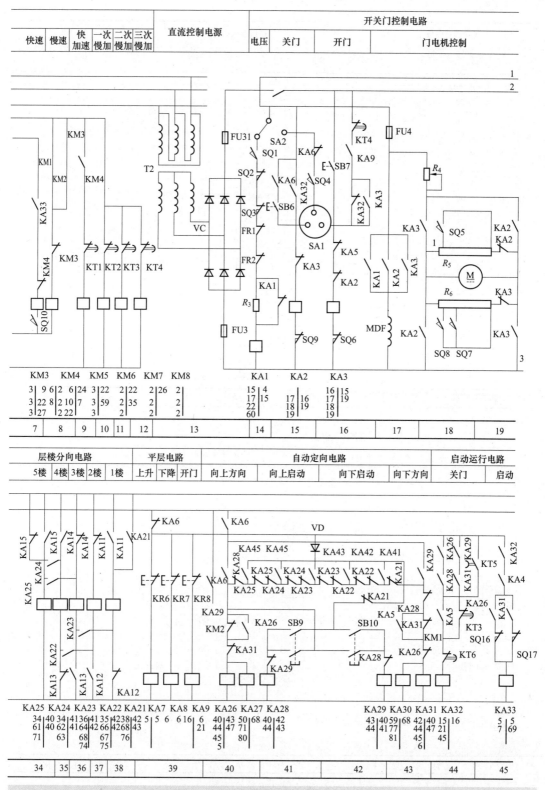

图 5 - 46 五层站交流双速信号控制电梯的电气原理图（一）续

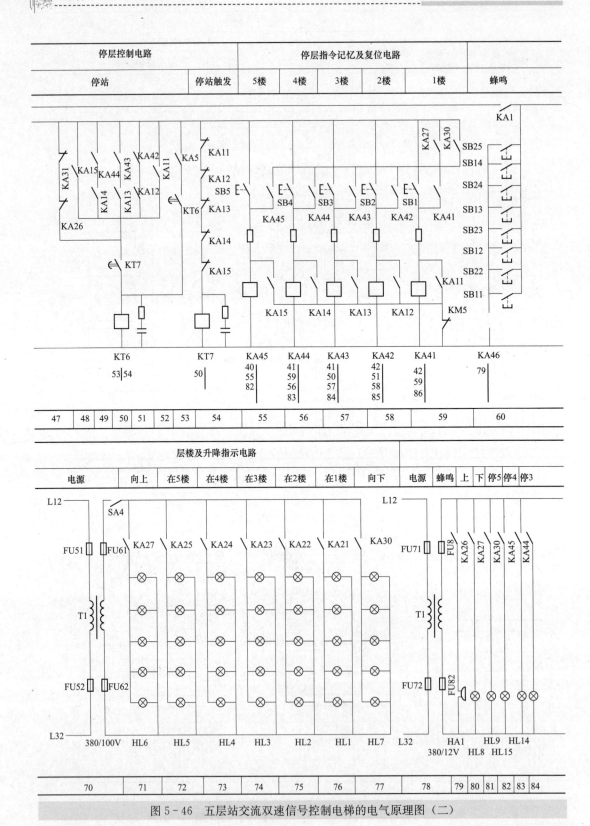

图 5-46　五层站交流双速信号控制电梯的电气原理图（二）

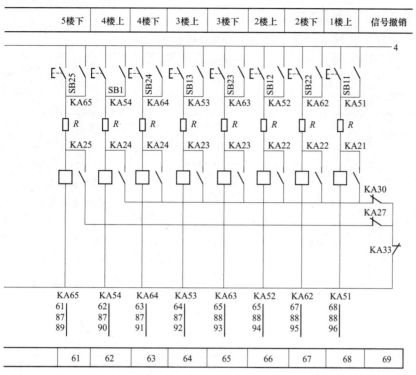

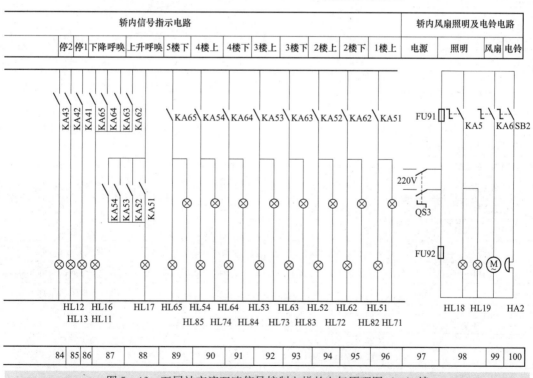

图 5-46 五层站交流双速信号控制电梯的电气原理图（二）续

电路可分为主拖动电路、开关门电路、启动运行电路、楼层分向电路、自动定向电路、

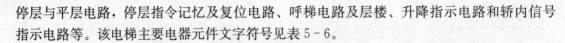

停层与平层电路，停层指令记忆及复位电路、呼梯电路及层楼、升降指示电路和轿内信号指示电路等。该电梯主要电器元件文字符号见表5-6。

表5-6　　　　　　　　KTJ-□□/1.0-XH型电梯主要电器元件文字符号

文字符号	名　称	文字符号	名　称
QS	电源总开关	SB1～SB5	停层指令按钮
QS1	极限开关	SB6、SB7	点动关门、开门按钮
SA1	厅外开门钥匙开关	SB8	应急按钮
SA2	安全开关	SB9、SB10	向上、向下启动按钮
SA3	检修开关	SB11～SB14	向上呼梯按钮
SA4	指示灯开关	SB22～SB25	向下呼梯按钮
SA5	轿内照明开关	KT1	快加速时间继电器
SA6	轿内风扇开关	KT2～KT4	慢加速时间继电器
KM1、KM2	上升、下降接触器	KT5	快速时间继电器
KM3	快速接触器	KT6	停站时间继电器
KM4	慢速接触器	KT7	停站触发时间继电器
KM5	快加速接触器	SQ1	安全窗开关
KM6～KM8	慢加速接触器	SQ2	断绳开关
KA1	电压继电器	SQ3	安全钳开关
KA2、KA3	关门、开门继电器	SQ4	厅外开门行程开关
KA4	门锁继电器	SQ5	开门减速开关
KA5	运行继电器	SQ6	开门行程开关
KA6	检修继电器	SQ7、SQ8	关门减速开关
KA7	向上平层继电器	SQ9	关门行程开关
KA8	向下平层继电器	SQ10	轿门行程开关
KA9	开门控制继电器	SQ11～SQ15	梯门行程开关
KA11～KA15	楼层继电器	SQ16、SQ18	上升行程开关
KA21～KA25	楼层控制继电器	SQ17、SQ19	下降行程开关
KA26	向上方向继电器	KR1～KR5	楼层感应器
KA27	向上辅助继电器	KR6、KR7	上、下平层感应器
KA28、KA29	向上、向下启动继电器	KR8	开门控制感应器
KA30	向下辅助继电器	HL1～HL5	楼层指示灯
KA31	向下方向继电器	HL6、HL7	上、下方向箭头灯
KA32	启动关门继电器	HL8、HL9	向上、向下指示灯
KA33	启动继电器	HL11～HL15	停层指令记忆灯
KA41～KA45	停层指令继电器	HL16、HL17	向上、向下呼梯方向灯
KA46	蜂鸣继电器	HL18、HL19	轿内照明灯
KA51～KA54	向上呼梯继电器	HA1	蜂鸣器
KA62～KA65	向下呼梯继电器	HA2	轿内电铃

① 主电路分析

五层站交流双速信号控制电梯有一台主拖动电动机 M 和一台开关门电动机 MD，如图 5-47 所示。前者是交流双速异步电动机，其定子绕组极数为 6/24 极，同步转速为 1000r/min 与 250r/min。后者是直流并励电动机，额定功率 120W，额定电压 110V，额定转速 1000r/min。

（1）主拖动电动机的主电路分析。如图 5-47 所示，M 为交流双速异步电动机，KM1 为上升接触器，KM2 为下降接触器，用以控制电动机 M 的正、反转，实现轿厢的上升与下降。KM3 为快速接触器，KM4 为慢速接触器，KM5 为快加速接触器，KM6、KM7、KM8 为慢速一、二、三级减速接触器。

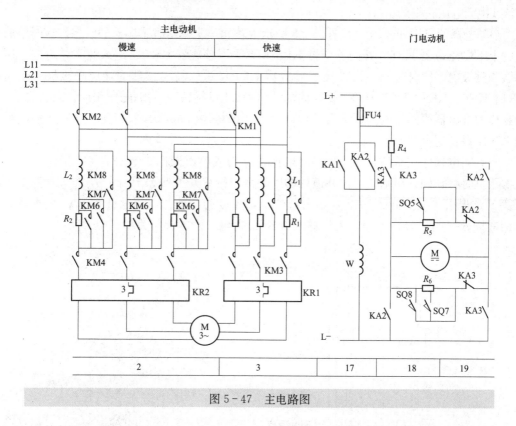

图 5-47　主电路图

电梯启动时，由接触器 KM3 主触头接通 M 电动机快速绕组，串入电抗 L_1 与电阻 R_1 进行减压启动；然后接触器 KM5 主触头短接阻抗，使电动机 M 在全压下加速启动，直至快速稳定运行。在停层时，由接触器 KM4 主触头接通慢速绕组，经串接的电抗 L_2 和电阻 R_2 进行再生发电制动，然后由 KM6、KM7、KM8 主触头分级将阻抗短路，实现减速运行。

（2）开关门电动机 MD 的主电路分析。开关门电动机 MD 是一台直流并励电动机，W 为其励磁绕组。改变电枢电压的极性可改变 MD 的旋转方向，从而实现轿门与厅门的开启与关闭。如图 5-47 所示中，KA3 为正转开门继电器，KA2 为反转关门继电器。而改变电枢绕组串并联电阻可实现对电动机速度的调节。图 5-47 中 R_4 为电枢的串联电阻，R_5、R_6 分别为开门与关门时的电枢并联电阻，其上又分别由行程开关 SQ5 与 SQ7、SQ8 来实现开门与关门时的速度调节。电枢串联电阻的阻值越大，电枢电压越低，电动机转速就越低，开关门速度也就越低。所以，调节电枢串联电阻 R_4 可改变开关门的速度，而改变位于轿门顶上的行程开关 SQ5 与 SQ7、SQ8 的安装位置可进一步单独改变开门与关门减速的位置，因为 SQ5 与 SQ7、SQ8 行程开关分别是当轿门开启与关闭过程中碰压才动作的。

电梯的轿门是由开关门电动机经轿厢顶上的自动开关门机构来带动的，厅门的开闭又是由轿门通过轿门上的机构来带动的。所以，厅门与轿门是同步进行的。

❷ 控制电路分析

电梯交流控制电路，层楼及上升、下降方向指示电路与轿内信号指示电路的电源是由图 5-46 所示中控制变压器 T1 供给的，控制变压器 T1 将 380V 变为 220V、110V、12V。直流控制电路电源是由图 5-46 所示中整流变压器 T2 降压，经三相桥式整流电路 VC 供出直流 110V 电压获得的。

（1）电梯的启用和停用。如图 5-48 所示为轿厢位于基站时感应器的状态。这时轿厢顶上的上平层感应器 KR6、开门感应器 KR8 和下平层感应器 KR7 已进入位于井道内一层的平层隔磁板内。同时位于一层的楼层感应器 KR1 已进入轿厢顶部的停层隔磁板中，所以 KR1、KR6、KR8、KR7 中的干簧管内的常闭触头因隔磁板内的隔磁作用而恢复闭合状态，为相应的继电器线圈通电做好准备。但此时一层的楼层继电器 KA11 及一层楼层控制继电器 KA21 保持通电状态。

只有当电梯停在基站时，才可以对电梯作停用或启用操作。如图 5-49 所示，司机在上次下班时将轿厢开至基站，使井道内的厅外开门行程开关 SQ4 压下，层楼与升降指示灯开关 SA4 断开，安全开关 SA2 扳到右边位置，为接通厅外开门钥匙开关 SA1 做准备；再用钥匙将 SA1 开关转向左边，关门继电器 KA2 通电，将电梯门关闭。

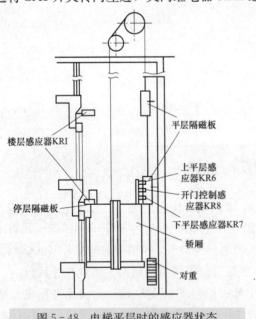

图 5-48　电梯平层时的感应器状态

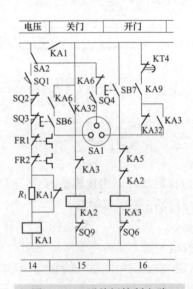

图 5-49　开关门控制电路

启用电梯时，司机将钥匙插入 SA1 中并转向右侧，经过继电器 KA3 经 SA2 右触头、KA6 检修继电器常闭触头、SQ4 厅外开门行程开关（已压下，其常开触头闭合）、SA1 右触头、KA5 运行继电器、KA2 关门继电器常闭触头和 SQ6 常闭触头形成回路，开关门电动机 MD 正向启动旋转，拖动厅门与轿门同时开启。当门开启至 2/3 行程时，轿厢门上的撞块压下 SQ5 行程开关，短接了 R5 上的大部分电阻，开关门电动机 MD 减速运转，门减速开启。当门完全开启后，压下行程开关 SQ6，开门继电器 KA3 断电，开关门电动机 MD 断开电枢电压，经电阻 R5 和 R6 进行能耗制动至停转。

　　司机进入轿厢后，首先合上层楼及升降指示电路开关 SA4。由于 KA11、KA21早已通电吸合，故 SA4 开关闭合使各层楼的指层灯 HL1 亮，楼层指示电路如图 5-50 所示。各层厅门上方的指层灯箱上显示"1"，表明轿厢位于一层楼。

　　再将安全开关 SA2 扳向左侧位置，电压继电器 KA1 线圈经 SA2 左触头、安全窗开关 SQ1、限速器断绳开关 SQ2、安全钳开关 SQ3、热继电器 KR1、KR2 常闭触头，电阻 R3 通电，交、直流控制电路接通电源，使上下平层继电器 KA7、KA8 和开门继电器 KA9 线圈通电。控制电路处于运行前的正常状态。

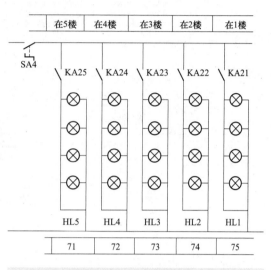

图 5-50　层楼指示电路

　　根据进入轿厢乘客的停层要求及各层楼厅外呼梯要求，司机按下响应的选层按钮SB2～SB5。如要求在三层停靠，可按下 SB3 停层按钮。停层指令继电器 KA43 线圈通电并自锁，如图 5-51 所示。轿内指示灯 HL13 亮，表明停站信号已被登记。此时由于一楼层控制继电器 KA21 常闭触头切断了定向电路中向下继电器 KA31 的通路，所以 KA43 触头只能接通定向电路中向上继电器 KA26、KA27。自动定向电路及指示电路如图 5-52 所示。KA27触头又使 KA43 自锁，并点亮了位于启动按钮 SB9 的指示灯 HL8，指示司机按下 SB9 向上启动按钮使电梯向上；KA27 触头也接通了向上方向指示灯 HL6，各层楼厅门顶上的向上箭头灯均亮，表示准备向上运行。

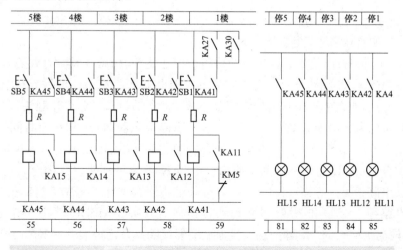

图 5-51　停层指令记忆及指示电路

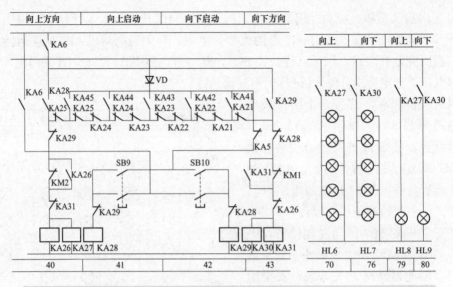

图 5-52　自动定向电路及指示电路

（2）自动关门和开门。

1）关门。按下向上启动按钮 SB9 或在关门全过程中要一直按下 SB9，向上启动继电器 KA28 通电，其通电路径是 KA6 常闭触头、VD、KA5 常闭触头，按钮 SB9、KA29 常闭触头、KA28 线圈。KA26、KA27 线圈相继通电，使启动关门继电器 KA32 通电。如图 5-53 所示为启动控制电路，通电路径为 KA6 常闭触头，KA26、KA28（已闭合）、KT3 常闭触头，KT6 常闭触头、KA32 线圈。KA32 常闭触头闭合，接通关门继电器 KA22，KA2 使开关门电动机 MD 反转，电枢在串联电阻 R 和并联电阻 R_6 全部阻值下运转，轿门和厅门同时关闭并逐渐减速。当门完全关闭时，压上关门限位开关 SQ9，使 KA2 断电释放，MD 停转。

2）开门。关门过程中的反向开启：在关门过程中，若夹住人体或物件时，司机应立即释放向上启动按钮 SB9，使 KA28、KA32、KA2 线圈相继断电。由于 KA9 线圈早已通电，所以开门继电器 KA3 线圈经 KA1 常开触头（已闭合）、常闭触头 KT4、常开触头 KA9（已闭合）、KA32 常闭触头、KA5 和 KA2 常闭触头、KA3 线圈、SQ6 常闭触头通电，如图 5-49 所示。MD 正转使电梯门反向开启，直至压下开门限位开关 SQ6 停止。

（3）启动、加速和满速运行。

1）启动。厅门和轿门关闭后，相应的轿门行程开关 SQ10 和一楼层厅门行程开关 SQ11 压下，门锁继电器 KA4 线圈通电。由于向上方向继电器 KA26、启动关门继电器 KA32 早已通电，所以此时启动继电器 KA33 线圈经 KA32、KA4、KA26 常开触头（均已闭合）、上升行程开关常闭触头闭合，如图 5-53 所示。快速接触器 KM3 和快速时间继电器 KT5 线圈相继通电。KT5 触头闭合，一方面使上升接触器 KM1 线圈由 KT5、KA33、KA26 常开触头（已闭合）、KM2 常闭触头通电吸合，并由 KT5 常开触头（已闭合）与 KM1 自锁触头构成自锁电路；另一方面，KT5 由一对常开触头闭合增加了 KA32 启动关门继电器的另外一个通电路径。KM3 和 KM1 的主触头接通拽引电动机 M 定子电路，串入电抗器 L_1 和电阻 R_1，同时 KM3、KM1 辅助触头接通制动器线圈以及运行继电器 KA5 线圈电路。于是，电磁抱闸松开，电动机 M 降压启动。

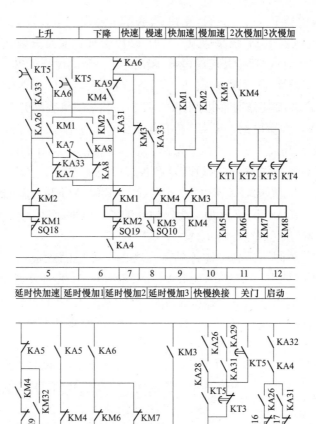

图 5-53　主拖动与启动控制电路

运行继电器 KA5 通电有 3 个作用：第一，KA5 常闭触头断开了开门继电器 KA3 线圈的电源，使电梯在运行中不能开门；第二，KA5 另一对常闭触头断开了启动按钮 SB9 及 SB10 的电源，如图 5-52 所示，保证了运行中不至于发生反向启动的误操作；第三，KA5 常开触头闭合使时间继电器 KT2～KT4 线圈通电，以便实现慢加速。

在图 5-53 所示中，由于 KT5 的常开触头闭合且并联在 KA26 常开触头与 KA28 常开触头串联电路的两端，为松开向上启动按钮 SB9 和 KA28 线圈断电做好了准备，这样就不会引起其他动作。

2）加速和满速运行。关门时，启动关门继电器 KA32 通电，其常开触头 KA32 闭合，使快加速时间继电器 KT1 线圈通电，其延时触头立即断开，使快加速接触器 KM5 线圈不能通电。但当 KA5 通电后，其常闭触头断开 KT1 线圈电路，其延时触头经延时 2s 后闭合，接通快加速接触器 KM5 线圈电路，KM5 主触头短接了主电路中的 L_1 和 R_1，如图 5-47 所示，电动机在全电压下加速至满速运行。

轿厢上升离开一楼时，一楼平层隔磁板离开 KR7、KR8、KR6，停层隔磁板离开一楼层感应器 KR11，继电器 KA7、KA8、KA9 和 KA11 线圈断电，KA11 断电释放其常闭触头使停站触发时间继电器 KT7 线圈通电。KA9 断电释放，其常开触头断开了开门继电器 KA3 线圈电路，使在运行过程中开门继电器不得通电，保证运行的安全。电梯在经过二楼时，平层隔磁板和停层隔磁板又分别插入 KR6、KR7、KR8 和 KR2 感应器中，KA7、KA8、KA9 和 KA12 线圈又分别通电。KA12 吸合，其常闭触头断开 KT7 线圈电路，另一对常闭触头断开 KA21 线圈电路，KA12 常开触头闭合接通 KA22 线圈电路，使 KA22 通电并自锁。KA21 断电，其常开触头的回路切断，指示一楼的指层灯 HL1 熄灭，KA22 通电，其常开触头接通了指示二楼的指示灯 HL2，在各层厅门上方显示"2"，表示轿厢已抵达二楼。当轿厢超过二楼时，隔磁板又离开 KR6、KR7、KR8 和 KR2 感应器，使 KA7、KA8、KA9 和 KA12 又断电释放，KT7 又通电为停站做准备，电梯经过二楼继续上升。

（4）制动减速和平层停车。

1）制动减速。当轿厢上升到所需停站的三楼时，停层隔磁板插入三楼的层楼感应器 KR3 的空隙中，KA13 通电，使 KT7 与 KA22 线圈断电，三楼控制继电器 KA23 线圈通电并自锁，指层灯 HL2 熄灭，指示三楼的指层灯 HL3 亮，厅门上方显示"3"，表示轿厢已在三楼。此时如果没有向上停层的登记信号，KA23 通电还使向上方向继电器 KA23 及 KA27 线圈断电。KA27 的常开触头断开各层楼向上方向箭头灯 HL6 及轿厢内向上指示灯 HL8 使其熄灭，表示电梯不再向上，还使停层记忆继电器 KA43 线圈与指示灯 HL13 相继断电。由于 KT7 断电后经 0.3～0.5s，延时触头才动作，在这个过程中，停站时间继电器 KT6 已通电并自锁，如图 5-54 所示。图中 KA11～KA15 为楼层继电器，KA26 向上方向继电器常闭触头与 KA31 向下方向继电器常闭触头串联，用来防止上、下端站 KA11 和 KA15 继电器触头接触不良而发生冲顶事故。

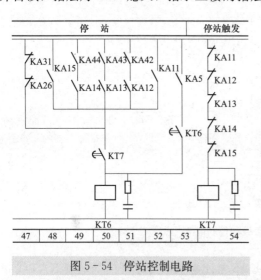

图 5-54 停站控制电路

KT6 线圈通电使 KA32、KA33、KM3、KT5 线圈相继断电，KA33 断电又使 KM1 线圈电路断开，如图 5-53 所示，而 KT5 断电，其延时打开触头又使 KM1 线圈电路延时断开，暂时维持 KM1 线圈通电；KM3 断电使 KM5 断电。

KM3 断电释放后，慢速接触器 KM4 随即通电，为上升接触器 KM1 提供了又一条通路，如图 5-47 所示。电动机 M 在串接 L_2 和 R_2 的情况下进行再生发电制动，使其减速。在线圈 KA5 通电时，慢加速时间继电器 KT2～KT4 已经通电，其触头断开了慢加速接触器 KM5～KM8 线圈通路。KM4 线圈通电引起 KT2 断电，其延时闭合触头闭合，延时接通 KM6，短接 R_2 的部分电阻，轿厢第一次减速；依靠 KT3、KT4 和 KM7、KM8 的作用，将 R_2 和 L_2 逐级短路，从而使电动机 M 进行低速爬行。

快慢速接触器 KM3、KM4 换接过程中，制动器是由 KT5 延时断开触头来维持通电的。

2）平层停车。当电梯继续低速爬行时，平层隔磁板逐渐插入 KR6、KR7、KR8 3 个感应器，如图 5-48 所示。首先，位于轿顶上的上平层感应器 KR6 插入装设于三楼井道内的平层隔磁板，KR6 触头复位，上平层继电器 KA7 线圈通电，使上升接触器 KM1 线圈经 KA6 常闭触头、KM3 常闭触头、KA8 常闭触头、KA33 常闭触头、KA7 常开触头（已闭合）、KM2 常闭触头、KM1 线圈、SQ18 常闭触头、KA4 常开触头（已闭合）形成另外一条通路，如图 5-53 所示。

轿厢继续上升，当开门控制感应器 KR8 进入平层隔磁板时，其触头复位使开门控制继电器 KA9 线圈通电，其常闭触头断开了 KM1 的一条通路，其常开触头闭合，为开门继电器 KA3 通电做准备。当轿厢到达停站水平位置时，下平层感应器 KR7 进入平层隔磁板，其常闭触头复位，使向下平层继电器 KA8 通电，其常闭触头断开了上升接触器 KM1 线圈的最后一条通路，使 KM1 线圈断电，使慢速接触器 KM4、主拖动电动机 M、制动器 YB 线圈和运行继电器 KA5 同时断电，KA5 常开触头又使停层时间继电器 KT6 线圈断电，平层完毕，轿厢停止运动。

（5）自动开门。在平层的过程中，平层隔磁板已进入开门控制感应器 KR8 使开门控制继电器 KA9 通电，在运行继电器 KA5 断电后，开门继电器 KA3 通电。开关门电动机 MD 正转带动轿门、厅门开启。其开启过程如前所述，经一次减速，最后压下开门行程开关 SQ6 使 KA3 断电，开关门电动机 MD 断电，开门结束。

（6）电梯停用后的开门。电梯停用，应使轿厢返回基站，压下井道内的厅外开门行程开关 SQ4，打开指示灯开关 SA4，关闭层楼指示灯和上升下降指示灯。将安全开关 SA2 扳向右侧，电压继电器 KA1 线圈通电，交直流控制电路断电。司机走出轿厢，转动钥匙开关 SA1 向左转，关门继电器 KA2 线圈通电，电动机 MD 反转，将轿门和厅门同时关闭。门完全关闭后，电梯实现关闭停用。

（7）呼梯信号的登记和消除。若轿厢停在一楼、二楼、三楼有人呼梯上行，三楼乘客在三楼厅门外按下行呼梯按钮 SB13，其作用包括以下两点，如图 5-55 所示。

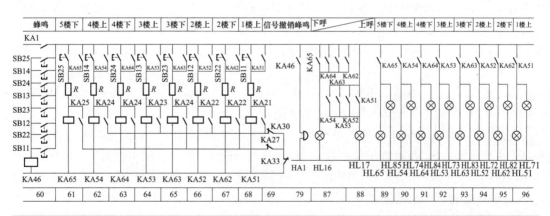

图 5-55　呼梯控制电路

1）蜂鸣继电器 KA46 通电，蜂鸣器 HA1 发出蜂鸣声，松开呼梯按钮 SB13，蜂鸣声停止。

2）呼梯继电器 KA53 线圈通电并自锁，操纵箱上和按钮内呼唤灯 HL53 和 HL73 亮，实现呼梯记忆。此时，司机可根据当时运行方向，用停层按钮 SB3 将停层信号登记。

当电梯接近所要停靠的楼层时，KA33 启动，继电器线圈断电，其常闭触头及已经闭合的楼层控制继电器 KA23 和向下辅助继电器 KA30 常闭触头短接了 KA53 的线圈，使 KA53 断电释放，相应的呼梯信号灯 HL53 和 HL73 熄灭。

（8）检修操作。检修时，将安全开关 SA2 扳向左侧，使电压继电器 KA1 线圈通电，其常开触头闭合，接通交直流控制电路。合上检修开关 SA3，检修继电器 KA6 线圈通电，KA6 的 5 对常开触头、3 对常闭触头动作，其作用如下所示。

1）KA6 第 1 对常闭触头打开，用钥匙控制开关门电路，钥匙开关门已无效。

2）KA6 第 2 对常闭触头打开，断开快速接触器 KM3 线圈电路，确保电梯在检修时不能"开快车"。

3）KA6 第 3 对常闭触头打开，断开开门控制继电器 KA9 线圈电路，KA9 常开触头切断了开门继电器 KA3 的工作电路，使开门只受点动开门按钮 SB7 控制，实现检修时的点动开门。

4）KA6 第 3 对常闭触头打开，也断开了平层电路，可以实现电梯的任意升降。

5）KA6 第 1 对常开触头闭合，接通点动关门按钮 SB6，实现检修时的点动关门。

6）KA6 第 2 对常开触头闭合，接通 KT2～KT4 慢加速延时继电器电路，为慢加速做准备。

7）KA6 第 3 对常开触头闭合，为上升、下降接触器通电做准备。

8）KA6 第 4、第 5 对常开触头闭合，为上升启动继电器 KA8 和下降启动继电器 KA9 实现点动控制做准备。

电梯检修时应注意以下几点。

1）检修时的开关门。按下点动开门按钮 SB7，开门继电器 KA3 线圈通电，开关门电动机 MD 正转，将门开启；松开按钮 SB7，KA3 线圈断电，MD 停止转动；若要关门，按下点动关门按钮 SB6，KA2 线圈通电，MD 反转关门，松开按钮 SB6，KA2 线圈断电，MD 停止转动。这样，可操作 SB7、SB6 点动按钮，可将门开关到所需的任何位置。

2）检查时的上升和下降。要使电梯上升，可不必进行停层指令的登记，只要按下向上点动按钮 SB9，向上启动继电器 KA28、向上方向继电器 KA26 和向上辅助继电器 KA27 线圈被通电，KA6 与 KA26 常开触头闭合使上升接触器 KM1 线圈通电，慢速接触器 KM4、制动器线圈相继通电，主拖动电动机 M 启动，慢速运行，拖动轿厢慢速上升。KM4 常闭触头打开，KT2 慢加速时间继电器线圈断电，KT2 常闭触头延时闭合，闭合后 KM6 线圈通电，短接 M 定子电路中串接电阻 R2 的一部分电阻，KT3、KM7、KT4、KM8 相继动作，逐级短接启动电阻 R_2 和线圈 L_1，电梯慢加速向上运行。松开按钮 SB9，KA28、KA27、KA26 及有关电器全部断电，电梯停止运行。

要使电梯下降，按向下启动按钮 SB10，此时 KA29、KA30、KA31、KM2、KM4 相继通电，主拖动电动机 M 通电反转低速启动，KT2、KM6、KT3、KM7、KT4、KM8 相继动作，逐级短接 R2、L2，电梯在慢加速向下运行。松开 SB10，KA29 及有关电气通电，电动机 M 停止旋转，电梯停止。

3）应急开关 SB8 的使用。电梯在运行中或检修时，如厅门或轿门行程开关 SO10～SQ15 中有损坏情况不能运行，可按应急按钮 SB8 代替门行程开关作应急使用。SB8 为点动控制按钮，可以实现点动控制。

二、空调机组控制系统电路图的识读

在写字楼、宾馆、饭店、医院、商场、影剧院及体育馆等民用建筑中，通常设有中央空调系统。空调系统的作用是对空气进行处理使空气的温度、湿度、流动速度、新鲜度及洁净度等符合使用要求。空调系统主要由制冷机组及其外部设备、空气处理设备、末端设备（多数为风机盘管）、空调管路及电气控制设备组成。

（一）空调系统常用图形符号

空调系统中常用的图形符号见表5-7。

表 5-7 空调系统常用图形符号

图形符号	说　明	图形符号	说　明
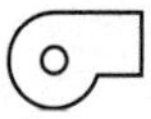 风机	风机	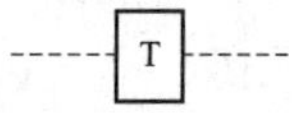 - - - T - - -	温度传感器
 水泵①	水泵①	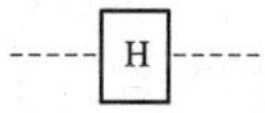 - - - H - - -	湿度传感器
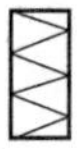 空气过滤器	空气过滤器	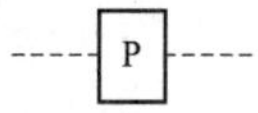 - - - P - - -	压力传感器
 空气加热、冷却器②	空气加热、冷却器②	 ●	一般检测点
 空气加热、冷却器③	空气加热、冷却器③	 电动二通阀	电动二通阀
 空气加热、冷却器④	空气加热、冷却器④	 电动三通阀	电动三通阀
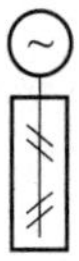 电动调节风阀	电动调节风阀	 电动蝶阀	电动蝶阀
 加湿器	加湿器	 F	水流开关
 冷水机组	冷水机组	 DDC	直接数字控制器
 板式换热器	板式换热器	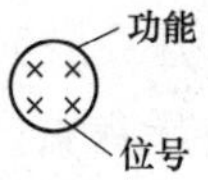 功能／位号	就地安装仪表
 冷却塔	冷却塔	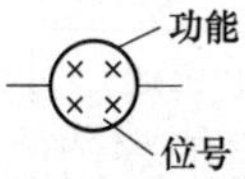 功能／位号	管道嵌装仪表

① 左侧为进水，右侧为出水。
② 单加热。
③ 单冷却。
④ 双功能换热装置。

（二）恒温恒湿空调器结构与控制电路

❶ 恒温恒湿空调器结构

恒温恒湿空调器具有制冷、除湿、加热、加湿等功能，可以提供一种人工气候，使室内温度、相对湿度恒定在一定范围内。一般的恒温恒湿空调器可使环境温度保持在 20～25℃，最大偏差为±1℃；相对湿度为 50%～60%，最大偏差为 10%，是一种比较完善的空调设备。

恒温恒湿空调器由 5 部分构成。

（1）制冷系统。由蒸发器、冷凝器、压缩机、热力膨胀阀、空气过滤器等构成。

（2）风路循环。由离心风机、空气过滤器、进出风口组成。

（3）加湿。由电加湿器、供水装置构成。

（4）加热。由电加热器组成。

（5）控制。由压力继电器，干、湿球温度控制器组成。

恒温恒湿空调器从冷却方式上可分为风冷式和水冷式两大系列。

（1）风冷式（HF 系列）恒温恒湿空调器结构。风冷式恒湿空调器机组分为室内、室外两部分。室外机组只有风冷式冷凝器，室内机组具有制冷、加热、加湿、通风和控制等部件。温度由温控器进行控制，加湿量由电接点水银温度计和继电器控制，电加热也通过温控器进行开、停控制。

（2）水冷式（H 系列）恒温恒湿空调器结构。水冷式恒温恒湿空调器一般为整体式，产品系列有 H 型、LH 型和 BH 型。

H 型恒温恒湿空调器为国产系列产品，所用主机为半封闭式压缩机，制冷剂为 R12，产品冷量范围为 17 400～116 300W，适用被调恒温恒湿面积为 60～500m²。具有降温、供热、加湿、除湿及通风等多种功能。

H 系列恒温恒湿空调器一般为顶部送风，也有带风帽侧送风的，机组可直接放在空调房间，也可在机房内接风管使用。系统中制冷压缩机为半封闭式，具有效率高、噪声小、制冷剂不易泄露等特点，并且配有能量调节和安全保护装置。

恒温恒湿空调器的温湿度控制是通过温控器控制压缩机的开停和加热器的通断，湿球温度计、继电器控制电加热器通断实现的。

还有一种热泵型的恒温恒湿空调器，该机组分为室内式和室外式两种，室内式直接放在空调房间内，室外式需另接风管。

压缩机可根据负荷大小换挡（快速或慢速）运转。制冷工况时，由电接点湿球温度计通过电子继电器控制供液阀的开、关来改变蒸发的面积，同时由电接点干球温度计通过电子继电器控制压缩机的开停进行调温，用电接点湿球温度计通过电子继电器控制电加湿器工作，进行调湿。为安全运转，制冷、制热时的四通阀的换向，以及快速、慢速的换挡必须在停机后方可进行，不允许在运转中进行换向和换挡。

在恒温恒湿空调器中，为了节约能源，有的带有回风口，新风口可根据需要采用一次回风送风方式，有效地利用室内的循环空气（约占 85%）和补充新鲜空气（约占 15%）。

❷ 恒温恒湿空调器控制电路

恒温恒湿空调器通过控制制冷量或制热量来满足房间的恒温要求，通过控制加湿量或减湿量来满足房间的恒湿要求。如图 5 - 56 所示为恒温恒湿空调器电气控制电路图。其温度与湿度控制工作原理如下。

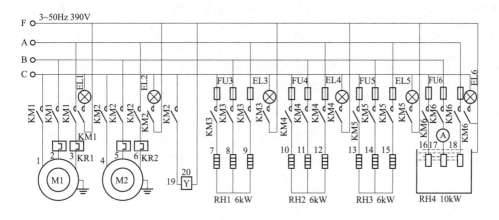

(a)

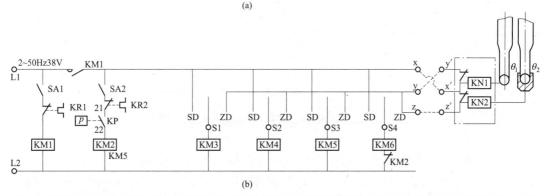

(b)

图 5 - 56　恒温恒湿空调器控制电路图

(a) 主电路图；(b) 控制电路图

（1）系统进行温度控制时，将 S1、S2、S3 放在自动位置 ZD 上，当室内温度低于调定值时，干球温度计的触点脱开，电子继电器 KN1 的常闭触点闭合，KM3、KM4、KM5 通电，其触点闭合，RH1、RH2、RH3 自动加热。待室内温度上升到规定值时，下触点闭合，KN1 的常闭触点断开，电加热器自动停止加热。

（2）系统进行湿度控制时，将 S1 放在自动位置 ZD 上，当室内湿度低于规定值时，湿球温度计 θ_2 触点脱开，电子继电器 KN2 的常闭触点闭合，KM6 通电，其触点闭合，加湿器 RH4 自动加湿，待湿度上升到规定值时，KN2 的常闭触点断开，电加湿器自动停止加湿。

（三）冷水机组控制电路图

冷水机组是重要空调系统中的制冷装置。常用的冷水机组有活塞式、螺杆式、离心式、溴化锂吸收式、直燃机式等。根据制冷工况的要求，通常由冷水机组，冷冻水泵、冷却水泵、冷却塔风机组成一个机泵系统。几个机泵系统可组成一个大型制冷系统，这些系统既可独立运行，也可并列运行。

活塞式、螺杆式、离心式冷水机组的输入功率较大，有的达数百千瓦，其降压启动柜和主机电控制箱都随设备配套供应。溴化锂吸收式、直燃式机组的输入功率较小，仅为十几千瓦，但需用燃油作为能源方可运行，这类冷水机组都带有主机电控箱。

如图 5-57 所示为冷水机组及其附泵配电及控制电路图。冷水机组启动柜和主控箱均由生产厂家提供；冷却水泵，冷冻水泵采用 Y，d 降压启动；冷却塔风机为全压启动手动两地控制。

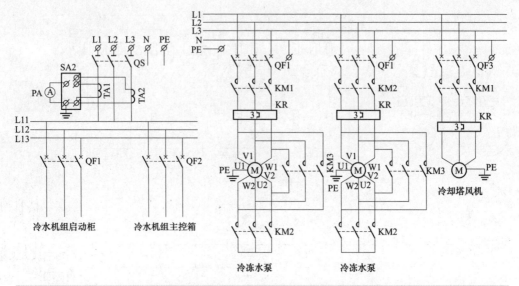

图 5-57　冷水机组及其附泵配电及控制电路图

冷水机组一般在控制室内的启动柜和机旁主控箱两地手动控制。当冷水机组的制冷剂采用氟利昂，气温较低，油温低于 30℃时，在启动冷水机组前，应将油加热。投入加热器的同时，运转油泵使机组内的油强行循环。当油温达到 35℃以上时，温度控制器动作，加热器和油泵停止工作。如果油温加热到 35℃没有立即启动冷水机组，油温下降到 30℃以下时，加热器自动投入工作。如果冷水机组采用氨制冷，在启动冷水机组前不需加热。

如果油温正常，先按下油泵启动按钮，待油压升起后，再按下冷水机组启动按钮，启动冷水机组工作。停止冷水机组工作时，应先停冷水机组，后停油泵。紧急停机时，可直接按下油泵停止按钮或断开机组主控箱上的控制回路电源开关，使机组立即停止运行。

机组在运行中出现下列情况时，自动停止运行。

（1）压差控制器 1 的高压和低压接管分别接入油泵和排气压力，机组要求油压应至少高出排气压力 0.1Pa，当油压不足且在规定的时间内无法恢复时，压差控制器动作，机组停止运行。

（2）压差控制器 2 的高低压接管分别接在精滤油器进出口管道上，当精滤油器堵塞，其进出口压差超过 0.1Pa 时，压差控制器动作，机组停止运行。

（3）机组运行时，如果排气压力超过 1.6Pa 或吸气压力低于 0.05Pa，压力控制器动作，机组停止运行。

（4）机组油温超过 65℃时，温度继电器动作，机组停止运行。

（5）油泵电动机或压缩机电动机过载时，热继电器动作，机组停止运行。

机组发生故障停机时，装在启动柜内的电铃发出声响报警信号，信号指示灯指出停机原因。值班人员先按下复位按钮，切断电铃回路，解除声响报警（但故障指示灯仍亮），然后查明原因，排除故障。

（四）空气处理机组 DDC 控制电路

DDC 是直接数字控制器的缩写，是空调系统计算机控制的终端直接控制设备。通过 DDC，可以进行数据采集，了解系统运行情况，也可以发出控制信号，控制系统中设备的运行。

空气处理机组送冷热风、加湿控制电路，如图 5-58 所示。系统有一台送风风机向管道内送风，另有一台回风风机把室内污浊空气抽回回风风道。为了保持风道内空气的温度和湿度，送风风道与回风风道是一个闭合系统，回风经过滤处理后重新进入送风系统，当回风质量变差时，向室外排出部分回风，同时打开新风口，从室外补充新风到送风系统。在送风系统中要用冷热水盘管对空气的温度进行调整，用蒸汽发生器来加湿。

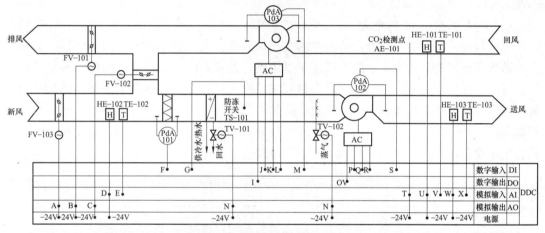

图 5-58 空气处理机组送冷热风、加湿控制电路图

注 图中数字前的"～"符号表示交流，"—"符号表示直流。

如图 5-58 所示的上方是空调系统图，下方是 DDC 控制接线表。DDC 上有 4 个输入输出接口：两个是数字量接口，数字输入接口 DI 和数字输出接口 DO。另两个是模拟量接口，模拟输入接口 AI 和模拟输出接口 AO。根据传感器和执行器的不同，分别接不同的输入输出接口。DDC 是一台工业用控制计算机，它根据事先编制的控制程序对系统进行检测和控制。从图 5-58 所示左侧开始看，A、B、C 3 点接 DDC 的模拟输出口 AO，这是 3 台电动调节风阀的控制信号，其中，FV-101 是排风阀，FV-102 是回风阀，FV-103 是新风阀，调整 3 台风阀的开闭程度，可以控制三路风管中的风量，使系统中的风量保持恒定。3 台风阀的工作电源为交流 24V。

D、E 点接 DDC 的模拟输入口 AI，D 点是湿度传感器 HE-102 的信号线，检测新风的湿度情况，传感器电源为直流 24V。E 点是温度传感器 TE-102 的信号线，检测新风的温度。

F 点接 DDC 的数字输入口 DI，是压差传感器 PdA-101 的信号线，这里有一台空气过滤器，如果过滤器使用时间过长发生堵塞，F 点会出现压差信号，提示系统检修。

G 点接 DDC 的数字输入口 DI，是防冻开关 TS-101 的信号线。

H 点接 DDC 的模拟输出口 AO，是电动调节阀 TV-101 的控制信号线，TV-101 控制冷、热水流量，用来调整风道内空气的温度，TV-101 的电源是交流 24V。

I、J、K、L 各点分别接数字输出口 DO 和数字输入口 DI，是回风机控制柜 AC 的控制信号线，对风机的启动、停止进行控制，对风机的工作和故障状态进行监测。与此相同的还有送风机的控制信号线 O、P、Q、R。

M、S 两点接 DDC 的数字输入口 DI，分别是两台压差传感器 PdA-103 和 PdA-102 的信号线，分别检测两台风机前后的空气压差。

N 点接 DDC 的模拟输出口 AO，是蒸汽发生器的电动调节间 TV-102 的控制信号线，用来控制蒸汽量，调整空气湿度。电动阀电源为交流 24V。

T 点接 DDC 的模拟输入口 AI，是 CO_2 浓度传感器 AE-101 的信号线，检测回风道中的 CO_2 浓度，确定新风增加量和排风量。AE-101 的电源为直流 24V。

U、V、W、X 各点接 DDC 的模拟输入口 AI，分别是回风道、送风道的湿度、温度传感器信号线，与 D、E 点相同。

（五）风机盘管控制电路

风机盘管是中央空调系统末端向室内送风的装置，由风机和盘管两部分组成。风机把中央送风管道内的空气吹入室内，风速可以调整。盘管是位于风机出口前的一根蛇形弯曲的水管，水管内通入冷（热）水，是调整室温的冷（热）源，在盘管上安装电磁阀控制水流。风机盘管控制电路如图 5-59 所示，图的上方是风机、风道、水管系统。图中有 3 只控制电器：TS-101 是温控三速开关，安装在室内墙壁上；TS102 是箍形温度控制器，安装在主水管上；TV-101 是电动阀，安装在盘管进水口。

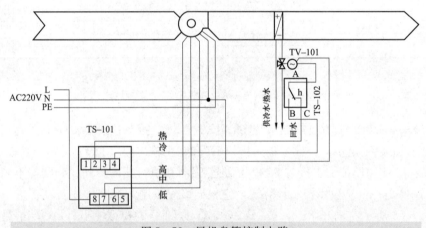

图 5-59　风机盘管控制电路

风机盘管电源由室内照明供电线路提供，零线 N 直接接至风机和电动阀，保护零线 PE 接在风机外壳上，相线 L 接入控制开关 TS101 的 8 号接点。TS-101 为温控三速开关，8 号接点与 4 号接点接通时为高速，与 7 号接点接通时为中速，与 6 号接点接通时为低速。当开关拨到"断"的位置时，风机、电动阀电路均切断。

TS101 内的温控器有通断两个动作位置，控制电动阀的动作，使室内温度保持在设定的范围内（10~30℃）。夏季冷水温度在 15℃ 以下时，箍形温度控制器 TS-102 的接点 A 和 B 接通，当室内温度超过温控器的温度上限设定值时，TS-101 的接点 5 和 8 接通，电动阀打开，盘管内流过冷水，系统向室内送冷风。冬季热水温度在 31℃ 以上时，TS-102 的接点 A 和 C 接通，当室内温度低于温控器的温度下限设定值时，TS-101 的接点 3 和 8

接通，电动阀打开，盘管内流过热水，系统向室内送热风。

（六）变风量新风空调机组控制电路接线图

在影剧院、礼堂和工业厂房等空间较大的场所，通常选用变风量新风空调机组。它主要由空气热交换器、低噪声离心通风机及框架、面板、空气过滤器等组成。这种类型的空调机组依靠外界供给的冷水或热水通过空气热交换器，使一定比例的室内回风和室外新风或全新风冷却、去湿或加热，并由风机送入使用场所。

如图 5-60 所示为三速变风量空调机组控制接线图，其实质是通过改变调速变压器的分接头来改变加在电动机定子绕组上的电压，事先调速，从而改变空调机组的风量。

该控制系统能实现高、中、低三挡调速，按钮 SB12、SB13、SB14 分别控制高、中、低三挡，交流接触器 KM2、KM3、KM4 的主触头分别接通高、中、低 3 个等级的电压。控制线路电路中采取了电气联锁和机械联锁两种安全措施，确保操作时不致引起短路事故。各接触器的辅助触头控制的信号指示灯显示空调机组所处的状态。空调机组停止工作时，为了使调速变压器 T 与电源隔离，在控制回路中接入交流接触器 KM1，并由按钮 SB11 和 SB21 控制。

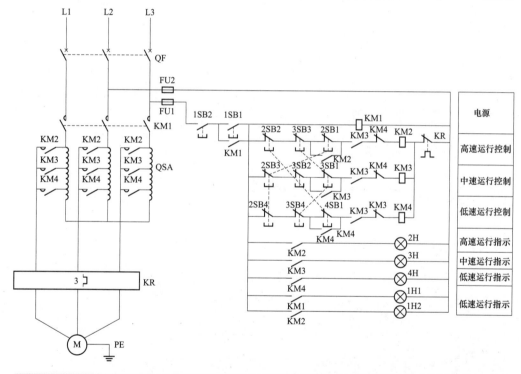

图 5-60 三挡调速变风量空调机组控制接线图

三、水泵控制电路图的识读

在工业与民用建筑中，水泵被广泛应用。最常用的水泵有以下几种。

1 给水泵控制电路

高层建筑中给水泵控制方案有多种方式，常见的形式之一为两台给水泵一用一备。一般受水箱的水位控制，即低水位启泵，高水位停泵。

两台给水泵一用一备全压启动控制电路图，如图 5 - 61 所示。

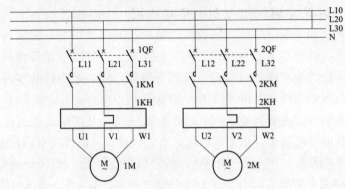

(a)

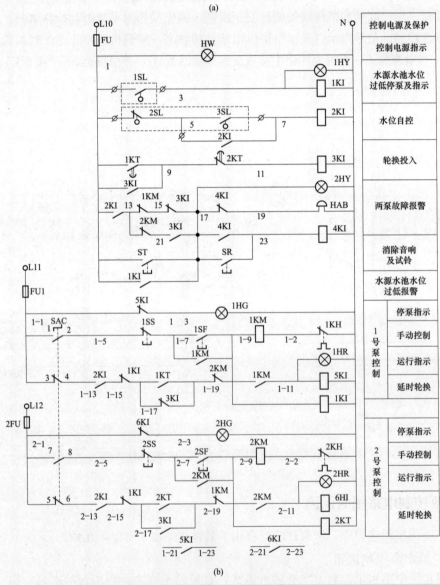

(b)

图 5 - 61 两台给水泵一用一备全压启动控制电路图
(a) 主电路图；(b) 控制电路图

两台水泵互为备用，工作泵故障时备用泵延时投入，水泵的启停受屋顶水箱液位器控制，水源水池的水位过低时自动停泵。工作状态选择开关可实现水泵的手动、自动和备用泵的转换。其控制工作原理如下。

水泵运行时，在1号泵控制回路中，若选择开关SAC置于"自动"位置，当水箱的水位降至整定低水位时，液位器3SL接通→2KI通电吸合→1KM通电吸合→1号泵启动。1号泵启动后，待继电器3KI吸合并自保持，下次再需供水时，2号泵先启动。如果1号泵启动时发生故障，1KM未吸合，则作为备用的2号泵经1KT延时后，3KI吸合，2KM才通电吸合，2号泵启动，相当于备用延时自投。如果1号泵的故障是发生在运行一段时间之后，1KT的延时已到，3KI已经吸合，此时，1号泵的1KM一旦故障释放，2号泵则立即启动。

两台泵的故障报警回路是以2KI已经吸合为前提，1号泵的故障报警是通过1KM常闭触点与3KI常闭触点串联来实现，2号泵的故障报警是通过2KM的常闭触点和3KI的常开触点串联来实现。

❷ 排水泵控制电路

高层建筑排水系统中，两台排水泵一用一备是常用的一种形式。如图5-62所示为两台排水泵一用一备全压启动控制电路图。两台水泵互为备用，工作泵故障时备用泵延时投入。水泵由安装在水池内的液位器控制，高水位启泵、低水位停泵，溢流水位及双泵故障报警。其控制工作原理如下。

（1）手动时。不受液位控制器控制，1号、2号泵可以单独启停。

（2）自动时。将SA置于"自动"位置，当集水池水位达到整定高水位时，SL2闭合→KI3通电吸合→KI5常闭触点仍为常闭状态→KM1通电吸合→1号泵启动运转。

在1号泵启动后，待KI5吸合并自保持，下次再需排水时，就是2号泵启动运转。这种两台泵互为备用，自动轮换工作的控制方式，使两台泵磨损均匀，水泵运行寿命长。

如果水位达到整定高水位，液位控制器故障，泵应该启动而没有启动时。其报警回路设计为一台泵故障时，为短时报警，一旦备用水泵自投成功后，就停止报警。当两台泵同时故障时，长时间报警，直到人为解除音响为止。

❸ 稳压泵控制电路

消防供水稳压系统一般由高位消防水箱、稳压泵、压力控制器、电气控制装置和消防管道组成。图5-63所示为两台稳压泵一用一备控制电路图。两台水泵互为备用，工作泵故障备用泵延时投入，水泵由电接点压力表及消防中心控制，电动机过载时发出声光报警。其控制工作原理如下。

当工作状态选择开关SA处于"自动"位置，水压降至整定下限时，压力传感器SP的7、9号线接通→KI4通电吸合→KM1通电吸合→1号泵启动运转。同时，KT1通电，延时吸合，使KI3通电吸合，为下次再需补压时，2号泵的KM2通电做好了准备。如查水压达到了要求值，压力传感器SP使7、11号线接通→KI5通电吸合→KI4断电释放→KM1断电释放→1号泵停止运转。

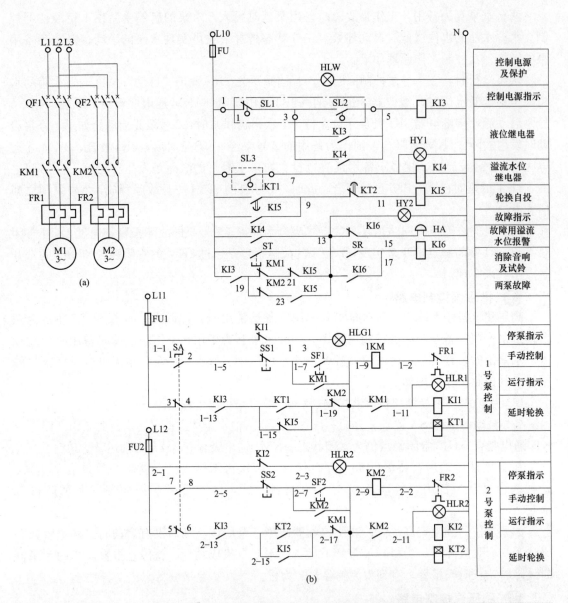

图 5-62　两台排水泵一用一备全压启动控制电路图
(a) 主电路图；(b) 控制电路图

当水压低于规定值而使 KI4 再通电，由于 KI3 已经吸合，1 号泵控制电路 KM1 不能通电，这时，2 号泵控制回路的 KM2 先通电，故 2 号泵投入运转。因为 KT2 也通电，经延时后，其延时打开的常闭触点断开，使轮换用的中间断电器 KI3 断电复原。因此就完成了 1 号、2 号泵之间的第一次轮换，下次再需启动时，又使 1 号泵运转。

当 1 号泵该运转而因故障没有运转时，KM1 跳闸，则 KM1 在 2 号泵控制回路中的常闭触点闭合。如果 1 号泵发生故障时已经运行很长时间及 KT1 的延时已经完成，则 KT1 吸合，同时 2 号泵的 KM2 通电吸合，2 号泵启动运转，起到备用泵的作用。

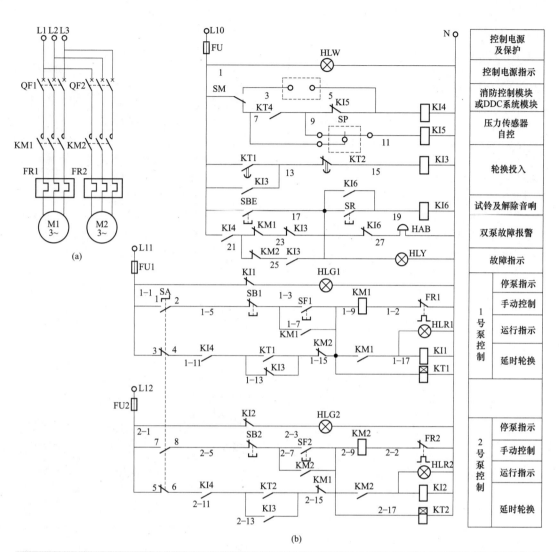

图 5-63　两台稳压泵一用一备控制电路图
(a) 主电路图；(b) 控制电路图

④ 自动喷淋泵控制电路

自动喷淋灭火系统由喷头、水流指示器、信号阀、压力开关、水力警铃及供水管网等组成。当发生火灾后温度达到设定值时，喷头就会自动爆裂并喷出水流。由于水在管中流动，安装在管路内的水流指示器和信号阀动作，与此同时，安装在管路中的压力开关动作，直接启动自动喷洒用消防泵，并通过信号接口传至火灾报警控制器，发出声光报警。

如图 5-64 所示为自动喷淋灭火系统泵一用一备全压启动控制电路图。两台水泵互为备用，工作泵故障备用泵延时投入，水泵由水流继电器、压力开关及消防中心控制，电动机过载及水池无水报警。其控制工作原理如下。

当发生火灾时，自动喷淋系统的喷头便自动喷水，设在主立管上的压力继电器（或接在防火分区水平干管上的水流继电器）SP 接通，KT3 通电，经延时（3～5s）后，中间继

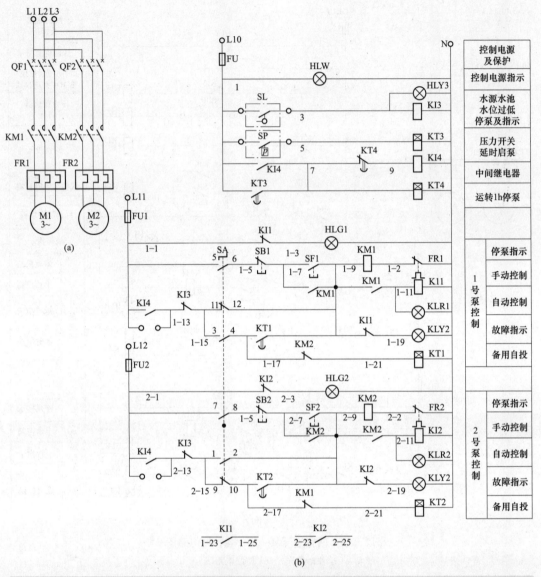

图 5-64　自动喷淋泵一用一备全压启动控制电路图
(a) 主电路图；(b) 控制电路图

电器 K14 通电吸合。如果 SAC 置于"1 号用 2 号备"位置，则 1 号泵的接触器 KM1 通电吸合，1 号泵启动向喷淋系统供水。如果 1 号泵故障，因为 KM1 断电释放，使 2 号泵控制回路中的 KT2 通电，经延时吸合，使 KM2 通电吸合，作为备用的 2 号泵启动。KT4 的延时整定时间为 1h。KT4 通电 1h 后吸合，K14 断电释放，使正在运行的喷淋泵控制回路断电，水泵停止运行。

液位器 SL 安装在水源水池，当水池无水时，液位器 SL 接通，使 KI3 通电吸合，其常闭触点将两台水泵的自动控制回路断电，水泵停止运转。该液位器可采用浮球式或干簧式，当采用干簧式时，需设有下限扎头，以保证水池无水时可靠停泵。

两台喷淋泵自控回路中，与 KI4 常开触点并联的引出线，接在消防控制模块上，由消防中心集中控制水泵的启停。

5 消防泵控制电路

在高层民用建筑中，一般的供水水压和高位水箱水位不能满足消火栓对水压的要求，往往采用消防泵进行加压，供灭火使用。可以使用一台水泵，或两台水泵互为备用。

如图 5-65 所示为两台消防泵一用一备全压启动控制电路图。两台水泵互为备用，工作泵故障、水压不够时备用泵延时投入，电动机过载及水源水池无水报警。其控制工作原理如下。

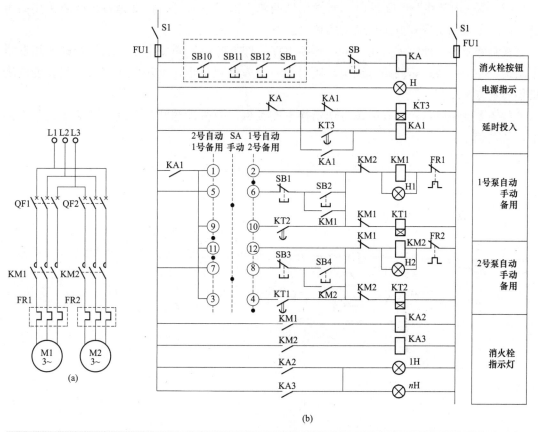

图 5-65　两台消防泵一用一备全压启动控制电路图
(a) 主电路图；(b) 控制电路图

在准备投入状态时，QF1、QF2、SB1 都合上，SA 开关置于 1 号泵自动，2 号泵备用。因消火栓内按钮被玻璃压下，其常开触点处于闭合状态，继电器 KA 线圈通电吸合，KA 常闭触点断开，使水泵处于准备状态。当有火灾时，只要敲碎消火栓内的按钮玻璃，使按钮弹出，KA 线圈失电，KA 常闭触点还原，时间继电器 KT3 线圈通电，铁芯吸合，常开触点 KT3 延时闭合，继电器 KA1 通电自锁，KM1 接触器通电自锁，KM1 主触点闭合，启动 1 号水泵。如果 1 号水泵运转，经过一定时间，热继电器 FR1 断开，KM1 断电还原，KT1 通电，KT1 常开触点延时闭合，使接触器 KM2 通电自锁，KM2 主触点闭合，启动 2 号水泵。

SA 为手动和自动选择开关。SB10～SBn 为消火栓按钮，采用串连接法（正常时被玻璃压下），实现断路启动，SB 可放置消防中心，作为消防泵启动按钮。SB1～SB4 为手动状态时的启动停止按钮。H1、H2 分别为 1 号、2 号水泵启动指示灯。1H～nH 为消火栓内指示灯，由 KA2 和 KA3 触点控制。

四、双电源自动切换电路图的识读

供电系统是一个复杂的系统，系统可靠性至关重要，通常供电系统设计为双电源或三电源自动切换供电。双电源系统在设计中，通常同时考虑两种状况，保证以下电源能够送达末端。

（1）电源中断问题，通过采用双电源供电解决。

（2）系统内部线路中断供电，通过设计两路内部供电系统，特别是备用线路采用高可靠设计，在末端实现双电源自动切换解决。

在某些重要的地方需采用三电源切换电路，即电源由不同发电厂提供的两路变压器供电系统，一用一备；若两路都断电，则另设一路发电机供电，如医院、银行、重要的政府机构等地方。

如图 5-66 所示，以双电源自动切换电路为例，分析读图技巧。读图的顺序是从上到下，从左到右。

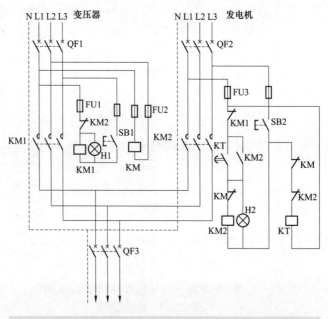

图 5-66　双电源自动切换电路

（1）粗读。读图从上至下分析，供电电源有两路：一路来自变压器，一路来自发电机。来自变压器的三相电源通过断路器 QF1、接触器 KM1、断路器 QF3 向负载供电；当变压器供电出现故障时，通过自动切换控制电路使 KM1 主触点断开，KM2 主触点闭合，将备用的发电机接入，保证正常供电。

（2）细读。两路电源电路都设有保护环节，断路器 QF1、QF2、QF3，熔断器 FU1、FU2、FU3 起保护作用。信号环节为指示灯 H1、H2，显示供电的运行状态。控制环节由接触器 KM1、KM2、KM、KT 以及控制开关完成。

供电时，合上断路器 QF1、QF2，按下手动开关 SB1、SB2，首先接通了变压器的供电回路，接触器 KM1、KM 线圈得电，KM1 主触点闭合。因变压器供电通路接有 KM，所以保证了变压器通路先得电；同时接触器 KM1、KM 在 KM2 通路上的辅助连锁触点断开，使 KM2、KT 不能通电，保证了变压器通路优先工作。

当变压器供电出现问题或发生故障时，KM1、KM 线圈断电，KM1、KM 在 KM2 通路上的辅助连锁触点复原，恢复闭合状态。时间继电器 KT 线圈通电，经一段时间延时后，KT 动合触点闭合，KM2 线圈通电并实现自锁，KM2 主触点闭合，备用发电机供电。综合上所述，图 6‑45 电路实现了双电源自动切换的供电过程。

五、常用风机控制电路图的识读

在工业与民用建筑中，风机有着广泛地应用。常见的有普通风机、排烟（正压送风）风机、新风风机和双速风机等。风机的容量较小，一般采用全压启动。普通风机和新风风机的控制方式有现场手动控制和手动两地控制。两地控制的风机应在现场设有解除另一方控制的措施，以防风机突然启动危及现场工作人员，便于工作人员调试、维修。消防类风机除手动两地控制外，还应有消防联动控制。手动控制为现场和消防中心的紧急控制，紧急控制优先权比一般控制高，它为一般控制的后备控制。消防联动控制为总线控制，由消防控制模块提供直流 24V 有源触点对风机进行控制。

❶ 普通风机控制电路

普通风机包括进风机、排风机、小容量鼓风机和引风机等。如图 5‑67 所示为普通风机手动两地控制电路图，其工作原理如下。

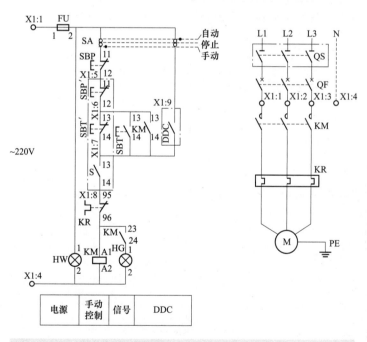

图 5‑67　普通风机手动两地控制电路图

启动风机时，按下风机现场控制箱上的起动按钮 SF′ 或另一控制地点控制箱上的启动按钮 SF，交流接触器 KM 通电吸合，其常开辅助触头 KM 闭合自锁，其主触头闭合，电动机的主电路接通，风机运转。交流接触器的另一常开辅助触头闭合使信号指示灯 HG 点亮，显示风机正处于运行状态。

停止风机需按下风机现场控制箱上的停止按钮 SS′ 或另一控制地点控制箱上的停止按钮 SS，即可切断交流接触器的控制回路，从而使电动机主电路断开，风机停止运转，此时信号指示灯 HG 熄灭，显示风机处于停止状态。

检修风机时，断开风机现场控制箱内的主令开关 S，切断了电动机的控制回路，使另一控制地点不能启动风机，保证了检修人员的安全。

信号指示灯 HW 为控制电源指示灯。

❷ 排烟（正压送风）风机控制电路

一类高层建筑和高度超过 32m 的二类高层建筑中设有排烟（正压送风）设施，这类消防设施设置在不具备自然排烟条件的防烟楼梯间、消防电梯间前室或合用前室，该系统主要由排烟竖井及装设在各层的排烟口、正压送风竖井及装设在各层的正压送风口、排烟风机及其控制装置、排烟管道、安置在排烟管道上的防火阀（280℃）等组成。

这里首先为排烟防火阀的动作原理作简单说明。在发生火灾时，火灾现场的探测器、手动报警按钮等动作后，消防联动模块给排烟口输入一个电信号，排烟口的电磁铁线圈通电动作，通过杠杆作用使棘轮棘爪脱开，依靠排烟口上的弹簧力棘轮逆时针旋转，卷绕在滚筒上的钢丝绳释放，排烟口开启；同时微动开关动作，接通排烟风机的控制电路，启动排烟风机。

如图 5-68 所示为排烟风机控制电路图，其中 YF 为安装在排烟风道中的防火阀（280℃）常闭触点，当此控制电路用于正压送风机时，将 X1：8 与 X1：9 短接。排烟风机采用手动两地控制，消防系统提供有源触点，排烟口与风机直接联动，风机过载报警。现以排烟风机为例来分析其工作原理。

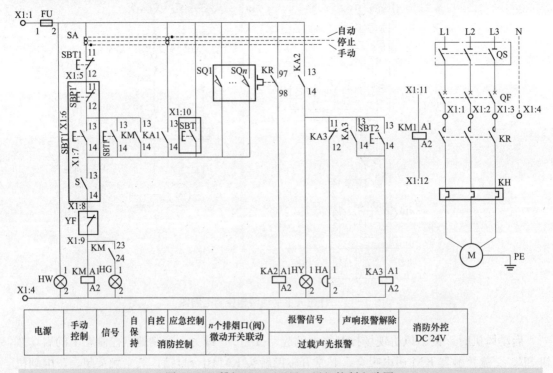

图 5-68　排烟（正压送风）风机控制电路图

（1）手动控制。当万能转换开关 SA 处于"手动"位置时，按下排烟风机现场控制箱上的启动按钮 SBT1′或另一控制地点控制箱上的启动按钮 SBT1，排烟风机的交流接触器 KM 通电吸合，其常开辅助触头 KM 闭合自锁，其主触头闭合，电动机的主电路接通，排烟风机运转。交流接触器的另一常开触头闭合使信号指示灯 HG 点亮，显示排烟风机正处于运行状态。

经确认发生火灾时，消防值班人员旋动消防中心联动控制盘上的钥匙式控制按钮 SB，可直接启动排烟风机。检修排烟风机时，断开排烟风机现场控制箱内的主令开关 S，切断电动机的控制回路，使其他控制地点不能启动排烟风机，保证检修人员的安全。

（2）自动控制。在自动控制状态下，当发生火灾时，来自消防报警控制器的消防外控触点 KA1 或着火层的排烟口微动开关 SQ1～SQn 闭合，使排烟风机的交流接触器 KM 通电吸合，其主触头闭合，电动机的主电路接通，排烟风机运转。当排烟竖井和排烟管道中的空气温度达到 280℃时，防火阀 YF 的常闭触点打开，切断排烟风机的控制电路，交流接触器的主触头断开，切断电动机主电路，排烟风机停止运行。

当排烟风机过载时，热继电器的常开辅助触点 KR 闭合，中间继电器 KA2 的线圈通电，其常开触点 KA2 闭合，电铃 HA 和信号指示灯 HY 的电源被接通，发出声光报警。按下复位按钮，中间继电器 KA3 的线圈通电，其常闭触点断开，切断电铃回路，解除声响报警。

信号指示灯 HW 为控制电源指示灯。

3 新风风机控制电路

在采用风机盘管的集中式空调系统中，一般在每层都设有新风风机。新风风机除了能就地控制外，还可以在冷冻站进行集中遥控，以减少日常的操作及维护人员。图 5 - 69 所示为新风风机手动两地控制电路图，其工作原理如下。

启动新风风机时，按下新风风机现场控制箱上的启动按钮 SBT′或冷冻站集中控制箱上的启动按钮 SWT，交流接触器 KM 通电吸合，其常开辅助触头 KM 闭合自锁，其主触头闭合，电动机的主电路接通，新风风机运转。交流接触器的另一常开辅助触头闭合，使信号指示灯 HG 点亮，显示新风风机正处于运行状态。

若要停止新风风机，按下新风风机现场控制箱上的停止按钮 SBP′或冷冻站集中控制箱上的停止按钮 SBP，即可切断交流接触器的控制回路，从而使电动机主电路断开，新风风机停止运转，此时信号指示灯 HG 熄灭，显示新风风机处于停止状态。当空调风道中的温度达

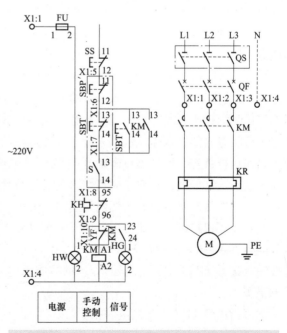

图 5 - 69 新风风机手动两地控制电路图

到 70℃时，防火阀 YF 的常闭触点打开，切断交流接触器的控制回路，电动机的主电路断开，新风风机停止运行。

检修新风风机时，应先断开新风风机现场控制箱内的主令开关 S，切断电动机的控制回路，使冷冻站集中控制箱处不能启动新风风机，从而保证检修人员的安全。

信号指示灯 HW 为控制电源指示灯。

4 双速风机控制电路

在民用建筑的防排烟设计中，双速风机的应用越来越受到设计人员的重视。这种风机的特点是平时用于通风，风机保持低速运行，火灾时用于排烟，风机转入高速运行。双速风机的核心部分是双速电动机，它是利用改变定子绕组的接线以改变电动机的极对数来达到变速的，可随负载的不同要求分两级变化功率和转速。

如图 5-70 所示为双速风机控制电路图。双速风机采用手动两地控制，消防系统提供有源触点，排烟口与风机直接联动，排烟风机过载报警。其工作原理如下。

(1) 手动控制。当万能转换开关 SA 处于"手动"位置时，按下风机现场控制箱上的启动按钮 SBT1′或另一控制地点控制箱上的启动按钮 SBT1，交流接触器 KM1 通电吸合，其常开辅助触头 KM1 闭合自锁，KM1 的主触头闭合，电动机的主电路被接通，风机进入低速运行状态，信号指示灯 HG1 点亮，表示风机用于正常通风。在发生火灾时，按下停止按钮 SBT3，切断交流接触器 KM1 的控制电路，使风机停止低速运转。再按下启动按钮 SBT2′或 SBT2，交流接触器 KM2 和 KM3 先后通电吸合，KM2 的常开辅助触头闭合自锁，KM2、KM3 的主触头闭合，接通电动机主电路，风机进入高速运行状态；KM2 的另一个常开辅助触头闭合，信号指示灯 HG2 点亮，表示风机用于消防排烟。

经确认发生火灾时，消防值班人员转动消防中心联动控制盘上的钥匙式控制按钮 SBT，交流接触器 KM2 和 KM3 先后通电吸合，使风机进入高速运行状态。接在低速控制回路中的 KM2 常闭辅助触头打开，切断低速运行控制电路。

检修双速风机时，断开现场控制箱内的主令开关 S，切断了电动机控制回路，使其他控制地点不能启动双速风机，保证了检修人员的安全。

(2) 自动控制。在自动控制状态下，当发生火灾时，来自消防报警控制器的消防外控触点 KA1 或排烟口微动开关 SQ1～SQn 闭合。如果双速风机原来处于停止状态，交流接触器 KM1 的常闭辅助触点闭合，则 KA1 闭合后，KM2 和 KM3 先后通电吸合，使风机进入高速运行状态。如果双速风机原来处于低速运行状态，则 KA1 闭合后，双速风机不能直接进入高速运行状态。但排烟口微动开关 SQ1～SQn 闭合后，无论双速风机原来处于通风还是停止状态，都能直接将双速风机转入高速运行状态。当排烟管道中的空气温度达到 280℃时，防火阀的常闭触点打开，切断双速风机的控制电路，风机停止运行。

当双速风机过载时，热继电器的常开辅助触点闭合，中间继电器 KA2 的线圈通电，其常开触点 KA2 闭合，电铃 HA 和信号指示灯 HY 的电源被接通，发出声光报警。按钮为复位按钮，按下 SBT4 中间继电器 KA3 的线圈通电，其常闭触点断开，切断电铃回路，解除声响报警。

信号指示灯 HW 为控制电源指示灯。

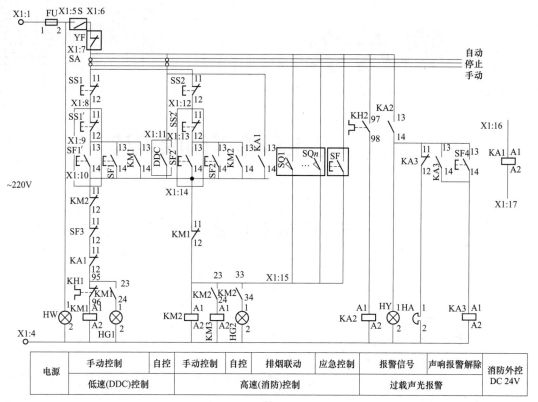

电源	手动控制		自控	手动控制	自控	排烟联动	应急控制	报警信号	声响报警解除	消防外控 DC 24V
	低速(DDC)控制			高速(消防)控制				过载声光报警		

(a)

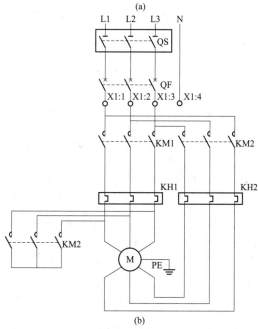

(b)

图 5-70　双速风机控制电路图

第六章

建筑弱电工程施工图的识读

第一节　建筑弱电基本知识

一、弱电系统概述

　　建筑电气系统中常见的低压配电系统、照明系统、防雷接地系统一般为交流市电供电，为 220V 及以上电压，统称为强电系统，而建筑中的消防报警系统、电缆电视及广播音响系统、电话系统、网络综合布线系统、安防系统等主要工作于 220V 以下，以小信号通信控制为主，统称为弱电系统。弱电系统所传输的信号电平较小，传递的往往是视频或音频数字信号，与电力电缆的传输特点有较大区别，为减少传输中的高频损耗往往采用同轴电缆、双绞电缆、光缆等，所采用的设备的功能也与强电系统有较大的区别。

　　以电缆电视系统为例，电缆电视系统包括电视接收天线、卫星天线、微波天线、摄像机、录像机、字幕机、计算机、视频服务器、解码器等。射频前端部分是对信号源提供的各路信号进行必要的处理和控制，并输出高质量的信号给干线传输部分，主要包括信号的放大、信号频率的配置、信号电平的控制、干扰信号的抑制、信号频谱分量的控制、信号的编码、信号的混合等。前段信号处理部分是整个系统的心脏，在考虑经济条件的前提下，尽可能地选择高质量器件，精心设计，精心调试，才能保证整个系统有比较高的质量指标。前端主要设备有：天线放大器、解调器、调制器、信号处理器、混合器、放大器、监视器等。干线传输部分的任务是把前端输出的高质量信号尽可能保质保量地传输给用户分配系统，若是双向传输系统，还需把上行信号反馈至前端部分。根据系统的规模和功能的大小，干线部分的指标对整个系统指标的影响不尽相同。

　　对于大型系统，干线长，干线部分的质量好坏对整个系统指标的影响大，起着举足轻重的作用；对于小型系统，干线很短（某些小型系统可认为无干线），则干线部分的质量对整个系统指标的影响就小。干线传输部分主要的器件有：干线放大器、线路延长放大器、电缆或光缆电源供给器、电源插入器等。用户分配部分是把干线传输来的信号分配给系统内所有的用户，并保证各个用户的信号质量。对于双向传输还需把上行信号传输回该干线传输部分。用户分配系统的主要器件有分配放大器、分支器、分配器、用户终端、机上变换器等，对于双向系统还有调制器、解调器、数据终端等设备。系统中的接收器、调制器、放大器、分配器、分支器、同轴电缆、光缆等都是为了保证整幢建筑各单元都能够接收到可靠的符合电视播放所需技术标准的视频、音频信号。根据传输的距离以及建筑的特点可以有不同的电缆电视系统设计方案。

弱电系统中的各部分都有相对独立的功能但可能又有联系，如消防系统中的报警系统就可以与广播音响系统相结合，扩展广播音响的功能。又如网络综合布线系统，可以将电话以及局域网的布线综合解决，既节约了布线成本，又为网络布线的拓展、功能的增加提供了发展变化的空间。

弱电系统涉及的知识范围较为广泛，能够基本掌握各部分弱电系统的基本知识对弱电系统识图非常重要。因此应了解弱电系统中所涉及的各种设备的基本功能和特点、工作方式、技术参数，这些对了解整个系统极为重要。如消防系统各部分各种探测器的特点、应用场所适用范围、信号的传递方式、系统联动控制执行过程等，都涉及相关的技术知识，只有对弱电系统有较好的理解才能对系统技术图有较为深入的了解和掌握。

二、建筑弱电工程的基本构成

建筑弱电工程是指建筑物内部各系统之间，以及与外部之间信号传播、信息交流的电子电气工程。弱电工程主要包括以下部分。

❶ 电信工程

现代建筑中的电信工程主要包括电话通信、电话传真、电传、无线寻呼等工程。电信工程的基本构成见表 6-1。

表 6-1　　　　　　　　　　　　　　　　电信工程的基本构成

类　型	说　明
电　话	它是人们传递信息的主要工具。电话的应用越来越广，电话在公用建筑中是必不可少的设施，在比较现代化的居民住宅建筑物中，电话也和电气照明一样，被列入重要的电气设施
电话传真	是利用普通电话线路，采用传真收发机传递图片和文字的电信设备。通常电话传真与电话共用一条线路。电话传真是大型办公楼、商业性建筑中设置的供远距离传送图文资料的现代化设备。电话传真机是构成电话传真系统的核心设备。传真机可通过可编程序实现自动拨号，文件内容可存入存储器，并自动发至可编程序自动拨号器所指定的地址。机中设有文件输送器，每次可存放几十页，并有缩放功能和其他记录，如年、月、日，开始时间，张数和情况报告等
电　传	又称为用户电报，它是将用户电报终端机发出的电码信息，通过电信网络中的电传专线，联接到地区的电传交换总台，而传给对方的用户电报终端机，其信号可双向传输。用户电报终端机是电传系统的核心设备，它主要由显示屏幕、电子键盘、处理器和打字机等组成，其中：显示屏幕用来显示电报的内容；电子键盘用来输入指令和信息；处理器实际上是一台专用计算机，用来控制和储存；打字机用来打印输入或输出报文的内容
无线传呼	为了加强管理，一些大型建筑中还配有无线传呼系统。按传呼程式，无线传呼可分为无对讲传呼系统和有对讲传呼系统两种。无对讲传呼系统主要由中央控制台、发射机及天线系统、袋式接收器等组成。中央控制台一般设在总机房内；发射机用以发射 FM 调频信号，经天线系统向空间辐射；袋式接收器由使用者携带，用作信号的接收和显示

❷ 共用天线电视工程

共用天线电视（Community Antenna Television）系统简称 CATV 系统，是一种新兴的电视接收、传输、分配系统。由于它是一个通过电缆的有线分配系统，故又可称为电缆电视或有线电视。最初的 CATV 系统，主要是为了解决远离电视台的边远地区和城市中高层建筑密集地区难以收到电视信号的问题，因此是在一栋建筑物或一个建筑群中，挑选一个最佳的天线安装位置，根据所接收的电视频道的具体情况，选用一组共用的天线，然后将接收到的电视信号进行混合放大，并通过传输和分配网络送至各个用户电视接收机。由于CATV是一个有线分配系统，配有一定的设备，就可以同时传送调频广播，转播卫星的电视节目，在大厦入口处设置摄像机与CATV系统相连，构成防盗闭路电视等。由此可见，共用天线电视系统已是现代建筑中的重要装置之一。随着广播电视事业和通信技术的发展，现在的CATV系统规模逐渐扩大，已经与闭路电视、通信、计算机、光缆技术的发展相联系，其应用范围已远远超过早期的CATV系统。

共用天线电视工程通常由共用天线、信号接收、制作、放大设备（前端设备）、传输分配网络等构成。

❸ 电声工程

电声是一个广义的概念，从扩声到通信联络都属于这一范围。电声系统通常由声音发生装置、功率放大设备、声音传输系统（有线、无线）、扬声器等组成。

现代建筑中的电声工程主要是有线广播工程，其广播系统包括一般广播、紧急广播、音响广播等，广播范围为公众广播、房间广播、会议厅、宴会厅、舞厅的音响等。有线广播工程由广播设备、线路、扬声器、音箱等构成。

❹ 防盗与保安工程

防盗与保安系统早先主要用于军事设施，近年来已应用到特殊的现代建筑中，成为保护国家财产、人员安全的重要防范性技术设施。防盗与保安工程主要由各种探测器、报警器、显示装置、控制装置、执行机构、电锁装置、电视系统、信号传输线路等组成。

❺ 防火和消防工程

高层公用建筑和高密度住宅区的防火与消防是特别重要的。除了在建筑结构上必须采用防火和消防措施外，在电气上还必须设置火灾、烟尘、温度、有害气体等报警装置，并根据上述各种危险因素采取各种消防措施，从而构成了防火和消防电气工程。

❻ 建筑物自动化系统

建筑物或建筑群所属各类设备的运行、安全状况、能源使用状况及节能等实行综合自动监测、控制与管理的系统，称为建筑物自动化系统。它包括了以上各项弱电工程，大致分为3个部分：①楼宇管理自动化系统（BAS）；②通信自动化系统（CAS）；③办公自动化系统（OAS）。

建筑物自动化系统的基本构成如图6-1所示。

三、建筑弱电工程综合布线系统

❶ 综合布线系统的基本功能

综合布线系统是弱电工程的重要组成部分，根据弱电工程的规模，综合布线系统应能支持下列各弱电子系统。

（1）全数字式程控交换机系统。

（2）语音信箱、电子信箱、语言应答和可视图文系统。

（3）建筑物内无绳电话通信系统。

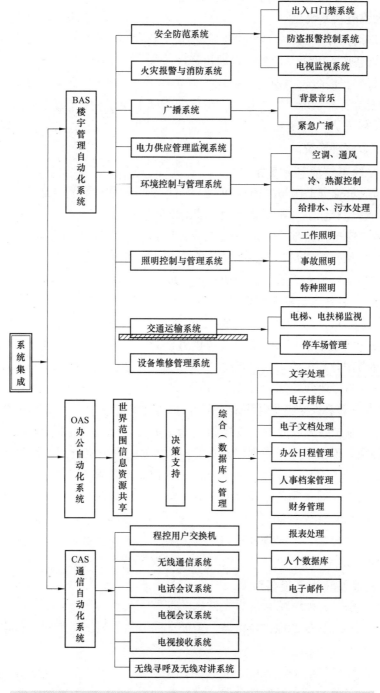

图 6-1　建筑自动化系统的基本构成

（4）可视电话、电视会议系统。

（5）卫星通信系统。

（6）建筑物内信息管理系统。

（7）办公自动化系统。

（8）建筑物内、外各信息传输网络管理系统。

（9）共用天线电视系统。

（10）公共广播传呼系统。

（11）建筑设备监控系统（即楼宇自动化管理）。

（12）火灾报警与消防联动控制系统。

（13）公共安全管理系统，其中包括：①保安监视电视系统；②防盗报警系统；③出入口控制系统；④保安人员巡更系统；⑤访客对讲及其报警系统；⑥汽车库综合管理系统；⑦计算机安全综合管理系统。

❷ 综合布线系统的基本要求

（1）综合布线系统中工作站（区），信息终端各端点的平面布置要根据各个不同的建筑物中不同的建筑楼层和业主及租用者使用功能的不同进行合理布置。

（2）在考虑要连接的其他系统时，要充分考虑到工程的性质、功能、环境条件、用户要求和土建要求，从技术质量、产品供货、投资等方面综合考虑。综合布线系统的费用包括：设备费用、材料（线缆、管材、线槽）费、系统所占用的土建面积（其中有弱电竖井、设备间、控制室）、管理人员的工资等。

（3）要具有开放性、可扩展性和可靠性的特点，综合布线系统通常要采用模块化的灵活结构。

（4）系统设备用电要有可靠的交流电源供电，为了保证供电的可靠性，需要采用双电源供电方式，并考虑备用电源。

（5）要有良好的接地。

（6）在易燃的区域和大楼竖井内设有用钢管保护的电缆或光缆，宜采用防火和防毒的电缆。

（7）综合布线系统各段缆线的长度限值是为了方便设计而规定的，决定限值的主要因素是线路的衰减值，而衰减值与下列因素有关：①缆线的种类（如对绞电缆还是光缆）、电缆的特性阻抗、光纤的波长、线径；②信息的传输速率或传输频率；③对绞电缆接口的反射衰减值或光纤反射衰减；④连接硬件的衰减特性；⑤缆线使用时的环境条件（如温度）。

（8）综合布线系统优先选用适应性强的产品，该产品系统可支持语言、数据、图形、图像、多媒体、安全监控、传感等各种信息的传输，支持诸如非屏蔽和屏蔽对绞线、光纤、同轴电缆等各种传输媒体。

❸ 综合布线系统主要设备材料

（1）配线架。用于各种线缆（包括光纤）的配线，其附件可有：过电压过电流保护器模块、用于线内测试和接地的保护器设备、尘盖、标识条、测试适配器、桥接片、衰减器、管理架等。

（2）耦合器。其种类繁多，有用于5类线或4类线；有单口和双口；有非屏蔽和屏蔽的；有倾斜和垂直；有用于光纤的耦合器，耦合器可用于配线间或工作区里。

（3）连接盒。

（4）信息插座。其种类繁多，例如，面板可提供2，4，6，8，12口的插座配置，多用户/多媒体插座、规格家具适配插座、地毯型插座。

（5）电线电缆和光纤。

（6）电缆槽、线槽或地面内金属线槽。

（7）综合布线系统网络测试设备。

第二节　电话通信系统电路图的识读

一、电话通信系统

电话通信系统由电话交换设备、传输系统和用户终端设备 3 部分组成。电话传输系统按传输媒介分为有线传输和无线传输两种。用户终端设备是指电话机、传真机计算机终端等。交换设备主要是电话交换机，是接通电话用户之间通信线路的专用设备。电话交换机发展很快，它从人工电话交换机（磁石式交换机、共电式交换机）发展到自动电话交换机，又从机电式自动电话交换机（步进制交换机、纵横制交换机）发展到电子式自动电话交换机，以至最先进的数字程控电话交换机。程控电话交换是当今世界上电话交换技术发展的主要方向，近年来已在我国普遍采用。传输系统按传输媒介分为有线传输（明线、电缆、光纤等）和无线传输（短波、微波中继、卫星通信等）。

❶ 电话信号传输方式

（1）模拟信号传输方式。如图 6-2（a）所示。

（2）数字信号传输方式。在模拟信号基础上，将信号转换为数字信号进行传输，如图 6-2（b）所示。这是当前应用最广的一种信号传输方式。

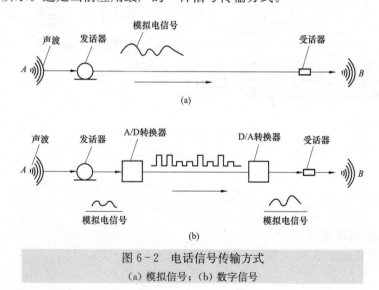

图 6-2　电话信号传输方式
（a）模拟信号；（b）数字信号

❷ 用户电话系统

一般用户电话系统有如下两种基本形式。

（1）直接系统。如图 6-3（a）所示。

（2）程控交换机系统。常用方式如图 6-3（b）所示。本系统为数字程控用户交换机的一般性系统构成。系统的主要组成有：处理机，数字交换控制器，DELTA（D）信道控制器，数据及 D 信道总线及各种接口，如外围设备接口、公共设备接口、电话接口组、其他设备组等的接口，但接口未详细表示。

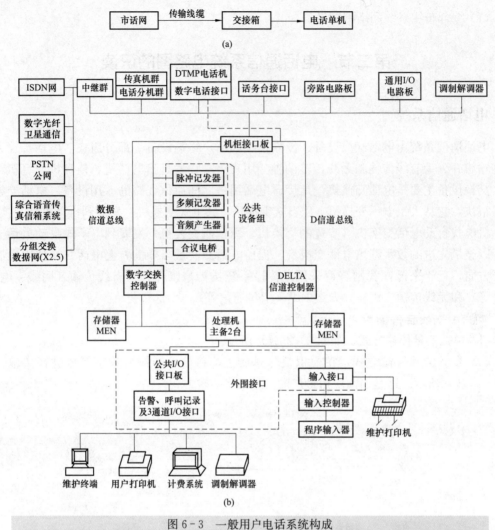

图 6-3　一般用户电话系统构成

（a）直接系统；（b）程控交换机系统

二、电话电源

❶ 电话站供电系统

电话站供电系统如图 6-4 所示。

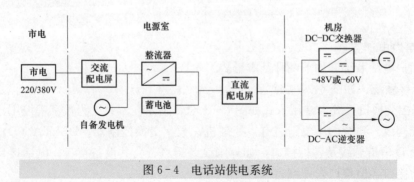

图 6-4　电话站供电系统

❷ 电话站主要电源设备

电话站主要电源设备名称及用途见表 6-2。

表 6-2   主 要 电 源 设 备

名 称	用途、构成及要求
交流配电屏	提供交流电源。由 380V 熔断器或刀开关、频率表、电压表、功率表等构成
柴油机发电机组	自备应急电源。三相 400V，10~50kW
整流器	提供直流电源。输入 220V/380V，输出直流 48~60V，100~250A
直流配电屏	直流电源的分配与控制，400~800A
蓄电池	贮存电力。铅酸蓄电池或碱性蓄电池
DC-DC 变换器	变换直流电压。输入 DC40~75V，输出 DC5，12V，24V，60V
DC-AC 变换器	直流变交流逆变电源，提供不间断电源
接地装置	正极接地和安全接地，接地电阻 3~10Ω

❸ 电话系统对电源的要求

电话系统对电源的要求见表 6-3 和表 6-4。

表 6-3   通信设备对交流电源的要求

通信设备	交流电源电压（V）		频率（Hz）	
	额定值	允许变化范围	额定值	允许变化范围
使用交流电源的载波设备	220	213~227	50	45~55
使用交流电源的无线设备	220	204~231	50	48~52
	380	353~399	50	48~52

注 交流电源电压允许的变化范围，是在通信设备电源端子上测得的值。

表 6-4   通信设备对直流电源的要求

通信设备	直流电源额定电压（V）	通信设备上供电端子允许电压变动范围（V）	电源允许脉动电压	
			电子管毫伏表均方根值（m）	杂音表 800Hz 等效杂音（mV）
共电式人工电话交换机	24	21.6~26.4	—	2.4
步进制自动电话交换机	60	56~66	—	2.4
纵横制自动电话交换机	60	56~66	—	2.4
电报电传机用电动机	110	95~120	1200	—

❹ 程控电话站设备布置

如图 6-5 所示为 2000 门以下程控交换机电话站平面布置示例。

三、电话通信线缆及系统施工敷设

（一）电话通信线缆

❶ 常用通信线缆

常用通信线缆类别及用途见表 6-5。

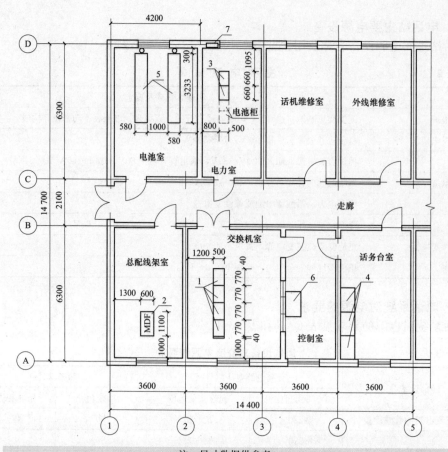

注 尺寸数据供参考

1—程控交换机；2—配线柜；3—整流及配电电源；4—话务台；5—蓄电池；6—控制台；7—接地板

图 6-5 程控电话站设备平面布置示例（mm）

表 6-5 常用通信线缆类别及用途

类别	名 称	型号	芯数	用 途
电话线	橡皮绝缘电话软线	HR	2, 3, 4, 5	电话机与受话器或接线盒连接用
	橡皮绝缘橡皮护套软线	HRH	2, 3, 4, 5	电话机与送、受话器连接用
	塑料绝缘塑料护套软线	HVR	2	电话机与接线盒连接用
配线电缆	塑料绝缘塑料护套电缆	HPVV	5～400 对	市话网与接线箱连接用
	塑料绝缘铅护套电缆	HPVQ	5～400 对	市话网与接线箱连接用
局用电缆	塑料绝缘及护套电缆	HJVV	12～200	交换机内部各单元连接用
	塑料绝缘及护套屏蔽电缆	HJVVP	12～200	交换机内部各单元连接用

❷ 电话线缆和电话线的选择

住宅楼电话配线的要求主要是对电话电缆引入住宅楼及住宅楼电话暗配线方面的要求。电话暗配线系统是由弱电竖井、电话电缆暗敷设管道、电话线暗敷设管道、电话分线箱、过路箱、过路盒和电话插座组成。在建筑配管中，管材可分为钢管、硬聚氯乙烯管、陶瓷管等，现广泛采用钢管及硬聚氯乙烯管。电缆交接间的要求主要是对位置、面积、通风、配电、接地等方面的要求。

电话线缆一定要引入楼内的地下电话支线管道，电话支线管道必须与小区电话主干道连通；当由电话支线管道直接引入住宅楼综合布线箱时，常在住宅楼处设置人孔；电话支线管道的管孔数量应满足其相应服务区内终期电话线对数的需求，且管孔数量不得少于 2 孔。由住宅楼内电缆交接间或分线箱引至住宅楼外入孔的电话支线管道必须采用镀锌钢管，镀锌钢管内径不应小于 80mm，壁厚为 4mm。支线管道的埋深不小于 0.8m。电话线应采用双股多芯塑料绝缘铜线。每股导线总截面不得小于 $0.2mm^2$。

居民区的电话工程均由电信管理部门统一管理，用户电话量可按以下原则估算。

（1）每套住宅区电话线路一般按 1～2 对设计。

（2）小区的物业管理部门屋顶预留办公外线电话。

（3）每 250 户平均预设公用电话一部。

（4）配套的公共设施如中小学、商店、医疗、饭店等按建设单位要求放置。

（5）居住区住宅小区面积每 $1×10^5\,m^2$ 应预留电话交接间一处，面积大于等于 $12m^2$。

（6）居住区的电信局、所的设置以电信部门的要求设计。居住区的电话外线工程路由及管控数量由电信部门确定。

在建筑物中比较集中缆线也大量采用金属线槽明敷的方式，容纳的根数见表 6-6。

表 6-6   电 缆 敷 设

电缆、电线敷设地段	最大管径限制（mm）	管径利用率（%）	管子截面利用率（%）
		电 缆	绞合导线
暗设于地层地坪	不作限制	50～60	30～35
暗设于楼层地坪	一般小于等于 25 特殊小于等于 32	50～60	30～35
暗设于墙内	一般小于等于 50	50～60	30～35
暗设于吊顶内或明敷	不作限制	50～60	25～30（30～35）
穿放用户线	小于等于 25	—	25～30（30～35）

（二）电话通信系统施工敷设

① 电话线路敷设要求

（1）线路的引入线位置不应选择在邻近易燃、易爆、易受机械损伤的地方。

（2）引入位置和线路的敷设，不应选择在需要穿越高层建筑的伸缩缝（或沉降缝）、主要结构或承重墙等关键部分，以免对电话线路产生外力影响，损坏电话电缆。

（3）线路当利用公共隧道敷设时，应尽量不与电力电缆同侧敷设，并尽量远离电力电缆。电话线路还应与其他设备管道之间保持一定的距离。

（4）电话引入线尽量选择建筑物的侧面或后面，使引入处的手孔或人孔不设在建筑物的正面出入口或交通要道上。

（5）电话电缆引入建筑时，应在室外进线处设置手孔或人孔，由手孔或人孔预埋钢管或硬质 PVC 管引入建筑内。电话用户线路的配置一般可按初装电话容量的 130%～160% 考虑。电话外线工程路由及管孔数量由电信部门确认。

（6）多层及高层住宅楼的进线管道，管孔直径不应小于 80mm。多层住宅当按 2～3 个单元一处进线组织暗管系统，塔式高层住宅当按一处进线组织暗管系统，板式高层住宅，如果采用一处进线组织暗管系统不能满足下面要求时，可按一处以上进线组织暗管系统：①暗管水平敷设超过 30m 时，电缆暗管中间加过路箱，通信线路暗管中间应加过路盒；②暗管水平敷设必须弯曲时，其线路长度应小于 15m，且该段内不得有 S 弯，弯曲如超过两次时，应加过路盒。

(7) 居住区的电话局、所的设置按电信部门的设计办理。其面积可按 0.15m²/门估算。

(8) 室外直埋电话电缆在穿越车道时，应加钢管或铸铁管等保护。室内管路采用暗敷时，应注意以下事项。

1) 管路应与其他管线保持一定距离。

2) 管路的直线敷设长度一般不宜超过 30m，管路长度如超过 30m 时，应加管线过路盒。

3) 管路一般不与配线电缆同穿一根管内。穿用户线的管路管径不应过大，一般不超过 25mm。

4) 暗管如弯曲时，其弯曲的夹角不应大于 90°。暗管的弯曲半径在敷设电缆时，不得小于钢管外径的 10 倍；敷设塑料导线时，不得小于钢管外径的 4 倍；用户线管暗管不得小于钢管外径的 4 倍。如有两次弯曲，应把弯曲处设在暗管的两端，这时暗管长度应缩短到 15m 以下，并不得有 S 弯。暗管及其他管线间最小净距离见表 6-7。

表 6-7 　　　　　　　　　　暗管及其他管线间最小净距离　　　　　　　　　　单位：mm

与其他管线关系	电力线路	压缩空气	给水管	热力管（不包封）	热力管（包封）	煤气管
平行净距	150	150	150	500	300	300
交叉净距	20	20	20	500	300	20

❷ 技术要求

(1) 电话电缆采用型号为 HYV 型（铜芯聚乙烯绝缘聚氯乙烯护套市话电缆）或 HYA 型（铜芯聚乙烯绝缘涂敷铝带屏蔽聚氯乙烯护套市话电缆）。型号为 HPVV 型（铜芯聚氯乙烯绝缘聚氯乙烯护套配线电缆）线径 0.5mm 的电缆，电缆的终期电缆芯数利用率小于等于 80％。

(2) 电话线采用 HYV-2×0.5mm² 或 HPV-2×0.5mm²，RVS-2×0.2mm²，RVB-2×0.2mm² 电线。由电话分线箱至电话插座间暗敷电话线的保护管，可采用钢管（SC 或 RC）、电线管（TC）或硬质聚氯乙烯（PC）管。在弱电竖井内可在线槽内敷设。

(3) 有特殊屏蔽要求的电话电缆，应采用钢管作为保护管，且应将钢管接地。

(4) 过路盒及电话出线盒内部尺寸不小于 86mm（长）×86mm（宽）×90mm（深）。电话出线盒上必须安装电话插座面板，其型号为 SZX9-06。过路盒上必须安装尺寸与电话插座面板相同的盖板。

(5) 根据所安装的场所不同，电话插座类型可选择防尘或防水型。电话分线箱及过路箱嵌入墙内安装时，其安装高度为底边距地面 0.5～1.4m。电话分线箱在弱电竖井内明装时，其安装高度为底边距地面 1.4m。过路盒及电话出线盒安装高度为底边距地面 0.3m。电话暗敷设管线之间保持必要的间距。

❸ 多层住宅电话配线系统示例

多层住宅电话配线系统设计方案有 4 种，这 4 种设计设计方案中小区市话电缆从室外引入楼内方式相同，只是由室外电缆引入处电话分线箱至住户电话插座线路的路径不同。

（1）第一种方案。在各单元的各层均设置电话分线箱，室外电缆引入处设置一个100对电话分线箱，其他单元的一层设置一个30对电话分线箱，所有单元二层设置一个30对电话分线箱，三层、四层各设置一个20对电话分线箱，五层、六层各设置一个10对电话分线箱。从室外电缆引入处电话分线箱引至每个单元一层电话分线箱一根30对电话电缆，一层电话分线箱引至二层电话分线箱一根25对电话电缆，二层电话分线箱引至三层电话分线箱一根20对电话电缆，三层电话分线箱引至四层电话分线箱一根15对电话电缆，四层电话分线箱引至五层电话分线箱一根10对电话电缆，五层电话分线箱引至六层电话分线箱一根5对电话电缆，再经各层电话分接箱将电话线分配至各住户的电话插座上。多层住宅楼电话配线系统的第一种方案如图6-6所示中的1单元。

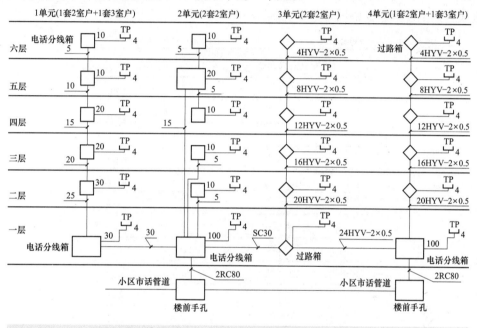

图6-6 多层住宅电话配线图

（2）第二种方案。在各单元的各层均设置电话分线箱，室外电缆引入处设置一个100对电话分线箱，在其他单元的一层设置一个30对电话分线箱，所有单元的五层各设置一个20对电话分线箱，其他各层各设置一个10对电话分线箱。从室外电缆引入处电话分线箱引至每个单元一层电话分线箱一根30对电话电缆，从各单元一层的电话分线箱引至五层的电话分线箱一根15对电话电缆，从各单元一层的电话分线箱和五层电话分线箱引至其他层的电话分线箱各一根5对电话电缆。再经各电话分线箱将电话线分配至各住户的电话插座上。多层住宅楼电话配线系统的第二种方案如图6-6所示中的2单元。

（3）第三种方案。除室外电缆引入处设置一个100对电话分线箱以外，其他各单元各楼层均不设置电话分线箱。从室外电缆引入处电话分线箱将电话线直接引至各住户的电话插座上。多层住宅楼电话配线系统的第三种方案如图6-6所示中的3单元。

（4）第四种方案。在室外电缆引入处设置一个100对电话分线箱，其他单元的一层设置一个30对电话分线箱。从室外电缆引入处电话分线箱引至其他单元一层电话分线箱各一根30对电话电缆，经各单元一层电话分线箱将电话线分配至各住户的电话插座上。多层住宅楼电话配线系统的第四种方案如图6-6所示中的4单元。

④ 高层住宅电话配线示例

高层住宅电话配线方案有3种，这3种方案均在高层住宅楼一层（或地下一层）安排一间房间作为电缆交接间，在电缆交接间内安装本楼的电话电缆交接设备。电话分线箱和电话电缆均安装在弱电竖井内。

（1）第一种方案。在一层（或地下一层）的电缆交接间内设置一套800对电话电缆交接设备，在各层弱电竖井内均设置一个20对的电话分线箱。从本楼的电话电缆交接设备分别引至各层电话分线箱一根20对电话电缆，经各层电话分线箱将电话分配至各住户的电话插座上。高层住宅楼电话系统的第一种方案如图6-7所示，图中 $n = 2 \sim 6$（准确数字由工程所需进线电话电缆数量及备用管数量确定）。

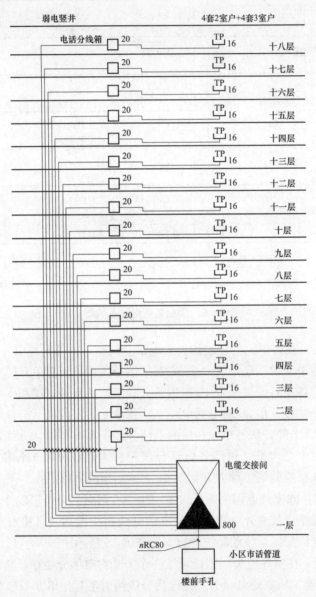

图6-7 高层住宅电话配线系统图（一）

（2）第二种方案。在一层（或地下一层）的电缆交接间内设置一套800对电话电缆交接设备，在每五层（或每两层、每三层或若干层，不超过五层）的弱电竖井内设置一个100对的电话分线箱，其他层弱电竖井内均设置一个20对的电话分线箱。从本楼的电话电缆交接设备分别引至六层、十一层、十六层电话分线箱各一根100对电话电缆，从六层、十一层、十六层电话分线箱及电缆交接间内的电话电缆交接间设备分别引至其他层电话分线箱各一根20对电话电缆，再经各电话分线箱将电话线分配至各住户的电话插座上。高层住宅楼电话配线系统的第二种方案如图6-8所示，图中$n=2\sim6$（准确数字由工程所需进线电话电缆数量及备用管数量确定）。

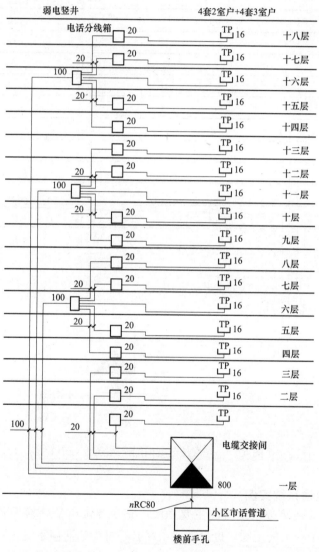

图6-8　高层住宅电话配线系统图（二）

（3）第三种方案。在一层（或地下一层）的电缆交接间内设置一套800对电话电缆交接设备，在每三层（或每两层、每四层或每若干层，不超过五层）的弱电竖井内设置一个100对的电话分线箱。从本楼的电话电缆交接设备分别引至这些100对电话分线箱各一根80对电话电缆，从这些 100 对电话分线箱分别将电话线分配至本层及上下层各住户的电话插座上。高层住宅楼电话配线系统的第三种方案如图 6-9 所示，图中，$n=2\sim6$（准确数字由工程所需进线电话电缆数量及备用管数量确定）。

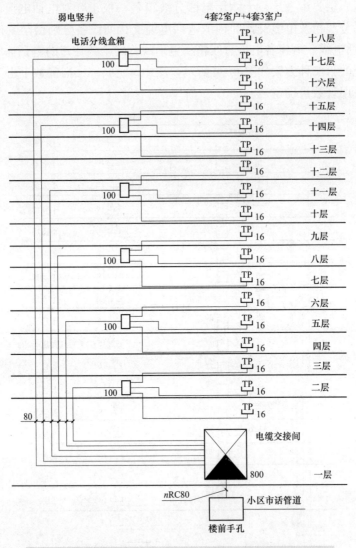

图 6-9　高层住宅电话配线系统图（三）

⑤ 某建筑电话系统实例

电话系统是各类建筑必须配置的主要系统。它主要由电话交换设备、传输设备组成，为人们的通信带来了很大的便利，也是现代小区必不可少的通信系统之一。

本工程电话交接箱设于地下层弱电室内，采用 $4\times UTP-CAT3-50P$ 6G50 埋地 0.8m 引来，干线穿线槽竖井内明敷设至每层电话接线箱，配出线穿金属管暗敷设至用户智能箱。电话系统每户设两部外线，引至本户智能箱，进户线，垂直干线及至智能箱的水平干线全部采用钢管敷设，由智能箱配出回路均采用 PVC 管在现浇板内暗敷设。所用导线除干线采用大对数电缆外，其余分支线均采用 $BVCC-4\times0.5+1\times0.7$ 导线，穿 PVC 管。

　　每户设有 4 个电话插座，分别设在两个卧室和客厅，每卧室一个插座，客厅设置两个插座，设在墙的两侧，便于用户安装选择。电话线从用户智能箱输出，由电话分线箱进行分线，每户两对，同宽带穿同一钢管。另外，为了建筑物扩展需要或其他情况，每层还设有两对备用电话线，系统图如图 6-10 所示。

图 6-10　电话系统图

地下室弱电平面图如图 6-11 所示显示了电话配线系统以及宽带网有线电视配线系统，由地下引入楼内［2（2×UTP-CAT3 50P G100）DA］4 根 UTP-CAT3 50 对电话电缆穿直径 100mm 钢管，分别接入 dH-1、7H-1、13H-1、19H-1（地下一层、七层、十三层、十九层）电话交接箱内，再分配给各层，每层分配电缆对数见系统图 6-10 所示，此外还反映出电话插座的平面布置关系。弱电平面图还同时反映了宽带网系统和有线电视系统的电缆分配关系。地下室电话插座位于配电室。

标准层弱电平面图如图 6-12 所示，图中示出电话插座的布置关系，每户设有 5 个电话插座。分别布置在主卧室、卧室 1、卧室 2、卧室 3、客厅。电话配线由智能箱引来。

第三节　有线电视系统电路图的识读

一、有线电视系统的构成

有线电视系统由前端、干线传输和用户分配网络 3 部分组成。按系统功能和作用不同，可分为有线电视台、有线电视站和共用天线系统。有线电视台的有线电视系统是相当复杂和庞大的，它使用的载波频率高（550MHz 或更高）、干线传输距离远、分配户数多，而且大多是双向传输系统。一个居民楼内的共用天线系统则可能是没有干线传输部分的最简单的有线电视。

有线电视系统除了放自办节目之外，一般都要接收其他台的开路信号。所以前端是指在有线电视广播系统中，用来处理自办节目信号和由天线接收的各种无线信号的设备，例如，先以一个典型的 VHF（甚高频）有线电视系统为例，前端包括闭路和开路两个部分。闭路部分有录播用的录像机和直播的摄像机、灯光等设备。开路部分包括 VHF、UHF（特高频）、FM（调频）、微波中继和卫星转发的各种频段的接收设备，接收的信号经频道处理和放大后，与闭路信号一起送入混合器，输出的是一路宽带复合有线电视信号，再送入干线传输部分进行传输。

干线传输部分是一个传输网，它主要是把前端混合后的电视信号高质量地传送到用户分配系统。它的传送距离可以达几十公里，可以包括干线放大器、干线电缆、光缆、多路微波分配系统（MMDS）和调频微波中继等。用户分配网络则把来自干线传输系统的信号，分配传送到千千万万的用户电视机。它包括线路延长分配放大器、分支器、分配器、用户线及用户终端盒等。

前端系统包括信号源部分、信号处理部分和信号放大合成输出部分。信号源包括接收天线、天线放大器、变频器、自办节目用的放像机、影视转换机等。信号处理部分包括频道变换器、频道处理器和调制器等。信号放大合成输出部分包括信号放大器、混合器、分配器以及集中供电电源等。

传输系统包括由同轴电缆、光缆以及它们之间的组合部分和它们相应的硬件设备组成。

分配系统包括支干线、延长放大器、用户放大器和相应的无源器件如分配器、分支器和用户终端（电视机）等。

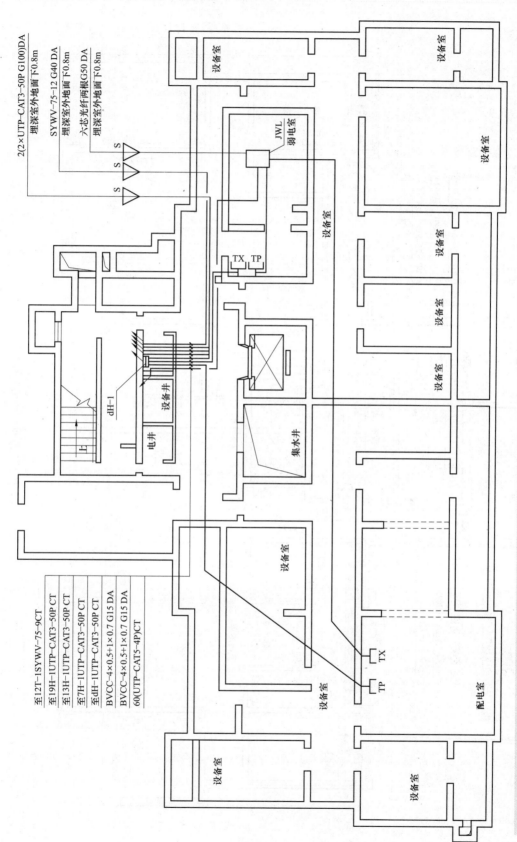

图 6 – 11 地下室弱电平面图

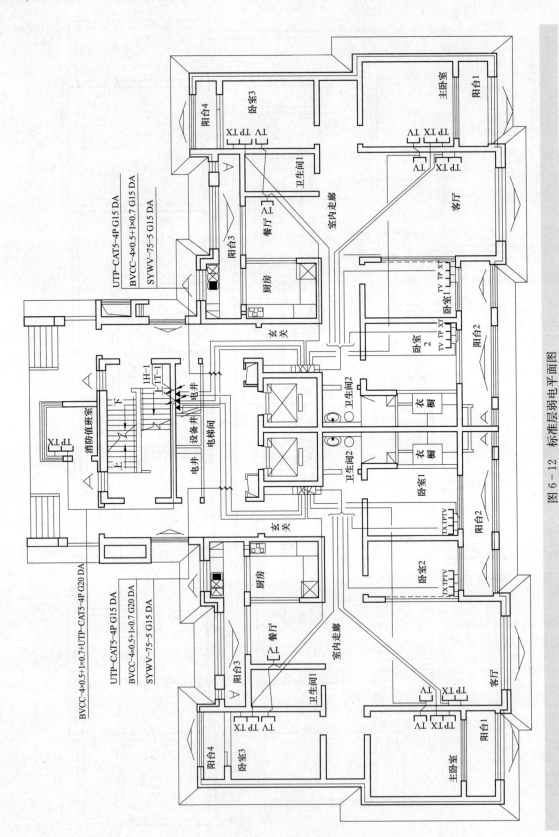

图 6－12　标准层弱电平面图

电缆电视及广播音响系统是建筑弱电系统中重要环节。电缆电视目前广泛普及，信号清晰稳定，播送电视台频道数量众多，频带宽，抗干扰能力强，并且随着数字电视技术的发展还可以实现高清晰数字电视信号点播、双向互动等，具有极大的优越性，是现代建筑不可或缺的设备。广播音响也是现代建筑中的重要设备，主要包括有线广播、背景音乐、客房音乐、舞台音乐、多功能厅的扩声系统、教室的扩音系统，以及会议厅的扩声和与建筑有关的室外扩声系统等。应用电视和广播有线电视均采用同轴电缆或光缆甚至微波和卫星作为电视信号的传输介质。电视信号在传输过程中普遍采用两种传输方式：一种是射频信号传输，又称高频传输；另一种是视频信号传输，又称低频传输。应用电视系统都采用视频信号传输方式，而广播有线电视系统通常采用射频信号传输方式，且保留着无线广播制式和信号调制方式，因此，并不改变电视接收机的基本性能。

❶ 特性与功能

有线电视近年来发展很快，已成为家庭生活的第三根线，又称图像线（第一根线是电灯线，第二根线是电话线）。有线电视的发展之所以迅速，主要在于它有如下特性：高质量、宽带性、保密性和安全性、反馈性、控制性、灵活、发展性。

有线电视系统的基本组成图如图 6-13 所示。

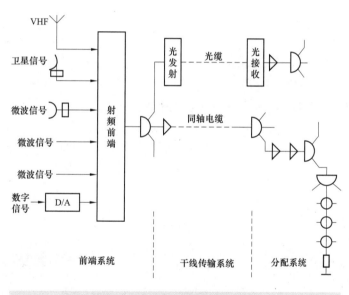

图 6-13　有线电视系统基本组成

❷ 工作频段及频道

应当强调指出，有线电视的工作频段及频道指的是在干（支）线中传输的信号的频段及频道，并不是指前端接收信号的频段。

（1）有线电视的工作频段及频道分布见表 6-8，它包含 VHF 和 UHF 两个频段。

（2）我国的无线（开路）广播电视台按行政区域覆盖范围实行中央、省（市）、地区和县四级布局。

（3）邻频道指的是相邻的标准广播电视频道。

（4）增补频道传输也是增加有线电视频道的一种方法。

表 6-8　　　　　　　　　　　　　　　CATV 的频道划分表

频道范围（MHz）	系统种类	国际电视频道数	增补频道数	总频道数
48.5~233	VHF 系统	12	7	19
48.5~300	300MHz 系统	12	16	28
48.5~450	450MHz 系统	12	35	47
48.5~550	550MHz 系统	22	36	58
48.5~600	600MHz 系统	24	40	64
48.5~750	750MHz 系统	42	41	83
48.5~860	860MHz 系统	55	41	96
48.5~958	V+U 系统（含增补）	68	41	109

❸ 用户电平

用户电平实际上是反映用户终端输出的电压高低。为便于计算和测量，用户电平按下式确定。

$$V(dB) = 20\lg \frac{V}{V_0}$$

式中　$V(dB)$——用户电平值（dB）；

　　　　V——用户端电压（μV）；

　　　　V_0——参考电压（$1\mu V$）。

例：某电视机输出电压为 2mV，其用户电平为多少？

$$2mV = 2000\mu V$$

$$V(dB) = 20\lg \frac{2000}{1} = 66dB$$

电平值与电压值的对应关系见表 6-9。

表 6-9　　　　　　　　　　　　　　　电平与电压的对应关系

电平（dB）	电压（mV）	电平（dB）	电压（mV）	电平（dB）	电压（mV）	电平（dB）	电压（mV）
50	0.32	59	0.89	68	2.51	77	7.08
51	0.35	60	1.00	69	2.82	78	7.94
52	0.40	61	1.12	70	3.16	79	8.91
53	0.45	62	1.26	71	3.55	80	10.0
54	0.50	63	1.41	72	3.98	81	11.2
55	0.56	64	1.58	73	4.47	82	12.6
56	0.63	65	1.78	74	5.01	83	14.1
57	0.71	66	2.00	75	5.62	84	15.8
58	0.79	67	2.24	76	6.31	85	17.8

我国规定的用户终端电平值见表 6-10。

表 6 - 10　　　　　　　　　　　　　　　用户终端电平规定值

类别及频段		最低电平（dB）	最高电平（dB）
有线电视频道		57	83
无线	VL 频段	52	84
	VHF 频段	54	84
	UHF 频段	57	84
调频广播 FM		50	84

二、电缆电视系统基本设备

❶ 天线

天线的类型及说明见表 6 - 11。

表 6 - 11　　　　　　　　　　　　　　　天 线 的 类 型 及 说 明

类　　型	说　　　明
引向天线	又称为八木天线。引向天线既可以单频道使用，也可以多频道使用，既可作 VHF 接收，也可作 UHF 接收，工作频率范围在 30～3000MHz。引向天线具有结构简单、馈电方便、易于制作、风载小等特点，是一种强定向天线，在电缆电视接收中被广泛采用。引向天线由反射器、有源振子、引向器等部分组成，如图 6 - 14 所示。所有振子都平行配置在一个平面上，中心用金属杆固定。有源振子通常采用折合半波振子，用以接收电磁波，无源振子根据作用可分为引向器和反射器两种 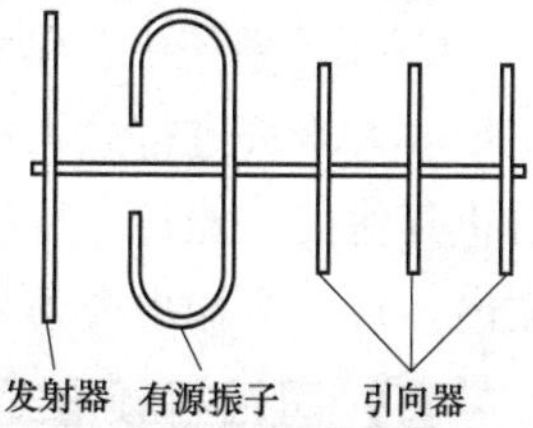 发射器　有源振子　　　引向器 图 6 - 14　引向天线结构
组合天线	又称为天线阵，天线阵可以提高天线增益，天线数越多增益越大。同时天线阵抗干扰能力也得到增强。如图 6 - 15 所示为水平组合式天线阵，如图 6 - 16 所示为垂直组合天线阵，还可以进行复合，如将水平天线阵再在垂直方向组合会获得更好的效果 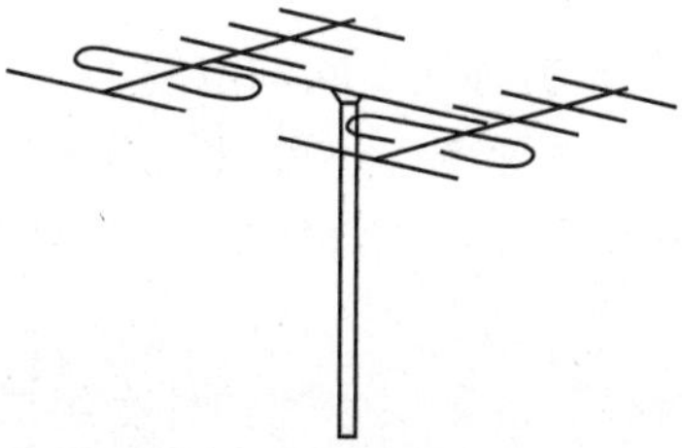 图 6 - 15　水平组合天线 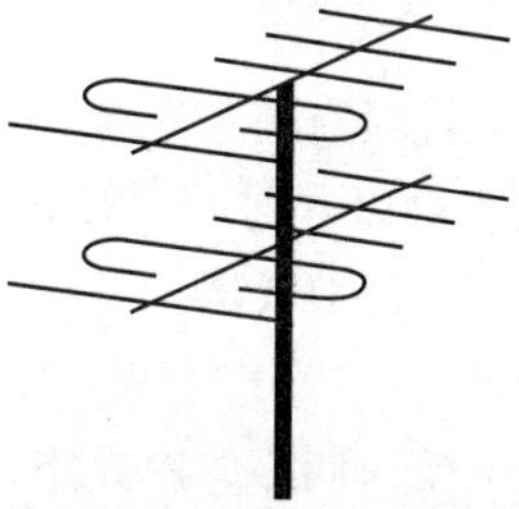　　　图 6 - 16　垂直组合天线
卫星天线	可用于接收卫星发射电视视频信号

❷ 放大器

放大器的类型及说明见表 6 - 12。

表 6 - 12　　　　　　　　　　　　　　　放大器的类型及说明

类　　型	说　　　明
干线放大器	干线放大器是用来补偿信号在同轴电缆中的传输损耗的，其增益正好等于两个干线放大器之间的电缆损耗及无源器件的插入损耗，使任意两个干线放大器的输入信号基本相同。干线放大器的带宽应等于有线电视系统的带宽。由于同轴电缆具有频率特性和温度特性，因此干线放大器一般都具有斜率均衡及增益控制的功能，高质量的干线放大器还具有自动电平控制功能

续表

类 型	说 明
楼幢放大器	应用在分配系统的末端，即楼房内部，直接服务于用户。因此对此类放大器技术指标的要求可低于前述放大器，也可用分配放大器替代。末端无论采用分配放大器还是楼幢放大器，都应使增益达到30～50dB，输出电平达到100～105dB
分配放大器	分配放大器通常应用在分配系统中，分配放大器一般不需采用具有自动增益控制（AGC）的放大器。由于分配放大器直接服务于居民小区或楼幢用户，放大器的增益应较高，一般为30～50dB。放大器输出电平较高，常为100～105dB。很多分配放大器有多个输出口，即在放大器内部的输出端设置分配器
线路延长放大器	通常用在支干线上，用来补偿同轴电缆传输损耗、分支插入损耗、分配器分配损耗等。线路延长放大器与干线放大器无明显差别，很多干线放大器同时也用来作为线路延长放大器。根据支干线相对于主干线传输距离较短的特点，对于支干线上放大器技术指标的要求，可略低于干线放大器，通常不需要采用自动电平控制（ALC）功能的放大器

❸ 混合器与分波器

CATV系统中，常常需要把天线接收到的若干个不同频道的电视信号合并为一再送到宽带放大器去进行放大，混合器的作用就是把几个信号合并为一路而又互不影响，并且能阻止其他信号通过。分波器与混合器相反，它是将一个输入端的多个频道信号分解成多路输出，每一个输出端覆盖着其中某一个频段的器件。

❹ 同轴射频电缆

同轴电缆以硬铜线为芯，外包一层绝缘材料。这层绝缘材料用密织的网状导体环绕，网外又覆盖一层保护性材料。有两种广泛使用的同轴电缆：一种是50Ω电缆，用于数字传输，由于多用于基带传输，也叫基带同轴电缆；另一种是75Ω电缆，用于模拟传输，即下一节要讲的宽带同轴电缆。这种区别是由历史原因造成的，而不是技术原因或生产厂家的原因。

同轴电缆具有高带宽和极好的噪声抑制特性。同轴电缆的传输速率取决于电缆长度。1km的电缆可以达到1～2Gbps的数据传输速率。还可以使用更长的电缆，但是传输率要降低或使用中间放大器。目前，同轴电缆大量被光纤取代，但仍广泛应用于有线电视和某些局域网。

同轴电缆由同心的内导体、电绝缘体、屏蔽层和保护外套组成。内导体是单股或多股铜芯导线，用于信号传输。屏蔽层为用铝丝或铜丝编织的金属网或金属管包裹在绝缘体外，起电屏蔽作用。最外层保护套由塑料胶制成。

同轴电缆电气性能较好，它的衰减特性比双绞线大为改善，适合高频信号的传输。此外，抗电气噪声干扰能力较强，既可用作模拟传输又可用于数字传输，是较为理想的传输介质。

同轴电缆型号命名方法如下。

（1）电缆型号的组成。

分类代号	绝缘	护套	派生	——	特性阻抗	——	芯线绝缘外径	——	结构序号

（2）字母代号及其意义。几个主要字母代号意义如下：S为射频同轴电缆；Y为聚乙烯；YK为聚乙烯纵孔半空气绝缘；D为稳定聚乙烯空气绝缘；V为聚氯乙烯。

例如：SYKV‐75‐5表示射频同轴电缆、聚乙烯纵孔半空气绝缘（藕芯）、聚氯乙烯护套、特性阻抗为 75Ω、芯线绝缘外径为 5mm。CATV 系统中用的最多的是 SYKV 型和 SD-VC 型同轴电缆。干线一般采用 SYKV-75-12 型，支干线和分支多用 SYKV-75-12 或 SYKV-75-9 型，用户配线多用 SYKV75-5 型。

⑤ 光缆

光纤可以传输数字信号，也可以传输模拟信号。光纤在通信网、广播电视网与计算机网，以及在其他数据传输系统中，都得到了广泛应用。光纤宽带干线传送网和接入网发展迅速，是当前研究开发应用的主要目标。光纤又称光纤波导，它是工作在光频的一种介质波导。它的工作原理是基于光在两介质交界面上的全反射现象。呈圆柱形的光纤把以光的形式出现的电磁能量约束在其表面以内，并引导光沿着轴线方向传播。

光纤传输的主要特点是：速度高、带宽大（可达数千兆赫）、衰减小（每千米几个 dB）、距离远、尺寸小、重量轻、抗干扰强、保密好。正是由于光纤的这些特点，它的应用从传统的电信领域迅速地扩展到海底通信、图像传输和计算机通信等诸多领域，对双绞线和同轴电缆构成了强大挑战。光纤将逐渐取代双绞线与同轴线成为有线网络的通信介质。光缆就是利用光导纤维（简称为光纤）传递光脉冲来进行通信。光缆是光纤通信的传输介质，在发送端可以采用发光二极管或半导体激光器，它们在电脉冲的作用下能产生出光脉冲。光纤通常由非常透明的石英玻璃抽成细丝，主要由纤芯和包层构成双层通信圆柱体。

光纤不仅具有通信容量非常大的优点，而且还具有其他的一些特点：传输损耗小，中继距离长，远距离传输特别经济，抗雷电和电磁干扰性能好；无串音干扰，保密性好，也不易被窃听或截取数据；体积小，重量轻。这在现有电缆管道已拥塞不堪的情况下特别有利。光纤的传播原理如图 6-17 所示。

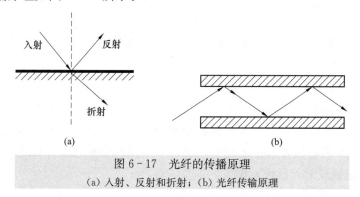

图 6-17　光纤的传播原理
（a）入射、反射和折射；（b）光纤传输原理

⑥ 分支器

分支器是从信号干线上取出信号分送给电视用户插座的部件。它由一个主路输入端、一个主路输出端和若干个分支输出端构成。按输出端的多少分别称为一路、二路和多路分支器。

如图 6-18（a）所示是一个变压器式一分支器的典型电路，它由两个传输线变压器 T1、T2、一个隔离电阻 R 和一个补偿电容 C 构成。在理想状态下，"1"端输入的功率只有很小的一部分传到"3"端（分支端），而大部分的功率传到"2"端（输出端），但是，"3"端输入的功率却不能反送到"1"端和"2"端，即分支器具有反向隔离的作用。

在一分支器上加上一个二分配器就构成一个二分支器，加上一个四分配器构成一个四分支器。如图 6-18（b）所示是各种分支器的图形符号。常用分支器的主要数据见表 6-13。

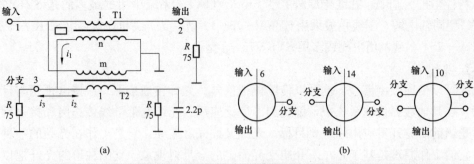

图 6 - 18　分支器

(a) 一分支器电路；(b) 各种分支器图形符号

表 6 - 13　　　　　　　　　　　　常 用 分 支 器

型号	阻抗 (Ω)	分支损耗 (dB)	反向隔离 (dB)	相互隔离 (dB)	型号	阻抗 (Ω)	分支损耗 (dB)	反向隔离 (dB)	相互隔离 (dB)
GZ4107	75	6.5～7.0	22～20	—	4214	75	14	30～22	22～18
4110	75	10	28～20	—	4410	75	14～11.5	28～20	22～18
4114	75	14	28～26	—	4414	75	14～14.5	28～22	22～18
4208	75	8～8.5	26～18	22～18	4418	77	18～18.5	32～24	22～18
4210	75	10.5	24～20	22～18	4422	75	22	32～26	22～18

注　各厂家产品型号不统一，仅供参考。

⑦ 分配器

分配器是将一路输入信号均等或不均等地分配为两路以上信号的部件。分配器还起隔离作用，使输出端相互不影响，同时还有阻抗匹配作用，各输出线的阻抗为 75Ω。分配器是一种无源器件，可应用于前端、干线、支干线、用户分配网络，尤其是在楼幢内部，需要大量采用分配器。根据分配器输出的路数可分为：二分配器、三分配器、四分配器、六分配器。按分配器的回路组成分为集中参数型和分布参数型两种。按使用条件又可分为室内型和室外防水型、馈电型等。在使用中，对剩下不用的分配器输出端必须接终端匹配电阻（75Ω），以免造成反射，形成重影。

⑧ 用户插座

在用户端设置插座，电视机从这个插座得到电视信号。用户电平一般设计在 70dB 左右，安装高度为 0.3～1.5m。

在用户插座面板上有的还安装一个接收调频广播（FM）的插座。

用户插座也可与一个一分支器合为一体，再由此插座串接至另一插座，这种插座又称为串接单元。

三、电缆电视系统工程图的识读

电缆电视系统工程图主要有系统图和平面布置图，系统与供配电系统图和平面图的表示方式相似。下面通过实例说明。

如图 6-19 所示为一幢建筑的有线电视电缆电视系统图，建筑为 15 层，有 4 个单元，每单元每层两户，每户两路信号线。信号线引自市内有线电视系统，建筑电缆由室外穿管埋地引入一层电视前端箱。楼内干线采用 SYWV-75-9 型，分支线采用 SYWV-75-5 型

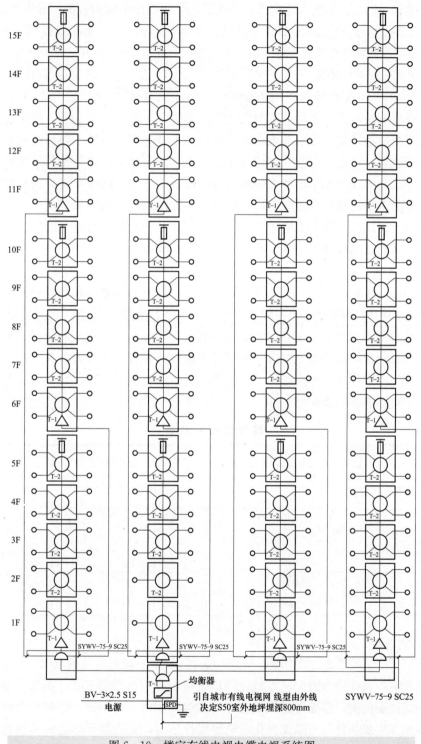

图 6-19　楼宇有线电视电缆电视系统图

穿钢管在墙、地面及楼板内暗敷设。有线电视出线每户只安装两个，其余均预留。电视前端箱墙上明装，安装高度为底边距地1.2m，竖井内电视前端箱及分支、分配器箱墙上明装，安装高度为底距地0.5m，电视出线口底边距地0.3m。交流电源由3根BV聚氯乙烯绝缘铜线穿直径15mm钢管提供，首先进入均衡器，均衡器的作用是使不同频段的信号电平能够均衡，再进入4分配器将信号一分为四，即4个单元。由于建筑为15层，如果直接用分支器进行信号分配因电缆的损耗和分支损耗等将使信号不均衡，因此将15层住宅分为3部分，有线电视箱将放于二单元一层内，楼高3m，干线用SYKV-75-9型；用户端采用SYKV-75-5型。引入电平为90dBμV，用户段电平要求达到68±4dBμV。分支器末端接75Ω负载电阻。

关于用户电平的选择，必须指出用户电平是随楼房的层数而变化的。楼房的层数越高受到电波的干扰就越严重，要求系统设计时用户电平就越高。另外，如离电视发射台比较近，空间场强较强，可选用户电平比较高一点。总之，分配系统也是整个系统的一个组成部分。如果前端和干线的设计合理而分配系统的设计不合理，同样不能保证最终的信号质量，分配系统的主要问题，是如何选用分配放大器以及如何合理的配置电平。对于邻频系统，其分配放大器宜选用推挽输出的放大器，以保证二次互调。对电平的配置应考虑指标的分配、温度波动引起的电平波动等因素。

① 四分支器

四分支器由一体化加厚锌合金砂纹流线型外壳、优质光锡镀层和马口铁锡封后盖（可根据用户要求采用镀锡铜盖或镀锡锌合金盖，提高防腐能力）构成。产品标签采用优质PVC材料，防紫外线油墨，保证产品标识清楚持久。产品结构、各端口间距、安装固定位置均符合SCTE标准，便于施工安装。采用优质玻纤线路板，微带设计线路，元件贴片安装，使产品性能稳定可靠。连接端口内导体采用镀锡磷青铜，弹性优良，确保触点持久耐用。四分支器具体参数见表6-14。

表6-14 四分支器参数表

型 号			513	516	519	522	525
标称值			13	16	19	22	25
分支损耗(dB)	典型值（允许偏差）	5～65MHz ±0.8	12.6	15.5	18.5	21.5	24.5
		65～750MHz ±0.8	13.2	16.1	19.1	22.1	25.2
		750～1000MHz ±1.0	13.5	16.5	19.5	22.5	25.5
插入损耗(dB)		5～65MHz	≤3.5	≤1.9	≤1.3	≤0.9	≤0.6
		65～750MHz	≤3.7	≤2.0	≤1.4	≤0.9	≤0.7
		750～1000MHz	≤4.1	≤2.3	≤1.6	≤1.0	≤0.8

② 同轴电缆

SYWV（Y）-75型聚乙烯物理高发泡电缆是一种具有很低损耗的电缆，它是通过气体注入使介质发泡，选择适当的工艺参数使得形成很小互相封闭的气孔，不易受潮。电缆内导体有纯铜线、铜包钢，外导体是铝塑复合带加镀锡铜线、裸铜线、铝镁合金线编织，介质和内导体相互牢固结合，当温度变化或电缆受拉压时，介质与导体之间不会发生相对移动。SYWV（Y）-75型电缆的衰减比同尺寸的其他射频电缆小，它用于CATV闭路电视系统、传输高频和超高频信号，亦可用于数据传输网络，进行数据传输。同轴电缆技术参数见表6-15。

表6-15　　　　　　　　　　　　　同 轴 电 缆 技 术 参 数

样品型号	SYWV-75-5	SYWV-75-9
衰减常数（dB/100m）	50MHz≤4.8 800MHz≤20.3	50MHz≤2.4 800MHz≤10.4

❸ 三分配器

三分配器技术指标见表6-16。

表6-16　　　　　　　　　　　三分配器技术指标明细

指　　标	型号：1213（佛山市顺德区宏发电子有限公司）			
频率范围（MHz）	50	550	750	1000
插入损耗（dB max）	5.6	5.6	6.5	6.8
相互隔离（dB min）	25	28	25	20
反射损耗（dB min）	20	20	18	16

❹ 四分配器

四分配器技术指标见表6-17。

表6-17　　　　　　　　　　　四分配器技术指标明细

指　　标	型号：1214（佛山市顺德区宏发电子有限公司）			
频率范围（MHz）	50	550	750	1000
插入损耗（dB max）	6.7	6.7	8.0	8.2
相互隔离（dB min）	25	30	25	22
反射损耗（dB min）	20	20	18	15

❺ 有线电视信号放大器

型号：FD9908A1

技术指标：①增益，20dB；②带宽，750MHz；③预置斜率，2dB；④信噪比，3dB。

特点：①采用专用高频三极管；②采用高频环氧树脂板；③两路输出；④铝合金外壳。

❻ 电涌保护器

LYT1系列同轴通信信号电涌保护器，是依据IEC标准设计，分BNC头等同轴接口适用于有线电视、监控、视频点播等同轴通信设备，提供对细缆和粗缆网络系统设备端的保护。具有频带宽插损低，串联安装，通流容量大，残压低插入损耗小的特点。

如图6-20所示为电缆电视标准层平面图，图中每户由智能箱提供3路电视信号，分别供给起居室、主卧室，电视电缆为穿钢管沿墙敷设，所用电缆型号为干线SYWV75-9型，用户端SYWV75-5型射频同轴电缆。

如图6-21所示为电缆电视系统一层干线平面图，图中电视信号由外面引来，进入电视设备箱，再分配给4个单元的设备箱，并向上输送。干线为SYWV75-9型射频同轴电缆穿钢管沿墙敷设。

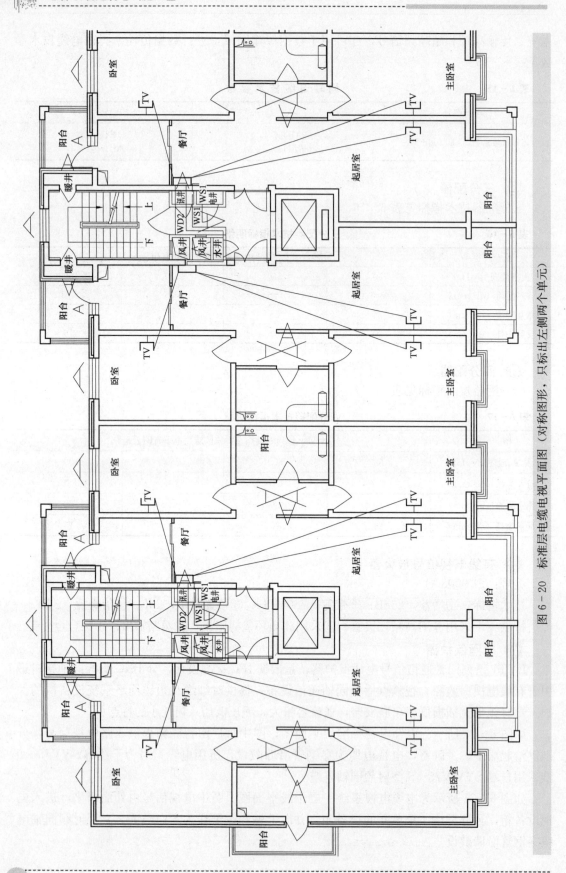

图 6-20 标准层电缆电视平面图（对称图形，只标出左侧两个单元）

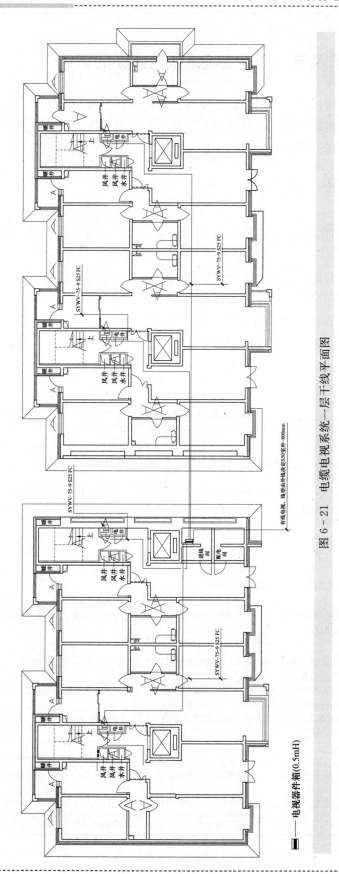

图 6 - 21 电缆电视系统一层干线平面图

第四节　广播音响系统电路图的识读

现代化智能大厦、机场、车站、综合大厦等公共设施设置的广播系统，各个构成单元以及各种安装件均采用模块化结构，可根据实际使用要求而灵活地进行组合，扩展较为方便。系统平时可向各区域提供背景音乐、事务广播及紧急广播。

一、广播音响系统分类

1 按用途分类

（1）业务性广播。满足以业务及行政管理为目的，以语言为主的广播，如在开会、宣传、公告、调度的时候。

（2）服务性广播。满足以娱乐、欣赏为目的，以音乐节目为主的广播，如在宾馆、客房、商场、公共场所等。

（3）紧急性广播。满足紧急情况下以疏散指挥、调度、公告为目的，以优先性为首的广播，如在消防、地震、防盗等应急处理的时候。

2 按功能分类

按功能分类说明见表 6-18。

表 6-18　　　　　　　　　按功能分类说明

类　型	说　明
客房音响	根据宾馆等级，配置相应套数的娱乐节目。节目来自电台接收及自办一般单声道播出。应设置应急强切功能，以应消防急需
背景音响	为公共场所的悦耳音响，营造轻松环境。亦为单声道，且具备应急强切功能。亦称公共音响，有室内、室外之分
多功能厅音响	多功能厅一般多用为会议、宴席、群众歌舞，高档的还能作演唱、放映、直播。不同用途的多功能厅的音响系统档次、功能差异甚远。但均要求音色、音质效果好，且配置灯光，甚至要求彼此能够联动配合，亦要求具有紧急强切功能
会议音响	包括扩音、选举、会议发言控制及同声传译等系统，有时还包括有线对讲、大屏幕投影、幻灯、电影、录像配合
紧急广播	诸如消防等紧急状态，能以最高优先级取代所有其余音响而传递信息、指挥调度。应注意公共场所、人员聚集地及房间的可靠收听。 （1）紧急广播用扬声器的设置要求。民用建筑内的扬声器应设置在走廊和公共场所，其数量应保证从本楼层任何部位到最近一个扬声器的步行距离不超过 15m，每个扬声器的额定功率应不小于 3W。工业建筑内设置的扬声器，在其播放区域内最远点的播放声压级应高于背景噪声 15dB。 （2）紧急广播系统的电源。应采用消防电源，同时应具有直流备用电池。消防联动装置的直流操作电源应采用 24V。 （3）紧急广播的控制程序。二层及二层以上楼层发生火灾时，应在本层及相邻层进行广播；首层发生火灾时，应在本层、二层及地下各层进行广播；地下某层发生火灾时，应在地下各层及首层进行广播。 （4）紧急广播的优先功能。火灾发生时，应能在消防控制室将火灾疏散层的扬声器强制转入紧急广播状态。消防控制室应能显示紧急广播的楼层，并能实现自动和手动播音两种方式

❸ 按工作原理分类

根据音响的需求和具体应用分为单声道、双声道、多声道、环绕声等多类，后几类又属于立体声范畴。

❹ 按信号处理方式分类

分为模拟和数字两类，后者将输入信号转换成数字信号再处理，最后经数/模转换，还原成高保真模拟音频。失真小、噪声低、分辨率高、功能多，具有替代前者的优势。

❺ 按传输方式分类

按传输方式分类如图 6-22 所示。

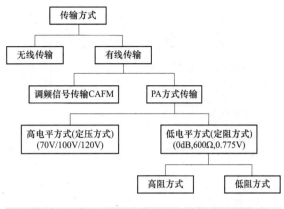

图 6-22　广播音响系统按传输方式分类

二、广播音响系统的组成

一个完整的广播音响系统由音源输入设备、前级处理设备、功率放大设备、信号传输线路及终端设备（喇叭、音箱、音柱）5 部分构成。不同应用系统其核心部分亦有区别。

（1）背景音乐音源。音源由循环放音卡座、激光唱机、调频调幅接收机等组成。双卡循环放音卡座可选用普通磁带及金属磁带，并具有杜比降噪、两卡循环、自动增益控制、外接定时装置等功能。激光唱机为多碟唱机可长时间连续播放背景音乐。调频调幅接收机具有存储功能，采用内部微处理器锁相环同步技术防止信号偏差，其接收频带范围符合国家有关规定。

（2）前置放大部分。前置放大部分由辅助放大模块、线性放大模块组成。辅助放大模块具有半固定音量控制、输出电平调整、静噪等功能；线性放大模块具有输出电平控制、高低音调整及发光二极管输出电平指示。

（3）功率放大部分。功率放大部分是将信号进行功率（电压、电流）放大，其放大功率分级为 5W、15W、25W、50W、100W、150W、500W、1000W。放大器要有可靠性高、频带宽、失真小等特点，并且能保证系统 24h 满功率的工作。放大器一般可在交流 220V 及直流 24V 两种供电方式下进行正常的工作。

（4）放音部分。放音部分采用的是吸顶扬声器和壁挂式扬声器、音箱等。扬声器前面为本白色，前面罩为金属网板。该类扬声器外观大方、频带宽、失真小，与吊顶及环境配合可起到较好的视觉和听觉效果。

三、典型广播音响系统

❶ 单声道扩音系统

单声道扩音系统的功能是将弱音频输入电压放大后送至各用户设备，由前级放大和功率放大两部分构成。小系统两者合一，大系统两者分开。功放多用大功率晶体管，高档的用电子管，俗称电子管胆机，其组成如图 6-23 所示。

单声道扩音系统主要运用于对音质要求一般的公共广播、背景音乐之类的场合。

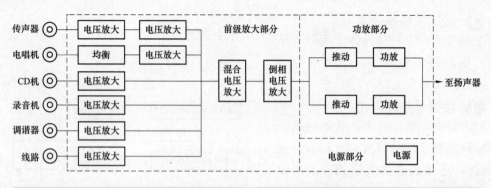

图6-23　单声道扩音机组成框图

2 立体声扩音系统

立体声扩音系统将声源的信号分别用左、右两个声道放大还原，音色效果更为丰满。往往还利用分频放大（有2分频、3分频、4分频多种），区别处理高、低音（还有更细的区分为高、中，低、超重低音），使频域展开。甚至利用杜比技术控制延时，产生环绕立体声，更有临场感。音色调节的核心设备为调音台，内设的反馈抑制器抑制低频和声频回授的自激振荡，效果器采用负反馈进一步改善音质。有条件的场合，使用VCD、LD等声源时，还多以TV显示画面图像。其组成如图6-24所示。

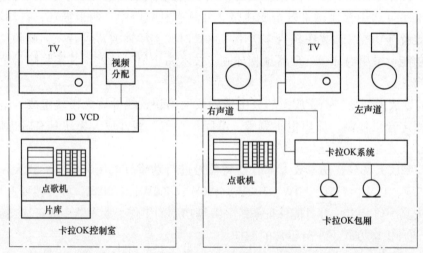

图6-24　卡拉OK音响系统结构图

立体声扩音系统主要用于歌舞厅、影剧院、音乐厅、卡拉OK厅、家庭及汽车音响。

3 卡拉OK音响系统

卡拉OK音响系统在上述立体声系统中增加了如下功能。

（1）用户自娱自唱的功能。要求能减弱、消去音源部分的全部唱音。

（2）选择伴音曲目的点歌功能。被点曲目早期以CD/VCD盘片形式储存调用，现多以数字形式存于计算机硬盘内供调用，如图6-25所示。

4 宾馆客房音响系统

宾馆客房音响系统与卡拉OK音响系统的主要区别在于以下两点。

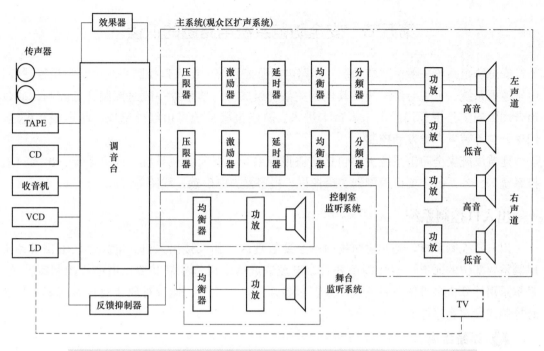

图 6-25 典型的立体声扩音系统组成框图

（1）多套音乐节目供用户选择，并控制音量（多在床头柜控制台）。

（2）紧急广播强切，包括客人关闭音乐节目欣赏的状况，如图 6-26 所示。

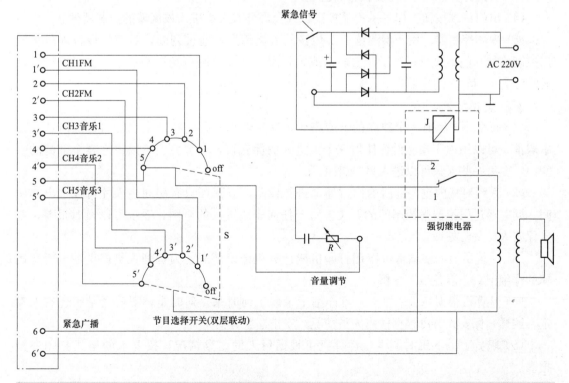

图 6-26 客房音响和紧急广播电路原理图

第五节　安全防范系统电路图的识读

安全防范系统一般由门禁系统、闭路电视监控系统、出入口控制系统、防盗报警系统、电子巡更系统、可视对讲系统及其他相关系统组成。门禁系统一般由控制开关控制，通过声音图像确定是否开门或由来者持卡进入。防盗报警系统可由红外感应、超声波、雷达、门磁开关等装置来触发和控制。

建筑设施安全防范系统主要包括防盗报警系统、保安监视系统、巡更系统、出入口监控系统等。各系统主要由探测器、摄像机、报警器、电磁锁、线路等构成。

一、出入口控制系统

出入口控制系统，是在建筑物内的主要管理区，如大楼出入口、电梯厅、主要设备机房等重要部位的通道口安装门磁开关、电控锁或读卡机等控制装置，由中心控制室监控。系统采用计算机多重任务的处理，能够对各通道口的位置、通行对象及通行时间等进行实时控制或设定程序控制。

❶ 系统组成

（1）电控锁。包括电磁锁、电插锁和阴极锁，用于控制被控通道的开闭。

（2）检测器。检测进出人员的身份的设备，可根据实际情况选择相应的检测方式，常用的有非接触式感应卡检测、指纹识别、生物识别等方式。

（3）门磁开关。用以检测门的开关状态。

（4）出门请求按钮。用于退出受控区域或允许外来人员进入该区域的控制器件。

（5）现场控制器。用于检测读卡器传输的人员信息，通过判断，对于已授权人员将输出控制信号开门锁放行；对于非法刷卡或强行闯入情况控制声光报警器报警。现场控制器通常分为单门和多门控制器。

❷ 系统功能

（1）每个用户持有一个独立的卡或密码，这些卡和密码的特点是它们可以随时从系统中取消。可以用程序预先设置任何一个人进入的优先权，一部分人可以进入某个部门的一些门，而另一些人只可以进入另一组门。

（2）系统对楼内重要部门的门或通道进行设防，以保证只有房间主人才可以进出本房间，同时通过门控器来控制门的开关。对于任何非法进入的企图，系统可以及时报警，要求保安人员及时处理。

（3）系统所有的活动都可以用打印机或计算机记录下来，为管理人员提供系统所有运转的详细记载，以备事后分析。

（4）计算机根据每人的刷卡，可详细记录职工何时来，何时走，下班后是否还有人没走。这样，保安人员可根据楼内人员情况，安排巡逻方案。

（5）职员上、下班时刷卡，计算机可根据每人的出勤情况，按要求的格式打印考勤报表。

（6）系统可根据要求随时对新的区域实行出入管理控制，扩展非常方便。由于该子系统和设备控制系统在同一网络上，相关资源可以共享，可以根据进出入的要求启停相应设备。

二、防盗报警系统

防盗报警系统，是采用红外、微波等技术的信号探测器，在一些无人值守的部位，根据不同部位的重要程度和风险等级要求以及现场条件进行布防。例如对贵重物品库房、重要设备机房、主要出入口通道等进行周边或定向定方位保护，高灵敏度的探测器获得侵入物的信号后传送到中控室，使值班人员能及时获得发生事故的信息，是大楼安防的重要技术措施。

科技日益发展的今天，防盗的概念已经发生根本的变化。传统的人防、物防由于其局限性已经渐渐被技防所取代。一个电子防盗报警系统可以包括移动探测器、门磁探测器、玻璃破碎探测器、震动探测器、烟雾探测器、紧急按键等各种探测器，在某些重要的无人值守的区域，根据不同区域的重要程度和风险等级要求以及现场条件等进行周边或定向定方位保护。在系统布防时，上述各种探测器探测到任何异动，如有人进入房间、打碎玻璃、撬门、翻越围墙或企图破坏保险箱，都将发出声光报警，提醒人们的注意与行动，从而有效地保护了人民的生命财产安全。

一个有效的电子防盗报警系统是由各种类型的探测器、区域控制器、报警控制中心和报警验证等几部分组成。整个系统分为 3 个层次。最底层是探测和执行设备，它们负责探测人员的非法入侵，有异常时向区域控制器发送信息；区域控制器负责下层设备的管理，同时向控制中心传送自己所负责区域内的报警情况。一个区域控制器和一些探测器等设备就可以组成一个简单的报警系统。

❶ 系统功能

防盗报警系统能执行多种功能，主要包括以下基本功能。

（1）报警监视。防盗报警系统能够进行报警监视。彩色图形应用程序允许用户根据自身要求创建或接收用户的彩色图形，彩色图形表示设备的分布，同时可以通过点击图标进入这些图形。报警信号具有优先权定义。状态窗口可以提供特殊报警的有关信息，如数据、时间和位置，防盗报警系统可以对各类报警发出专用的紧急指令。作为最基本的应用要求，系统输出信号能控制上锁、开锁、脉冲点控制或者是点群控制。持卡人查询功能可以快速在数据库中搜索查询并显示相关图像。运行记录能有效的记录重要的日常事务。浏览功能可以让操作者定位或查询指定的持卡人或读卡器。同时系统能提供图像对照功能，以便与 CATV 界面联合使用。

（2）系统管理。系统管理任务包括：定义工作站和操作者授权机构、允许进出入区域、日程表安排、报告生成、图形显示等。上述功能可以在网络上的所有工作站上执行。系统文档服务器提供的磁带备份功能和远程诊断功能，在服务器同时提供相应的硬件设备。

被动式双鉴报警探测器安装于的各主要出入口，被动式双鉴报警探测器按时间进行设防后，对各出入口进行严密监视。

探测器获得侵入物的信号后以有线或无线的方式将信号传送到中心控制室，同时报警信号以声或光的形式在建筑平面图上显示，使值班人员及时形象地获得发生事故的信息。

由于报警系统采用了探测器双重检测的设置及计算机信息重复确认处理，实现了报警信号的及时可靠和准确无误，它是智能建筑安全防范的重要技术措施。

防盗报警系统记录所有报警信号，防盗报警工作站将报警信号通过打印机打印，并发出声响信号。同时在监视器模拟图上根据报警的实际位置显示报警点。到达预定时间后，监视器模拟图上仍显示报警点。保安中心经密码授权人员可以通过复位结束报警过程。同时操作将被记录。

2 系统图分析

如图 6 - 27 所示为某大厦防盗报警系统图，系统构成如下。

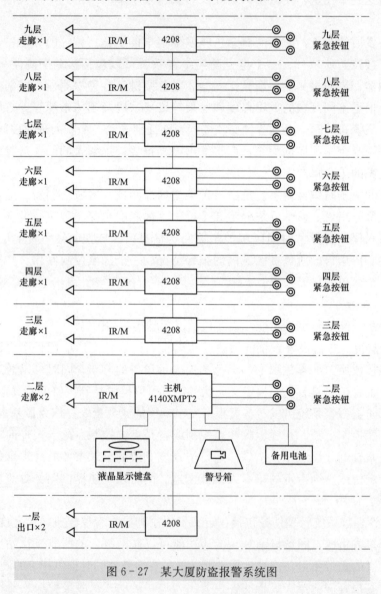

图 6 - 27 某大厦防盗报警系统图

（1）信号输入点共 52 个。IR/M 探测器为被动红外/微波双鉴式探测器，共 20 个点：一层两个出入口（内侧左右各一个），两个出入口共 4 个；二至九层走廊两头各装一个，共 16 个；紧急按钮二至九层每层 4 个，共 32 个。

（2）扩展器"4208"，为 8 地址（仅用 4/6 区），每层一个。

（3）配线为总线制，施工中敷线注意隐蔽。

（4）主机 4140XMPT2 为 ADEMCO（美）大型多功能主机。该主机有 9 个基本接线防区，总线式结构，扩充防区十分方便，可扩充多达 87 个防区，并具有多重密码、布防时间设定、自动拨号以及"黑匣子"记录功能。

三、闭路电视监控系统

❶ 系统功能

电视监控系统是现代管理、检测和控制的重要手段之一。闭路电视监视系统在人们无法或不可能直接观察的场合，能实时、形象、真实地放映被监视控制对象的画面，人们利用这一特点，及时获取大量信息，极大地提高了防盗报警系统的准确性和可靠性。并且，电视监控系统已成为人们在现代化管理中监视、控制的一种极为有效的观察工具。

现代化的智能建筑中，保安中心是必须设置的。在保安中心可设置多台闭路电视监视器，对出入口、主要通道和重要部位随时进行观察。闭路电视监视系统主要由产生图像的摄像机或成像装置、图像的传输装置、图像控制设备和图像的处理显示与记录设备等几部分组成。该系统是将摄像机公开或隐蔽地安装在监视场所，被摄入的图像及声音（根据需要）信号通过传输电缆传输至控制器上。可人工或自动地选择所需要摄取的画面，并能遥控摄像机上的可变镜头和旋转云台，搜索监视目标，扩大监视范围。图像信号除根据设定要求在监视器上进行单画面及多画面显示外，还能监听现场声音，实时地录制所需要的画面。电视监控系统具有实时性和高灵敏度，可将非可见光信息转换为可见图像，便于隐蔽和遥控；可监视大范围的空间，与云台配合使用可扩大监视范围；可实时报警联动，定格录像并示警等特点。

值班人员在监控中心通过键盘可方便地实现摄像机调看、录像、宏编辑、调用、报警监视、复核等多种功能。该系统还可以通过网络传输设备在局域网或广域网上以 TCP/IP 方式实时上传现场图像。监控系统在集成平台上能与其他安防系统包括防盗报警、门禁等系统进行联动，任何报警信息的发出，可以把现场图像切换到指定监视器上显示，并触发报警录像。

❷ 系统组成

系统组成类型及说明见表 6 - 19。

表 6 - 19　　　　　　　　　　　　　系统组成类型及说明

类　　型	说　　明
前端设备	前端设备主要指摄像机，及摄像机的辅助设备（红外灯，支架等）。前端设备的选择应该遵循监视尽可能大的范围，实现重点部位在摄像机的监视范围之中的原则。前端摄像机的选配原则，一般考虑以下几方面。 （1）摄像机的灵敏度环境条件不同，被防范目标的照度也不相同。当前所使用的 CCD 黑白摄像机一般靶面照度为 0.01～0.051x；彩色 CCD 摄像机的靶面照度为 1～5lx。在选配摄像机时，应根据被防范目标的照度选择不同灵敏度的摄像机。一般来说，被防范目标的最低环境照度应高于摄像机最低照度的 10 倍。由于靶面的照度与镜头的相对孔径有极重要的关系，因此当被防范目标的照度经常变化时，应选用自动光圈镜头，用视频信号的变化量来改变镜头的相对孔径，调节摄像机的入光量，以保证取得理想的图像。

续表

类　　型		说　　明
前端设备		（2）摄像机的分辨率一般地说，作为宏观监控，摄像机的分辨率在 330～450lpi 就可以了。但是，对被防范目标的识别，不仅取决于摄像机的分辨率，更取决于被监视的视场，也就是说取决于镜头的焦距，即被摄物体在电视光栅中所占的比例。全光栅由 575 行构成，要看清楚一个有灰度层次的物体，至少使该物体能够占有几十行。如果被摄物体在光栅中只占一行的高度，那么就只能看见一个点或一条线。 （3）摄像机的电源根据现场环境要求而定，室外宜使用低压。所有的摄像机都能在标准电源电压正常变化的情况下工作。但由于我国的电源电压变化比较大，因此要求摄像机有更大的电源电压变化范围。 （4）摄像机的选择。摄像机是闭路电视监控系统中必不可少的一部分，它负责直接采集图像画面，优质的画面必然需要性能优越的摄像机。 不同的安装部位、光照情况、环境因素等，应该选用不同类型的摄像机
传输设备		视频传输同轴电缆、电源线和控制线不与电力线共管及平行安装，若无法避免平行安装时，两条线管应保持一定的间距（具体间距由电力线传送的功率、平行长度决定）；同轴电缆、控制线尽可能采用整根完整电缆，不允许人工连接加长；布线尽量避开配电箱/配电网（高频干扰源）、大功率电动机（谐波干扰源）、荧光灯管、电子起动器、开关电源、电话线等干扰源。 接地线不要垂直弯折，弯曲至少要有 20cm 的半径；地线与其他线材分开；地线朝向大地的方向走线；使用 2.4m 的覆铜接地钉；地线不能与没有连接的金属并行。在现行的选择上应使用高品质的线缆，避免传输过程中因信号受损，影响整个系统工作状态的情况出现。 另外，在焊接线缆时，应细致小心，以保证信号一路畅通，确保长时间传输无故障
终端设备	矩阵系统	中心控制系统是一个系统的核心，其增容性、扩展性直接关系到整个系统今后的增容、扩容问题。其核心设备矩阵系统应该是一种扩展型系统，易于安装、操作和管理。键盘设计美观、易于操作。用户可在系统中任意键盘设定不确定优先级别的用户，最高级别的用户可编程设置优先级、分区和锁定。系统允许多用户快速查看及控制摄像机，确认报警图像信息。系统可编程配置、预置、顺序切换、巡视、事件报警编程、块切换等
	录像设备	（1）录像是保安监控的重要部分，是取证的重要手段。即使选用的摄像机系统再先进，如果录像效果不好，那么取证和查看都将失去意义。系统采用数字信号得到的图像远比模拟信号要清晰得多。硬盘反复读写对信号没有任何损耗，同一幅图像即使回放千万次也不影响图像质量。数字系统检索图像方便快捷，键入检索路径仅需十分之几秒图像即可自动显示在屏幕上；而模拟系统要靠人工查带，必须眼睛紧盯屏幕，一闪而过的图像很容易被漏掉。数字系统的图像记录完全由软件实现，当硬盘被录满之后自动覆盖最早的图像，不会造成图像丢失；而模拟系统需要不断地更换录像带，换带期间的图像必然丢失，如果恰在此时发生意外情况，那么就将造成损失。硬盘的使用寿命在 8 年以上，而且无需维护；而录像带反复擦写几十次以后图像质量就开始下降，其保存条件如果不适宜（如阳光直射、高温、高湿等），都将影响图像质量。数字系统可以对任一图像进行处理，如放大、打印、转存入光盘等；而模拟系统则没有这些功能。 （2）系统的录像可以有 3 种模式：连续记录、报警记录和视频侦测记录。系统的录像主要采用硬盘记录的方式，机内的软件对录像资料进行自动管理，当硬盘录满之后可以自动循环录像，不会造成图像资料的丢失。管理人员可以随时对系统内的录像进行复制，以保留重要的图像资料。系统图像还可以根据需要随时进行打印。系统对录像速度可根据现场情况任意调节，这样可以节省大量的硬盘空间，延长图像的存留时间。系统还可以设置时间表，设置摄像机在某一时间的工作状态。对于时间设置、录像速度设置、灵敏度设置、图像质量设置、视频侦测范围设置、工作状态设置等每部摄像机都有独立的通道，可以单独设置而互不冲突。这种设置方式可以使计算机资源得到充分的利用。 （3）为防止无关人员擅自进入系统，系统具有密码保护功能。只有有权进入系统的人员才能进入系统设置菜单，进行功能设置，这样便保证了系统的安全性。系统密码可以分级，每一级对应的可操作项目是不同的，这样可以有效地区分各级用户的权限范围。 （4）系统具有网络接口，可将信号远传
	显示部分	显示设备是人机交流的最直接的界面，因此，以方便、舒适、不易疲倦为基本宗旨

❸ 系统接地和供电

系统的供电及接地好坏直接影响系统的稳定性和抗干扰能力，总的思路是消除或减弱干扰。切断干扰的传输途径，提高传输途径对干扰的衰减作用的具体措施是：整个系统采用单点接地，接地母线采用铜质线，采用综合接地系统，接地电阻不得大于1Ω。

为了保证整个系统采用单点接地，在工程实施中应做到视频信号传输过程中每路信号之间严格隔离、单独供电，信号共地集中在中心机房。由于接地措施科学合理，有力地保证了系统的抗干扰性能。

❹ 系统屏蔽

视频传输同轴电缆、摄像机的电源线和控制线均穿金属管敷设，且金属管需要良好接地。电源线与视频同轴电缆、控制线不共管。

报警系统总线采用非屏蔽双绞线，电源、信号可共管。

❺ 系统抗干扰

由于建筑物内的电气环境比较复杂，容易形成各种干扰，如果施工过程中未采取恰当的防范措施，各种干扰就会通过传输线缆进入综合安防系统，造成视频图像质量下降、系统控制失灵、运行不稳定等现象。因此研究安防系统干扰源的性质、了解其对安防系统的影响方式，以便采取措施解决干扰问题对提高综合安防系统工程质量，确保系统的稳定运行非常有益。

❻ 系统图分析

如图6-28所示为某办公科研及生产制造分区的监控系统图，采用数字监控方式。

（1）监控点设置。共计摄像点42个；双鉴探测点85个。

（2）系统设备设置。2.5/7.6cm彩色CCD摄像机，DC398P，36台；6倍三可变镜头，SSL06，9个；8mm自动光圈镜头，SSE0812，27个；彩色一体化高速球形摄像机，AD76PCL，6台；云台解码器，DR-AD230，6台；报警模块，SR092，3块；半球型防护罩，YA-20cm，27个；内置云台半球形防护罩，YA-5509，9个；三技术微波/被动红外探测器，DS-720，85个；显示器，53cm，2台；16路数字硬盘录像机，MPEG-4，3台。

（3）系统软件配置为MPEG-4数字监控系统，其系统功能如下。

1）Windows2000运行环境，全中文菜单。

2）采用MPEG-4压缩编码算法。

3）图像清晰度高，对每幅图像可独立调节，并能快速复制。

4）多路视频输入，显示、记录的速率均为每路25帧/s；录像回放速率每路25帧/s，声音与图像同步播放，实现回放图像动态抓拍、静止、放大；可单画面、4画面、全画面、16画面图像显示。

5）多路音频输入，与视频同步记录及回放。

6）人工智能操作（监控、记录、回放、控制、备份同时进行）；通过输出总线可完成对云台、摄像机、镜头和防护罩的控制。

7）实时监控图像可单幅抓拍，也可所有图像同时抓拍；具备视频移动检测报警、视频丢失报警功能。

8）通过输入总线接入多种报警探测器的报警，并能实现相关摄像机联动；电子地图管

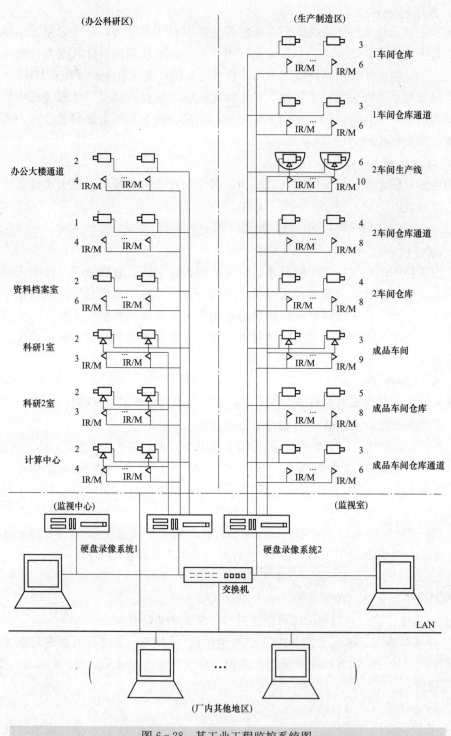

图 6-28　某工业工程监控系统图

理，直观清晰；支持多种型号的高速球形摄像机、云台控制器及报警解码器。

9）强大的网络传输功能，支持局域网图像传输方式，可实现多个网络副控，多点图像远程监控；支持电话线路传输。

10）可分别设置每个摄像机存储位置、空间大小及录像资料保留时间。

11）全自动操作，系统可对每台摄像机制定每周内所有时段的录像计划，按计划进行录像。

12）系统可对每个报警探头制定每周内所有时段的布防计划，按计划进行报警探头布防；系统可对每台摄像机制定每周内所有时段的移动侦测计划，按计划进行移动侦测布防。

13）所有操作动作均记录在值班操作日志里，便于系统维护和检查工作；交接班、值班情况及值班操作过程全部由计算机直接进行管理，方便查询；资料备份可直接在界面操作，转存于活动硬盘或光盘等存储设备，保证主要资料不被破坏；人性化界面，方便用户操作。

（4）系统的运作配合。

1）3台16路输入的MPEG-4数字录像机（16路硬盘录像机），完成对42台摄像机的监控，实现85个双鉴探测器与电视监控系统的联动。

2）3台16路硬盘录像机共带48路报警输入接口，每台硬盘录像机通过RS485接口各连接1块16路报警模块扩展接口。

3）前端摄像机送来的图像信号经数字压缩后控制、存储或重放。数字监控通过计算机完成对图像信号选择、切换、多画面处理、实时显示和记录等功能，完成现场报警信号与监控系统的联动。

4）两台16路输入的数字录像机设在一个监控室，另一台设在另一个监控室，通过交换机与厂区局域网相连，厂区局域网中的任意一台微机，经授权就能调看系统中的图像。

四、电子巡更系统

电子巡更系统分为在线式巡更系统和无线式巡更系统。现在的建筑工程多设计为离线式电子巡检系统。其系统组成与系统安装使用说明见表6-20。

表6-20　　　　　　　　　　　电子巡更系统组成与系统安装使用说明

类　型	说　　明
系统组成	系统由数据采集器、传输器、信息钮、中文软件4部分组成，附加计算机与打印机即可实现全部传输、打印和生成报表等要求。 （1）巡检器（数据采集器）储存巡检记录（可存储4096条数据），内带时钟，体积小，携带方便。巡检时由巡检员携带，采集完毕后，通过传输器把数据导入计算机。 （2）传输器（数据转换器）。由电源，电缆线，通信座3部分构成一套数据下载器，主要是将采集器中的数据传输到计算机中。 （3）信息钮是巡检地点（或巡逻人员）代码，安装在需要巡检的地方，耐受各种环境的变化，安全防水，不需要电池，外形有多种，用于放置在必须巡检的地点或设备上。 （4）软件管理系统可进行单机（网络，远程）传输，并将有关数据进行处理，对巡检数据进行管理并提供详尽的巡检报告。管理人员通过计算机来读取信息棒中的信息，便可了解巡检人员的活动情况，包括经过巡检地点的日期和时间等信息，通过查询分析和统计，可达到对保安监督和考核的目的。 （5）打印机打印巡检报表，供领导对巡检情况进行检查
系统安装使用	（1）信息钮的安装。在各个需要重点检查及巡逻的地点，将信息钮固定好。 （2）巡检器的使用方法。保安携带巡检器，按照规定的巡逻时间，巡逻到每一个重要地点，用巡检器轻轻接收一下信息钮的代码，巡检器发出蜂鸣声，指示灯连续闪动3次并自动记录该地点的名称和到达该地点的时间。 （3）数据处理。保安巡逻结束后（或定期）将巡检器交给微机管理员，管理员使用巡检软件对巡检数据进行接收处理，生成汇总报表

五、对讲系统

对讲系统是指对来访的人员与用户提供对话和可视，以及在紧急的情况下提供安全保障的安全防范系统，主要分为单向对讲型和可视对讲型。对讲系统主要依据用户的需求和建筑物的整体考虑，以满足用户现有的需求为前提，在技术上适度超前，将建筑物建成先进的、现代化的智能建筑。

某建筑小区的对讲系统具体实例说明见表 6-21。

表 6-21　　　　　　　　　　　　对 讲 系 统 实 例 说 明

类　　型	说　　明
户型结构说明	小区共 3 个塔楼；其中 1 栋 40 层，2 栋 10 层；共 500 户
系统设计说明	(1) 楼宇对讲系统采用彩色可视标准和联网管理方式。 (2) 在控制室设有 1 台对讲管理中心机。 (3) 在每单元首层入口处设 1 台带门禁数码可视对讲主机。 (4) 每个住户室内设 1 台嵌入式安保型彩色可视对讲分机。 (5) 每个住户门口安装一个二次确认机
系统功能描述	(1) 每层设有总线保护器，户户隔离，住户分机故障不影响其他住户。 (2) 每栋楼用一个联网中继器实现整个小区联网。 (3) 系统采用音频、视频分开供电。 (4) 住户室内安装报警设备，可通过密码实施布防。 (5) 系统配备有后备电源，遇到停电时后备电源自动开始工作，从而确保系统的 24h 正常运行
管理中心	(1) 可以进行三方通话：住户、访客、管理中心。 (2) 可呼叫小区内任意住户。 (3) 能循环储存 16 组报警地址信息，并随时打印报警记录数据，可遥控打开小区入口处的电控锁。 (4) 管理软件控制
彩色编码可视门禁主机	(1) 键盘指示灯夜间使用更方便。 (2) 可用非接触 IC 卡开锁。 (3) 高亮度 LED 显示并有英文操作提示。 (4) 可呼叫管理中心并与之通话。 (5) 铝合金拉伸型材面板。 (6) 嵌入式安保型彩色编码室内分机。 (7) 嵌入式外壳，外形新颖、豪华。 (8) 待机时，任何时间按监视键都可监视门口情况。 (9) 分机可带 4~8 个防区（烟感、煤气、红外、门磁、紧急等）。 (10) 紧急情况下，按呼叫键即可呼叫到管理中心

第六节　消防安全控制系统电路图的识读

一、火灾报警与消防控制各单元的关系

火灾报警与消防控制各单元的关系见表 6-22。

表 6 - 22 火灾报警与消防控制单元的关系

类别	报警设备种类	受控设备	位置及说明
水消防系统	消火栓按钮	启动消火栓泵	
	报警阀压力开关	启动喷淋泵	
	水流指示器	（报警，确定起火层）	
	检修信号阀	（报警，提醒注意）	
	消防水池水位或水管压力	启动、停止稳压泵等	
空调系统	烟感或手动按钮	关闭有关空调机、新风机、送风机	
		关闭本层电控防火阀	
	防火阀 70℃ 温控关闭	关闭该系统空调机、新风机、送风机	
防排烟系统	烟感或手动按钮	打开有关排烟风机与正压送风机	屋面
		打开有关排烟口（阀）	
		打开有关正压风口	N±1 层
		两用双速风机转入高速排烟状态	
		两用风管中，关正常排风口，开排烟口	
	排烟风机旁防火阀 280℃ 温控关闭	关闭有关排烟风机	屋面
	可燃气体报警	打开有关房间排风机、进风机	厨房、煤气表房，防爆厂房等
防火卷帘防火门	防火卷帘旁的烟感	该卷帘或该组卷帘下降一半	
	防火卷帘旁的温感	该卷帘或该组卷帘归底	
		卷帘有水幕保护时，启动水幕电磁阀和雨淋泵	
	电控常开防火门旁烟感或温感	释放电磁铁，关闭该防火门	
	电控挡烟垂壁旁烟感或温感	释放电磁铁，该挡烟垂壁或该组挡烟垂壁下垂	
气体灭火系统	气体灭火区内烟感	声光报警，关闭有关空调机、防火阀、电控门窗	
	气体灭火区内烟感，温感同时报警	延时启动气体灭火	
	钢瓶压力开关	点亮放气灯	
	紧急启、停按钮	人工紧急启动或终止气体灭火	
手动为主的系统	手动/自动，手动为主	切断起火层非消防电源	N±1 层
	手动/自动，手动为主	启动起火层警铃或声光报警装置	N±1 层
	手动/自动，手动为主	使电梯归首，消防梯投入消防使用	
	手动	对有关区域进行紧急广播	N±1 层
	消防电话	随时报警、联络、指挥灭火	

注 1. 消防控制室应能手动强制启、停消火栓泵、喷淋泵、排烟风机、正压送风机，能关闭集中空调系统的大型空调机等，并接收其反馈信号（表中从略）。

2. 表中 "N±1 层" 一般为起火层及上、下各一层；当地下任一层起火时，为地下各层及一层；当一层起火时，为地下各层及一层、二层。

二、消防安全线路

（1）消防安全线路应采用铜芯绝缘导线或铜芯电缆，其电压等级不低于 250V，其最小截面应符合表 6-23 的规定。

表 6-23   消防安全线路最小截面积   单位：mm^2

类　　别	线芯最小截面积	类　　别	线芯最小截面积
穿管敷设的铜芯绝缘线	1.0	多芯导线、电缆	0.5
线槽敷设的铜芯绝缘线	0.75		

（2）消防安全传输线路应严格遵守各消防用电设备的布线原则。

三、消防安全控制系统

火灾报警与消防控制系统示意图如图 6-29 所示。这一控制系统中，对分散于各层的量大的装置，如各种阀等，为使线路简单，宜采用总线模块化控制；对于关系全局的重要设备，如消火栓泵、喷淋泵、排烟风机等，为提高可靠性，宜采用专线控制或模块与专线双路控制；对影响很大，万一误动作可能造成混乱的设备，如警铃、断电等，应采用手动控制为主的方式。

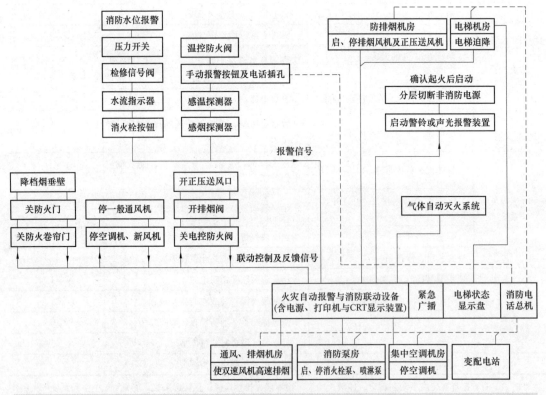

图 6-29   火灾报警与消防控制系统示意图

系统的基本工作原理是：当建筑物内某一现场着火或已构成着火危险，各种对光、温、烟、红外线等反应灵敏的火灾探测器便把从现场实际状态检测到的信息（烟气、温度、火光等）以电气或开关信号形式立即送到控制器，控制器将这些信息与现场正常状态整定值进行比较，若确认已着火或即将着火，则输出两同路信号：一路指令声光显示动作，发出音响报警，显示火灾现场地址（楼层、房间），记录时间，通知火灾广播机工作，火灾专用电话开通等；另一路则指令设于现场的执行器（继电器、接触器、电磁阀等）开启各种消防设备，如喷淋水、喷射灭火剂、启动排烟机、关闭隔火门等。为了防止系统失灵和失控，在各现场附近还设有手动开关，用以手动报警和执行器手动动作。

四、火灾自动报警与消防联动系统的设计内容

❶ 区域报警系统设计

区域报警系统是由区域报警控制器（或报警控制器）和火灾探测器等组成的火灾自动报警系统。各区域报警控制器通过通信网络与消防控制中心的集中火灾报警控制器相连。一旦某个区域报警控制器检测到火警信号，一方面要在本地的火灾自动报警控制系统上显示和记录火警信息，另一方面还要通过网络把报警信号送到消防控制中心的集中火灾报警控制系统上进行确认和报警信号的显示和记录。

一个报警区域宜设置一台区域报警控制器，区域报警系统中区域报警控制器不应超过两台；当用一台区域报警控制器警戒数个楼层时，应在每层各楼梯口等处明显部位装设识别楼层（或显示部位）的声、光显示器或复示器；区域报警控制器安装在墙上时，其底边距地面的高度不应小于1.5m，靠近其门轴的侧面距离不应小于0.5m，正面操作距离不应小于1.2m；区域报警控制器宜设在有人值班的房间或场所。

❷ 感烟探测器的设置与布置

（1）在宽度小于3m的走廊顶棚上设置感烟探测器时，应居中布置，安装间距不超过15m。探测器至端墙的距离，不大于探测器安装距离的1/2。探测器至墙壁、梁边的水平距离不小于0.5m。在楼梯间、走廊等处安装感烟探测器时，应选在不直接受外部风吹的位置。

（2）一个探测区域内需设置的探测器数量。应按下列公式计算。

$$N \geqslant \frac{S}{KA} \geqslant 1（取整数）$$

式中　N——探测器数量（只）；

　　　S——探测区域的面积（m^2）；

　　　A——探测器的保护面积（m^2）；

　　　K——修正系数，一、二级保护建筑取0.7～0.9，三级保护建筑取1.0。

（3）感烟探测器安装个数计算举例。按规定，在住宅区每层楼的每个单元的楼梯间和住户共用方厅各安装一个感烟探测器；在商业网点中，若每层楼高3m，即$h = 3$m，根据表6-24可知：感烟探测器在$h \leqslant 6$m，$\theta \leqslant 15°$时，探测器的保护面积为$60m^2$，保护半径为5.8m。

表 6 - 24　　　　　　　　　　　　　感烟、感温探测器的保护面积和保护半径

火灾探测器的种类	地面面积 (S, m²)	房间高度 (h, m)	探测器的保护面积 A 和保护半径 R					
			屋顶坡度 θ					
			$\theta \leqslant 15°$		$15° < \theta \leqslant 30°$		$\theta > 30°$	
			A, m²	R, m	A, m²	R, m	A, m²	R, m
感烟探测器	$\leqslant 80$	$\leqslant 12$	80	6.7	80	7.2	80	8.0
	> 80	> 6 且 $\leqslant 12$	80	6.7	100	8.0	120	9.9
		$\leqslant 6$	60	5.8	80	7.2	100	9.0
感温探测器	$\leqslant 30$	$\leqslant 8$	30	4.4	30	4.9	30	5.5
	> 30	$\leqslant 8$	20	3.6	30	4.9	40	6.3

设有一个商业网点的面积 $S = 20 \times 14 \times 12 \times 7.5 = 370 \text{m}^2$，因此

$$N \geqslant \frac{S}{KA} = \frac{370}{60 \times 1} \approx 6$$

所以在实际设计时可以选择 $N = 8$，即取 8 个感烟探测器完成 370m^2 建筑面积的火灾探测保护。

（4）探测器接线方式。探测器一般采用干式或环形接线方式，如图 6 - 30（a）所示，探测器并联接线如图 6 - 30（b）所示。

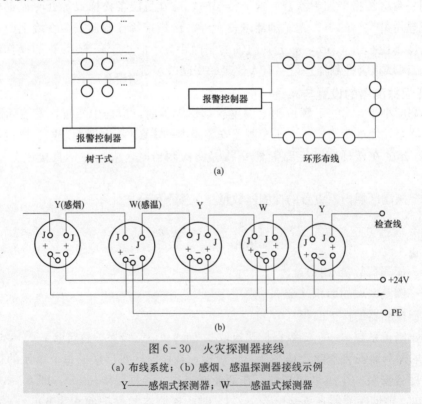

图 6 - 30　火灾探测器接线

（a）布线系统；（b）感烟、感温探测器接线示例

Y——感烟式探测器；W——感温式探测器

❸ 手动报警按钮的设置

报警区域内每个防火分区，应至少设置一只手动按钮。从一个防火分区内的任何位置

到最相近的一个手动火灾报警按钮的步行距离,不宜大于 30m。手动按钮应装设在各楼层的楼梯间、电梯前室,大厅、过厅、主要公共活动场所出入口,主要通道等经常有人通过的地方。手动火灾报警按钮安装在墙上的高度可为 1.5m,按钮盒应具有明显的标志和防误动作的保护措施。

❹ 消防控制室设置

我国消防规范中规定,在采用自动报警启动灭火和机械排烟等装置的高层建筑中,应设置消防控制室或消防控制中心,并应设在位置明显,直通室外,靠近建筑入口的地方。其旁边须有消防车道,以利于消防车靠拢,还应接近消防电梯,以利于消防指挥和消防过程中的人力物力输送。

消防控制室的面积大小应按建筑规模及设施的多少而定。一般在 30~40m² 范围内,要保证消防室内设备布置能满足以下要求。

(1)设备面盘前的操作距离为单列布置不小于 1.5m,双列布置 2m;设备面盘后的维修距离,即距墙不小于 1m

(2)当设备面盘的排列长度大于 4m 时,其两端的通道宽度应不小于 1m。在整个正常监控及火灾过程中,消防控制室应始终处于安全、正常的工作状态,因此,该室须用耐火墙、楼板等隔离出防火区,并应设两个以上带防火门的出入口,在消防控制室入口处应设置明显的标志。另外室内不允许采用可燃材料装修,还应有良好的防、排烟及灭火设施。消防控制室送、排风管在其穿墙处应设防火阀,与其无关的电气线路及管道严禁从消防控制室穿过。

为了保证室内各种消防设备、仪器仪表、通信广播装置等始终处于良好的工作状态,消防控制室周围不应布置电磁干扰较强及其他影响消防控制设备工作的设备用房,还应采用空调通风装置来使室内保持合适的温度和湿度等。

❺ 消防系统供电要求

火灾自动报警系统的供电设计应符合国家现行有关建筑设计防火规范的规定。火灾自动报警系统,应设有主电源和直流备用电源。火灾自动报警系统的主电源应采用消防电源,直流备用电源宜采用火灾报警控制器的专用蓄电池。当直流备用电源采用消防系统集中设置的蓄电池时,火灾报警控制器应采用单独的供电回路,并应保证在消防系统处于最大负载状态下不影响报警控制器的正常工作。消防联动控制装置的直流操作电源电压,应采用24V。火灾自动报警系统中的 CRT 显示器、消防通信设备、计算机管理系统、火灾广播的交流电源应由 UPS 装置供电。其容量应按火灾报警器在监视状态下工作 8h 后,整个系统最大负载条件启动受控设备,并工作 30min 来计算。火灾自动报警系统主电源的保护开关不应采用漏电保护开关。

消防控制室、消防水泵、消防电梯、防烟排烟设施、火灾自动报警系统、自动灭火装置、火灾应急照明和电动防火门窗、卷帘门、阀门等消防用电,一类建筑应按现行国家电力设计规范规定的一级负荷要求供电;二类建筑的上述消防用电应按二级负荷的两回线路要求供电。火灾消防及其他防灾系统用电,当建筑物为高压受电时,宜从变压器低压出口处分开自成供电体系,即独立形成防灾供电系统。各类消防用电设备在火灾发生期间的最短连续供电时间见表 6-25。

表6-25　　　　　消防用电设备在火灾发生期间的最短连续供电时间

序号	消防用电设备	保证供电时间（min）	序号	消防用电设备	保证供电时间（min）
1	火灾自动报警装置	≥10	8	排烟设备	>60
2	人工报警器	≥10	9	火灾广播	≥20
3	各种确认、通报手段	≥10	10	火灾疏散标志照明	≥20
4	消火栓、消防泵及自动喷淋系统	>60	11	火灾暂时继续工作的备用照明	≥60
5	水喷雾和泡沫灭火系统	>30	12	避难层备用照明	>60
6	CO_2灭火和干粉灭火系统	>60	13	消防电梯	>60
7	卤代烷灭火系统	≥30	14	直升机停机坪照明	>60

注　1. 表中所列连续供电时间是最低标准，有条件时应尽量延长。

　　2. 对于超高层建筑，序号中的3、4、8、10、13等项，应根据实际情况延长。

配电所（室）应设专用消防配电盘（箱），如有条件时，消防配电室尽量贴邻消防控制室布置。二类建筑的供电变压器，当高压为一路电源时亦宜选两台，只在能从另外用户获得低压备用电源的情况下，选一台变压器。对容量较大或较集中的消防用电设施（如消防电梯、消防水泵等），应由配电室采用放射式供电。火灾应急照明、消防联动控制设备、火灾报警控制器等设施，若采用分散供电，在各层应设置专用消防配电屏（箱）。消防用电设备的电源末端不应装设过负荷保护电器，当有备用设备需投切或因监测需要必须装设时，只能作用于信号，不应作用于切断电路。消防用电设备的电源应采用过电流保护兼作接地故障保护，当三相四线制配电线路不能满足切断接地故障回路时间且零序电流保护能满足时，宜采用零序电流保护，此时保护整定值应大于配电线路最大不平衡电流。

当上述保护不能满足要求时，可采用剩余电流保护，但只能作用于报警，不应直接作用于切断电路。

消防用电设备的两个电源（或两回线路），应在下列场所的最末一级配电屏（箱）处进行自动切换：消防控制室、消防泵房、消防电梯机房、各楼层设置的专用消防配电屏（箱）和应急照明配电箱等、防排烟设备机房。

消防用电设备的电源不应采用漏电保护开关进行保护。

消防用电的自备、应急发电设备应设有自动启动装置，并能在15s内供电；当由市电切换到柴油发电机供电时，自动装置应执行先停后送的程序，并应保证一定时间间隔，在接到"市电恢复"信号后延时一定时间，再进行发电机对市电的切换。火灾报警控制器的直流备用电源的蓄电池容量应按火灾报警控制器在监视状态下工作24h加上同时有二个分路报火警30min的用电量之和计算。

消防用电设备配电系统的分支线路不应跨越防火分区。当消防用电设备的供电不能满足要求时，应设置EPS应急电源系统。

⑥ 火灾自动报警及其消防联动控制系统的配线

火灾自动报警系统分二线制和总线制，其中二线制火灾自动报警系统配线主要包括从探测器到区域报警控制器的配线和从区域控制器到集中报警控制器之间的配线。火灾自动报警系统设备的生产厂家不同，其产品型号也不完全相同，因此配线计算方法也不完全一样。在系统实际设计计算中，应根据具体产品型号使用说明书来确定。而总线制火灾自动报警系统配线十分简单，其配线主要包括从主机或从机到其管理范围内的探测器、模块等之间的配线，主机到从机和主机到楼层复示器之间的配线。

⑦ 火灾报警及消防联动控制系统的线路设计与布线原则

高层建筑内有关防火、灭火的多种设备均以电力为动力。因此，考虑到故障、检修及火灾断电和平时停电的影响，除具有一般市电电源外，还应设置紧急备用电源，以保证失火后，在规定时间内电源向消防系统中某些必要部位的设备如消防控制室、消防电梯、消防水泵、防排烟设施、火灾自动报警及自动灭火装置、火灾事故照明、疏散引导标志照明，以及电动防火门、电动防火阀、防排烟阀等供电。一、二类高层建筑的消防系统对供电的要求采用双路电源供电，并在用电负荷附近装设双路电源自动切换装置。

除了系统设有紧急备用电源外，为了使各自动报警装置和消防设备在发生火灾时能正常工作，短时间内不被烧毁，应对消防设备提出耐热要求，并设计耐热、耐火性能好的配电线路，同时要考虑电源到各消防用电设备的布线问题。具体布线原则如下。

（1）消防设备电源及控制线路的布线应具有良好的耐火、耐热性能，要求有耐火耐热配线设计。所谓耐火配线，是指传输线路采用绝缘导线或电缆等穿入金属线管或具有阻燃性能的 PVC 硬塑料管暗敷于非延燃结构层内，保护厚度不小于 30mm。常用的金属线管有焊接钢管 SC、电线管 TC 和薄壁型套接和压管 KBG，也称为普利卡管。而耐热配线是指采用耐热温度在 105℃及以上的非延燃性绝缘材料导线或电缆等穿入金属线管或具有阻燃性能的 PVC 硬塑料管明敷。如在感温探测器所监视的区域内，因为火灾发生时探测器的动作温度较高，所以在敷设感温探测器的传输线时，应采取耐热措施。

用于消防控制、消防通信、火灾报警等线路，以及用于消防设备的电力线路，均应采取穿金属线管或 PVC 阻燃硬塑料管保护，并暗敷于非延燃的建筑结构内，其保护层厚度应不小于 30mm。若必须明敷时，应采用金属管或金属线槽保护，并应在金属管或金属线槽上采取防火保护措施，例如，在线管外用壁厚 25mm 的硅酸钙筒或用石棉、壁厚为 25mm 的玻璃纤维隔热筒进行保护。

在电缆井内敷设非延燃性绝缘护套的导线、电缆时，可以不穿线管保护，但在吊顶内敷设时应敷设在有防火保护措施的封闭式线槽内。对消防电气线路所经过的建筑物基础、天花板、墙壁、地板等处，应采用阻燃性能良好的建筑材料和建筑装修材料。

在消防设备的配线设计及布线施工中，应严格遵循有关建筑防火设计规范要求，结合工程实际采用耐热强度高的导线和一定的敷设方法、措施，来满足消防设备配线的耐火、耐热的要求。

（2）不同系统、电压（电压为 65V 以下的线路除外）、电流类别的线路不允许共管、共槽敷设。

（3）在建筑物内，横向敷设的报警系统传输线采用线管、线槽布线时，不同防火分区的线路不应共管、共槽敷设，以减少接线错误，便于开通调试和检修。

（4）弱电线路的电缆竖井与强电线路的电缆竖井分开。如果受条件限制而共用一个电缆竖井时，应注意将弱电线路与强电线路分别布置在竖井的两侧。

（5）连接火灾探测器的导线，宜选择不同颜色的绝缘导线。如二线制中的＋DC24V 线为红色，信号线为蓝色，二总线也选用红色、蓝色线，即同一工程中相同线别的绝缘导线颜色应一致，接线端子应有导线标号。接线端子箱内的端子宜选择压接或带锡焊接点的端子板，其接线端子上也应有相应的标号。

（6）在线管或线槽内敷设导线时，应使绝缘导线或电缆的总截面不超过线管内截面的40％，不超过线槽内截面的60％。

上述布线原则中提到的硬塑料管PVC是我国20世纪80年代末从国外引进生产技术和设备生产的布线管，现在又生产出阻燃性能更强的刚性阻燃管UPVC，采用IEC 614、BS 4678标准生产的新产品，对电缆、电线具有与钢质线管相同的防火保护作用。其优良的防火保护作用是由于在制造线管时加入了阻燃剂，所以具有不延燃性能，在宾馆饭店、民用及工业建筑中得到广泛采用。不同管径的阻燃PVC管允许的最大穿线数量见表6-26。如表所示，硬塑料管PVC有φ16、φ20、φ25、φ32和φ40等规格。PVC硬塑料管还配有接线盒、管接头、角弯、直通和管夹等各种配件，以及弯管弹簧、剪管刀等专用工具和胶黏剂等。

表6-26　　　　　　　　　　　阻燃PVC硬塑料管最大穿线数量表

导线规格（mm²）	线管内允许敷设最多导线根数					导线规格（mm²）	线管内允许敷设最多导线根数				
	φ16	φ20	φ25	φ32	φ40		φ16	φ20	φ25	φ32	φ40
1	6	10	16	26	45	10		2	3	5	9
1.5	5	8	14	23	39	16		1	2	4	6
2.5	3	6	10	16	28	25		1	1	2	4
4	2	4	8	13	20	35		1	1	2	3
6	1	4	6	10	18	50			1	1	2

这种硬塑料管PVC和刚性阻燃管UPVC与水煤气管、电线管、薄壁型套接扣压管等金属管材敷设方法基本相同，大大改变了传统的电气线管的安装加工方法。

（1）当线管需要弯曲时，可采用专用工具"弯管弹簧"进行弯管，即将弯管弹簧插入管内需要弯曲的部位，不用加热就可以用手直接弯成所要求的角度，而且弯曲段管径不变形。

（2）当线管需要截断时，则采用专用工具"剪管刀"可十分容易地剪断。

（3）当线管需要相互连接时，可根据管路连接方向选用合适的角弯、管接头、直通等配件和胶黏剂连接。连接时先将线管连接端部和接头内壁用干净纱布擦净，再涂以胶黏剂后进行插接粘接。如暗敷设于混凝土楼板、剪力墙和柱内时，还可以选用阻燃半硬塑料管，在土建绑扎钢筋时根据设计图纸要求的走向在钢筋上绑扎固定；明敷时则须采用硬塑料管或刚性阻燃管，采用管卡配件固定在墙体表面、电缆井或轻钢龙骨吊顶内。

（4）当线管进入接线盒时，选用管接头及与之丝扣连接的入盒锁扣，先将管接头的一端与接线盒连接为一体，再将管接头的另一端与线管进行插接粘接。

由此可见，这种线管安装敷设十分简便，劳动强度小，工效高，而且管内光滑易于穿线，明敷还可省去为线管涂刷防锈漆等工作。此外，还具有重量轻、耐振动冲击、耐高温、耐水浸腐蚀和耐老化等优点，能满足施工中各种恶劣环境条件和自然环境变化的要求。由于阻燃硬塑料管和刚性阻燃管的安装施工十分简便，所需施工工具少，不需要电焊机、钢管绞板等笨重器械，提高了电气安装质量和工作效率，所以在北美、西欧等各国已有90％以上的建筑采用阻燃塑料管配线。近几年，阻燃塑料管在我国也获得推广采用，在电气安装中，特别是在建筑消防布线施工中，阻燃硬塑料管代替钢制线管将成为必然趋势。

⑧ 消防设备的设置

根据有关消防规范规定，自动消防设备一般按如下形式设置：通常整套火灾自动报警及消防联动控制系统是由总线制报警控制器主机、从机（或区域报警器）、气体灭火控制柜、水灭火控制柜、防排烟控制柜、火灾紧急广播和专用电话通信柜、安全引导控制柜和火灾探测器、各种其他消防设施组成。一般将二线制集中报警控制柜（或集中、区域报警控制器组合控制柜）或总线制主机柜、气体灭火控制柜、水灭火控制柜、防烟排烟控制柜、火灾紧急广播和专用电话通信柜、安全引导及应急照明控制柜、联动控制柜（箱）等控制柜，以及操作控制台、CRT 火灾显示盘、计算机管理控制装置和 UPS 电源装置等装设在消防控制中心（控制室）内。对于二线制火灾自动报警系统是将区域报警控制器装设在各划定的报警区域的中心位置上。有客房的楼层装设在服务台旁，无客房的楼层装设在办公室或休息室内，也可装设在通道口的明显位置处，底层的区域报警控制器可装设在消防控制室内，或与集中报警控制器共装设在同一柜内。区域报警控制器或二总线从机，以及楼层复示器的安装位置应考虑上下管线敷设方便，上下安装尽可能在同一条垂线上。总之，火灾自动报警及消防联动控制系统的布置及联动控制基本上可分为"区域—集中报警控制器与消防设备的纵向联动控制"和"区域—集中报警控制器与消防设备的横向联动控制"两大类，其控制系统示意图如图 6-31 和图 6-32 所示。

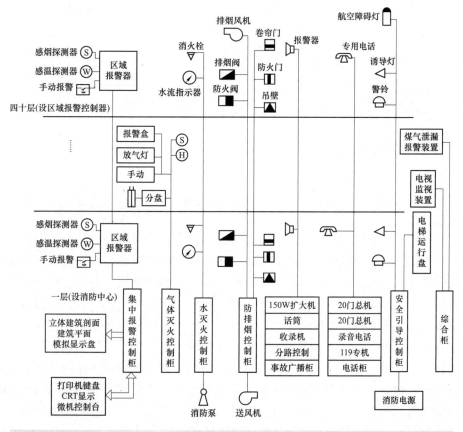

图 6-31　区域—集中报警控制器与消防设备的纵向联动控制

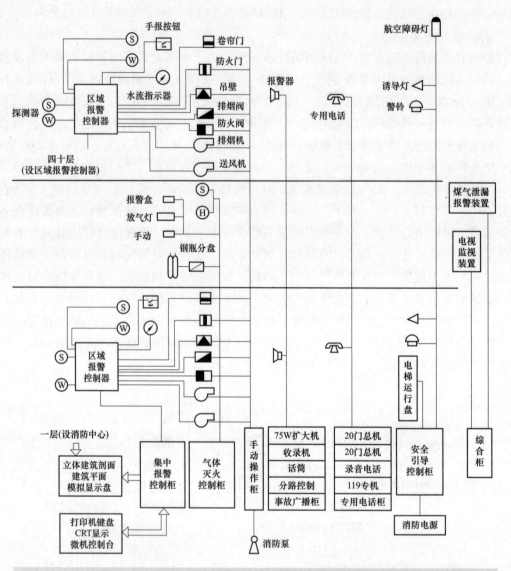

图 6-32　区域—集中报警控制器与消防设备的横向联动控制

对于总线制火灾自动报警系统，如果主机的回路总线总容量能够满足监控点数要求，可不设从机，如果监视范围大，监控点数多，主机的回路总线总容量不足，则需要在建筑物某楼层设置从机，从机的安装布置方法与区域报警控制器相同，在未装设主机与从机的楼层应装设楼层复示器，以方便人们及时了解火灾发生的具体部位和火灾蔓延趋势。

楼层复示器一般是用单片机设计开发的数字式火灾报警显示装置，可以用汉字和图形方式显示火灾报警信号，可以显示火灾位置和疏散通道等信息，通过回路总线与火灾报警控制器连接，处理并显示报警控制器传送过来的数据。当建筑物内发生火灾时，消防控制室内主机报警，同时也将报警信号传送给火灾显示盘上，火灾显示盘将显示报警的探测器编号及具体位置，并发出声光报警信号。CRT 火灾显示盘显示内容主要包括火灾及故障的房号（地址）显示，消防电梯、消防水泵、正压风机和排烟机等动力设备的运行状态显示，自动水喷淋灭火系统、卤代烷气体灭火系统、安全疏散引导系统、室内消火栓灭火系统等的启动、停止显示，以及防火门、防火阀、排烟阀、防火卷帘门、紧急广播等消防设备的动作显示等。从而使整个火灾自动报警及消防联动控制系统中的所有消防设备的工作状态都及时向消防控制中心传送回馈信号，使之始终处于消防控制中心的严密监控之下。为消防值班人员及时了解掌握整个消防系统的运行情况和及时准确地处理指挥灭火等紧急情况提供根本保障，也为楼内各层人员及时了解火情和安全疏散提供了方便。

控制室内综合操作控制台上一般装有微机及其附属设备、紧急电话、紧急广播用的麦克风及广播选择开关、防火门、排烟阀和正压送风阀的开闭指令装置，以及空调的启停装置等消防控制设备。

此外在火灾时，操作控制台可以直接通过手动操作控制某些消防设备，也可由火灾报警控制器及联动控制柜对某些消防设备进行联动控制。例如停止普通客梯和空调器的运行，切断非消防电源，接通事故照明电源，开启排烟阀，启动排风机，关闭防火阀、防火门和防火卷帘门，以及控制监视消防电梯和消防水泵的运行情况等。而对于紧急电话和紧急广播装置，它除了使消防控制中心与各层服务台进行电话联系外，还可与各房间相通，以便在收到火灾报警信号后能通过电话直接与报警点核实火情，并能与消防部门直接通话报告火警。紧急广播系统可按规定要求，即按相邻楼层或相邻防火分区控制广播火警范围。紧急广播警报器（扬声器）布设在各楼层走廊、房间、过厅等一切人能到达的部位，其目的是为了及时通告火情，组织火灾层及相邻层人员有秩序地紧急疏散，较远层人员暂时待命准备，不必慌乱，发布扑救火灾的命令等，从而使疏散和灭火工作迅速、安全和有秩序地进行。

⑨ 消防设施的联动控制

消防联动控制是将被控对象执行机构的动作信号送至消防控制室，在那里根据设定的手动或自动功能，完成对消防设备的联动控制。其控制对象包括灭火设施、防排烟设施、防火卷帘、防火门、水幕、电梯、非消防电源的断电控制等。电梯、非消防电源及警报等容易造成混乱带来严重后果的被控对象应由消防控制室集中管理。

对室内消火栓系统，消防联动控制的功能是：①控制消防水泵的启、停；②在火灾自动报警控制器上显示启泵按钮所在的位置；③显示消防水泵的工作、故障状态。

对自动喷洒水系统，消防联动控制的功能是：①控制系统的启、停；②显示报警阀、闸阀及水流指示器工作状态；③显示喷淋水泵的工作状态，故障状态。

火灾报警后，消防控制设备对联动控制对象的功能是：①停止有关部位的风机，关闭防火阀，并接受其反馈信号；②启动有关部位的防烟、排烟风机、正压送风机和排烟阀，并接受其反馈信号。

火灾确定后，消防控制设备对联动控制对象的功能是：①关闭有关部位的防火门、防火卷帘，并接受其反馈信号；②发出控制信号，强制电梯全部停于首层，并接受其反馈信号；③接通火灾事故照明灯和疏散指示灯；④切断有关部位的非消防电源。火灾确定后，消防控制设备应按顺序接通火灾报警装置，即二层及二层以上楼层发生火灾，宜先接通着火层及其相邻的上、下层；首层发生火灾，宜先接通本层、二层及地下层；地下层发生火灾，宜先接通地下各层及首层。

第七章

建筑防雷与接地工程图识读

第一节　建筑防雷基础知识

一、雷电的危害及防雷接地原理

(一)雷电的危害

直击雷引起的热效应、机械力效应、反击、跨步电压，以及雷电流引起的静电感应、电磁感应，直击雷或感应雷沿架空线路进入建筑物的高电位引入，都会引起建筑物损坏、设备损坏、人畜受伤等严重后果。

雷电的危害说明见表 7-1。

表 7-1　　　　　　　　　　　　　　雷电的危害说明

类　别	说　明
雷电流的热效应	由于雷电电流大，作用时间短，产生的热量绝大多数转换成接雷器导体的温升。雷电通道的温度可以高达 6000～10 000℃，可以烧穿 3mm 厚的钢板，可使草房和木房、树木等燃烧，引起火灾。所以接雷器的导体面积必须合理选择，否则会由于接雷引起的高温而熔化
雷电流的机械效应	发生雷击时，雷电流会产生很强的机械力。产生机械力的原因有多种，原因之一是遭受雷击的物体由于瞬间升温，使内部的水分汽化产生急剧地膨胀，引起巨大的爆破力。因此会出现雷击将大树劈开、将山墙击倒或使建筑物屋面部分开裂等现象。另外，由于雷电流通道的温度高达 6000～10 000℃，会使空气受热膨胀，以音速向四周扩散，四周空气被强烈压缩，形成激波，被压缩的空气外围称激波前，激波前到达的地方，使空气的温度压力突然升高，波前过后，压力又会迅速下降到低于大气压力，这就是雷电引起的气浪，树木、烟囱、人畜接受气浪时就会遭受破坏和伤害甚至死亡
静电感应及电磁感应	静电感应和电磁感应是雷电的二次效应。因为雷电流具有很大的幅度和陡度，在它的周围空间形成强大变化的电场和磁场，因此会产生电磁感应和静电感应。 当导体处在变化剧烈的电磁场中，会产生很高的电动势，开环电路就可能在开口处产生火花放电，这就是沉浮式油罐及钢筋混凝土油罐在雷击时容易起火爆炸的原因。若在 10kV 及以下的线路上感应较高的电动势，则会导致绝缘的击穿，造成设备的损坏。在雷击前，雷云和大地之间形成强大的电场，这时地面凸出物的表面会感应出大量与雷云极性相反的电荷。雷云放电后，电场消失，若大地建筑物上的感应电荷来不及释放，便形成静电感应电压，此值可达 100～400kV，同样会造成破坏事故。所以，在防直击雷的同时还要防感应雷

续表

类　别	说　明
防雷装置上的高电位对建筑物等的反击	防雷装置遭受雷击时，在接闪器、引下线及接地装置上产生很高的电压，当其离建筑物及其他金属管道距离较近时，防雷装置上的高压就会将空气击穿，对其他建筑物及金属管道造成破坏，这就是雷电的反击。所以，当建筑物、金属管道与防雷装置不相连时，则应离开一段距离，以防止雷电反击现象的出现
跨步电压及接触电压	遭受雷击时，接地体将雷电流导入地下，在其周围的地面就有不同的电位分布，离接地极愈近，电位愈高，离接地极愈远，电位愈低。当人在接地极附近跨步时，由于两脚所处的电位不同，在两脚之间就存在电位差，这就是跨步电压。此电压加在人体上，就有电流流过人体。当雷击时产生的跨步电压超过人身体所能承受的最大电压时，人就会受到伤害。 在雷击接闪时，被击物或防雷装置的引流导体都具有很高的电位，如果此时人接触此物体，就会在人体接触部位与脚站立地面之间形成很高的电位差，使部分雷电流分流到人体内，这将造成伤亡事故。特别是多层、高层建筑采用统一接地装置，虽然在进户地面处等电位连接，但在较高的楼层上雷击时触及水暖和用电设备的外壳，仍有很高的电位差。因此，这类建筑物的梁、柱、地板及各类管道、电源 PE 线等，每层应该做等电位连接，以减小接触电位差
架空线路的高电位引入	电力、通信、广播等架空线路，受雷击时产生很高的电位，形成电压电流行波，沿着网络线路引入建筑物，这种行波会对电气设备造成绝缘击穿，烧坏变压器，破坏设备，引起触电伤亡事故，甚至造成损坏建筑物等事故

（二）防雷接地原理

❶ 接地系统

接地是避雷技术最重要的环节，从避雷的角度来说，把接闪器与大地做良好的电气连接的装置称为接地装置。接地装置的作用是把雷电对接闪器闪击的电荷尽快地释放到大地，使其与大地的异种电荷中和。不管是直击雷、感应雷，还是其他形式的雷，最终都是把雷电流送入大地。因此，没有合理和良好的接地装置是不能达到可靠避雷的。

接地电阻越小，散流就越快，被雷击物体高电位保持时间就越短，危险性就越小。对于计算机场地的接地电阻要求≤4Ω，并且采取共用接地的方法将避雷接地、电器安全接地、交流地、直流地统一为一个接地装置。如有特殊要求设置独立地，则在两地网间用地极保护器连接，这样，两地网之间平时是独立的，防止干扰，当雷电流来到时两地网间通过地极保护器瞬间连通，形成接地系统。

（1）等电位连接。防雷工程的一个重要方面是接地以及引下线路的布线工程，整个工程的防雷效果甚至防雷器件是否起作用都取决于此。电力、电子设备的接地，是保障设备安全、操作人员安全和设备正常运行的必要措施。所以，凡是与电网连接的仪器设备都应当接地；凡是电力需要到达的地方，都是接地工程需要做到的地方。由此可知接地工程的广泛性和重要性。接地就是让已经纳入防雷系统的闪电能量释放到大地，良好的接地才能有效地降低引下线上的电压，避免发生反击。有些规范要求电子设备单独接地，目的是防止电网中杂散电流或暂态电流干扰设备的正常工作。

（2）防雷接地。为使雷电浪涌电流释放到大地，使被保护物免遭直击雷或感应雷等浪涌过电压、过电流的危害，所有建筑物、电气设备、线路、网络等不带电金属部分，金属护套，避雷器，以及一切水、气管道等均应与防雷接地装置做金属性连接。防雷接地装置包括避雷针、带、线、网，接地引下线、接地引入线、接地汇集线、接地体等。

② 接地的种类

供电系统用变压器的中性点直接接地；电器设备在正常工作情况下，不带电的金属部分与接地体之间做良好的金属连接，都称为接地，前者为工作接地，后者为保护接地。配电变压器低压侧的中性点直接接地，则此中性点叫作零点，由中性点引出的线叫作零线（中性线）。用电设备的金属外壳直接接到零线上，称为接零。在接零系统中，如果发生接地故障即形成单相短路，保护装置迅速动作，断开故障设备，从而使人体避免触电的危险。

③ 地网工程概论

防雷接地，按照现行国家标准《建筑防雷设计规范》GB 50057—2010 执行。由于接地的良好状态对防雷有非常重要的影响，所以在制作接地体时一般采用 40mm×40mm 的角铁，每根长 2.5m，间距约 5m 垂直打入地下，顶端距地面 0.5～1.0m，顶端用 40mm×40mm 左右的扁铁全部焊接起来，构成一个统一的接地系统。

④ 防雷等电位连接

接闪装置在捕获雷电时，引下线立即升至高电位，会对防雷系统周围尚处于地电位的导体产生旁侧闪络，并使其电位升高，进而对人员和设备构成危害。减小旁侧闪络危险最简单的办法是采用均压环，将处于地电位的导体等电位连接起来，一直到接地装置。台站内的金属设施、电气装置和电子设备，如果其他防雷系统的导体，特别是接闪装置的距离达不到规定的安全要求时，则用较粗的导线把它们与防雷系统进行等电位连接。这样在闪电电流通过时，台站内的所有设施会形成一个"等电位岛"，保证导电部件之间不产生有害的电位差，不发生旁侧闪络放电。

⑤ 等电位连接的主体及要求

等电位连接的目的在于减小需要防雷的空间内各金属物与系统之间的电位差。当建筑物内有信息系统时，在那些要求雷击电磁脉冲影响最小处，等电位连接通常采用金属板，并与钢筋或其他屏蔽构件做多点连接。对进入建筑物的所有外来导电部件做等电位连接的主体，一般包括设备所在建筑物的主要金属构件和进入建筑物的金属管道，供电线路含外露可导电部分，防雷装置，由电子设备构成的信息系统等内容。

例如，某大楼的计算机房 6 面敷设金属屏蔽网，屏蔽网应与机房内环接地母线均匀多点相连。通过星形（S 形结构或网形 M 形）结构把设备直接接地，以最短的距离连到邻近的等电位连接带上。小型机房选 S 形，大型机房选 M 形结构。机房内的电力电缆和铁管并水平直埋 15m 以上，铁管两端接地。

如图 7-1 所示，显示了雷电侵入的途径和综合防雷措施，是由避雷针、引下线及接地装置等组成的防雷措施。图中表示了由避雷针引雷，经引下线及避雷装置将雷雨中积存的电荷能量由接地装置引入大地。

二、建筑的防雷等级和防雷措施

（一）建筑物的防雷分级

按建筑物的重要性、使用性质、发生雷电的可能性及后果，《民用建筑电气设计规范》JGJ 16—2008 把民用建筑的防雷分为三级（见表 7-2）。

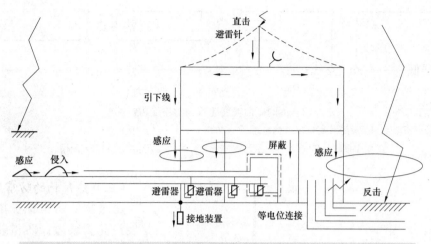

图 7-1 雷电侵入途径和综合防雷措施

表 7-2 建筑物的防雷分级

级 别	说 明
一级防雷的建筑物	(1) 具有特别重要用途的建筑物。如国家级的会堂、办公建筑、档案馆、大型博展建筑；特大型、大型铁路旅客站；国际性的航空港、通信枢纽；国宾馆、大型旅游建筑、国际港口客运站等。 (2) 国家级重点文物保护的建筑物和构筑物。 (3) 高度超过 100m 的建筑物
二级防雷的建筑物	(1) 重要的或人员密集的大型建筑物。如部、省级办公楼；省级会堂、档案馆、博展、体育、交通、通信、广播等建筑；大型商店、影剧院等。 (2) 省级重点文物保护的建筑物和构筑物。 (3) 十九层及以上的住宅建筑和高度超过 50m 的其他民用建筑。 (4) 省级及以上的大型计算机中心和装有重要电子设备的建筑物
三级防雷的建筑物	(1) 当年计算雷击次数大于等于 0.05 次时，或通过调查确认需要防雷的建筑物。 (2) 建筑群中最高或位于建筑群边缘高度超过 20m 的建筑物。 (3) 高度超过 15m 的烟囱、水塔等孤立的建筑物或构筑物。在雷电活动较弱地区（年平均雷暴日不超过 15 天）其高度可为 20m 及以上。 (4) 历史上雷害事故严重地区或雷害事故较多地区的重要建筑物

（二）建筑物易受雷击的部位

建筑物的性质、结构及建筑物所处位置等都对落雷有着很大影响。特别是建筑物楼顶坡度与雷击部位关系较大。建筑物易受雷击的部位如下。

（1）平屋面或坡度小于 1/10 屋面的檐角、女儿墙、屋檐。如图 7-2（a）和（b）所示。

（2）坡度大于 1/10 且小于 1/2 屋面的屋角、屋脊、檐角、屋檐。如图 7-2（c）所示。

（3）坡度大于 1/2 屋面的屋角、屋脊、檐角。如图 7-2（d）所示。

对图 7-2（c）和（d），在屋脊设有避雷带保护的情况下，当屋檐处于屋脊避雷带的保护范围内时，屋檐上可不设避雷带。

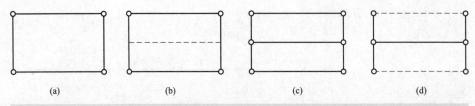

图7-2　不同屋面坡度建筑物的易受雷击部位

（a）平屋面；（b）坡度不大于1/10的屋面；（c）坡度大于1/10的屋面；（d）坡度大于1/2的屋面

○雷击率最高部位；—— 易受雷击部位；－－ 不易受雷击的屋脊或屋檐。

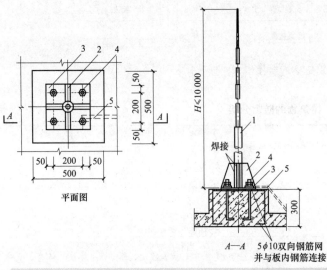

平面图

图7-3　避雷针（mm）

1—钢管接闪器；2—支撑钢板（固定）；3—底座钢板；

4—埋地螺栓、螺母；5—接地引入线

（三）建筑物的防雷保护措施

建筑物的防雷保护措施主要是装设防雷装置。防雷装置是由接闪器、引下线、接地装置、过电压保护器及其他连接导体组成。接闪器是指直接接受雷击的避雷针、避雷带（线）、避雷网，以及用作接闪的金属屋面和金属构件等，如图7-3、图7-4。引下线是指用于连接接闪器与接地装置的金属导体。接地体是指埋入土壤中或混凝土基础中的用作散流的导体。接地线是指从引下线断接卡或换线处至接地体的连接导线。接地装置是指接地体和接地线的总和，如图7-5所示。

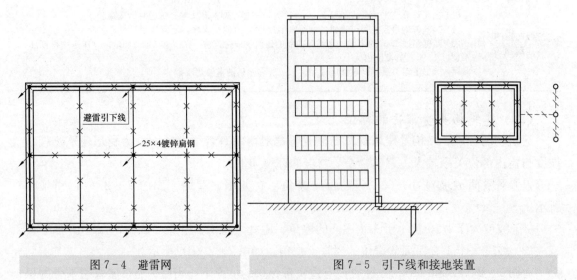

图7-4　避雷网　　　　　　　　图7-5　引下线和接地装置

1 一级防雷建筑物的保护措施

（1）防直击雷。一级防雷建筑物防直击雷的保护措施见表 7 - 3。

表 7 - 3 一级防雷建筑物防直击雷的保护措施

措 施	说 明
接闪器	（1）在易遭雷击的屋面、屋脊、女儿墙、屋面四周的檐口设置一个 25×4 的镀锌扁钢或 ϕ12 的镀锌圆钢避雷带，并在屋面设置不大于 10m×10m 的金属网格，与避雷带相连，作为防直击雷的接闪器。 （2）对凸出屋面的物体沿四周设置避雷带；对屋面接闪器保护范围之外的物体，应该安装避雷带；屋面上的金属物体，如透气管、水箱、旗杆等应该与屋面的避雷带相连，其连接导线的截面不小于屋面避雷带的规定。 （3）屋面板金属作为接闪器使用时，如果要防金属板被雷击穿孔，钢的厚度不小于 4mm，铜的厚度不小于 5mm，铝的厚度不小于 7mm；如果不需要防金属板被雷击穿孔和金属板下无易燃物品，金属板的厚度也不应小于 0.5mm。 （4）当建筑物高度超过 30m 时，30m 及以上部分外墙上的栏杆、金属门窗等较大的金属物应直接或通过金属门窗埋铁与防雷接地装置连接，用作防侧击雷和等电位措施
引下线	（1）引下线沿外墙明敷设时，应采用直径不小于 8mm 的圆钢或厚度不小于 4mm、截面不小于 48mm² 的扁钢；作为烟囱避雷引下线时，应采用直径不小于 12mm 的圆钢或厚度不小于 4mm、截面不小于 100mm² 的扁钢。 （2）引下线暗敷设在外墙粉刷层内时，截面应加大一级。 （3）建筑物室外的金属构件（如消防梯等）、金属烟囱、烟囱的金属爬梯等可以作为避雷引下线使用，但应确保各部件之间形成电气通路。 （4）避雷引下线应首先考虑使用柱内钢筋，当钢筋直径为 16mm 及以上时，应利用其中两根钢筋焊接作为一组引下线；当钢筋直径为 10mm 及以下时，要利用其中 4 根钢筋焊接作为一组引下线。 （5）采用人工引下线时，应在各引下线距地面 1.8m 处以下设置断接卡，以便测量接地电阻；利用柱子主筋作引下线时，顶部及室外距地 0.3m 处均应预埋与主筋相连接的钢板，上部与避雷带相连，下部用作外引接地极或测量接地装置的接地电阻用；当利用柱子主筋作引下线又利用基础主筋作接地体两者相互连接时，则不必设短接卡子。 （6）明敷设接地引下线在距地面 1.7m 至地下 0.3m 处，应加保护措施，以防引下线受机械损伤。 （7）专设引下线时，其引下线根数不应少于两根，宜对称布置，引下线的间距不大于 18m；采用主筋作为引下线时，间距也不要大于 18m，同时要求各个角上的柱钢筋都要作为引下线使用
接地装置	（1）人工接地体的尺寸。圆钢直径不小于 10mm；扁钢截面不小于 100mm²，厚度不小于 4mm；角钢厚度不小于 4mm；钢管壁厚不小于 3.5mm。 接地体应镀锌，焊接处应涂防腐漆。在腐蚀性较强的土壤中，还应适当加大其截面或采取其他防腐措施。垂直接地体的长度一般为 2.5m，埋设深度不小于 0.6m，两根接地极之间的距离为 5m。 （2）水平及垂直接地体距离建筑物外墙、出入口、人行道的距离不要小于 3m。当不能满足要求时，可以加深接地体的埋设深度，水平接地体局部埋设深度不小于 1m，或水平接地体的局部用 50～80mm 的沥青绝缘层包裹，或采用沥青碎石地面或在接地装置上面敷设 50～80mm 厚的沥青层，其宽度要超过接地装置 2m。 （3）利用建筑物基础钢筋网作接地体时应满足以下条件。 1）基础采用硅酸盐水泥且周围土壤含水率不低于 4%，以及基础外表无防腐层或有沥青质的防腐层。 2）每根引下线的冲击接地电阻不大于 5Ω。 3）敷设在钢筋混凝土中的单根钢筋或圆钢的直径不小于 10mm

（2）防感应雷及高电位反击。目前比较多的是采用总等电位连接，即将建筑物的柱、圈梁、楼板、基础的主筋（其中两根）相互焊接，其余都绑扎成电气通路，柱顶主筋与避雷带焊接，所有变压器（10/0.4kV）的中性点、电子设备的接地点、进入或引出建筑物的管道、电缆等线路的 PE 线都通过建筑物基础一点接地。

（3）防止高电位从架空线路引入。低压线路宜全线采用电缆直接埋地敷设，在入户端将电缆的金属外皮、钢管接到防雷电感应的接地装置上。当全线采用电缆有困难时，可采用架空线，但在引入建筑物处应改电缆埋地引入，电缆埋地长度不应小于15m。在电缆与架空线路连接处，应装设避雷器。避雷器、电缆金属外皮、钢管和绝缘子铁脚等应接到一起接地，其冲击接地电阻不应大于10Ω。

❷ 二级防雷建筑物的保护措施

二级防雷建筑物的保护措施见表7-4。

表7-4 二级防雷建筑物的保护措施

类 型		说 明
防直击雷	接闪器	与一类防雷建筑相同，仅是屋面改为设置15m×15m的网格，与屋面避雷带相连，作为防直击雷的接闪器。也可以在屋面上装设避雷针或避雷针与避雷带相结合的接闪器，并把所有的避雷针与避雷带相互连接起来
	引下线	与一级防雷引下线的（1）～（6）条相同。专设引下线时，其引下线根数也要不少于两根，要对称布置，引下线的距离不大于20m；采用柱子主筋作引下线时，数量不限，但建筑外廓各个角上的柱主筋应作为引下线
	接地装置	与一级防雷建筑相同。冲击接地电阻不大于10Ω
防感应雷及高电位反击		与一级防雷建筑措施相同，只用于防雷时，其接地冲击电阻可为20Ω
防止高电位从架空线路引入		与一级防雷建筑物相同。年雷暴日在30天及以下地区，可采用低压架空线直接引入，在架空线入户端装设避雷器，避雷器的接地和瓷瓶铁脚、电源的PE或PEN线连接后与避雷的接地装置相连，其冲击接地电阻不应大于5Ω。也可与共同接地装置的总等电位点连接，其接地电阻不大于1Ω。另外入户端的三基电杆绝缘子铁脚应接地，其冲击接地电阻不应大于20Ω

进出建筑物的各种金属管道及电气设备的接地装置，应在进出口处与防雷接地装置连接

❸ 三级防雷建筑物的保护措施

（1）防直击雷。在建筑物的屋角、屋檐、女儿墙或屋脊上装设避雷带，在屋面上设置不下于20m×20m的网格作避雷接闪器，也可设置避雷针。建筑物及突出屋面的物体均应处于接闪器的保护范围之内。屋面的所有金属物件都应该与避雷带相连。专设引下线时，引下线数量不少于两根，间距不应大于25m，建筑物外廓易遭雷击的几个角上的柱子钢筋应作为避雷引下线。

凡利用建筑物钢筋作为引下线时，主筋为φ16时，选用两根相互绑扎或焊接组成一组引下线；主筋为φ10时，应用4根互相绑扎或焊接组成一组引下线。

接地引下线的断接卡子设置与一级防雷建筑物的要求相同。

防直击雷的专设接地装置，每组的冲击接地电阻不得大于30Ω。若与电气设备的接地及各类电子设备的接地共用时，应将接地装置组织闭合环路。共用接地装置利用建筑物基础及圈梁的主筋组成闭合回路，其要求与一级防雷建筑物相同。

（2）防止高电位从线路引入。对电缆进出线，应在进出端将电缆的金属外皮、钢管等与电气设备接地相连。如电缆转换为架空线，则应在转换处设避雷器，避雷器、电缆金属外皮和绝缘子铁脚应连接一起接地，其冲击接地电阻不宜大于30Ω。

对低压架空进出线，应在进出线处装设避雷器并与绝缘子铁脚连在一起接到电气设备的接地装置上。当多回路进出线时，可仅在母线或总配电箱处装设避雷器或其他形式的过电压保护器，但绝缘子铁脚仍应接到接地装置上。

三、接地的分类与作用

电气设备或其他设置的某一部位，通过金属导体与大地的良好接触称为接地。接地按其接地的主要目的可以分为防雷接地、工作接地、保护接地、防静电接地、保护接零、重复接地等不同接地种类，见表 7-5。

表 7-5　　　　　　　　　　　接地的分类与作用

分　类	作　用
防雷接地	为防止雷电危害而进行的接地叫防雷接地。如建筑物的钢结构、避雷网等的接地
工作接地	为了保证电气设备在正常和事故情况下均能可靠地工作而进行的接地叫工作接地。如变压器和发电机的中性点直接接地或经消弧线圈接地等
保护接地	为了保证人身安全，防止触电事故而进行的接地叫保护接地。如电气设备正常运行时不带电的金属外壳及构架的接地
防静电接地	为防止可能产生或聚集静电荷而对金属设备、管道、容器等进行的接地叫防静电接地
保护接零	为了保证人身安全，防止触电，将电气设备正常运行时不带电的金属外壳与零线连接叫保护接零
重复接地	在中性点直接接地的低压系统中，为了确保接零保护安全可靠，除在电源中性点进行工作接地外，还必须在零线的其他地方进行必要的接地，该接地称为重复接地。各种接地方式如图 7-6 所示

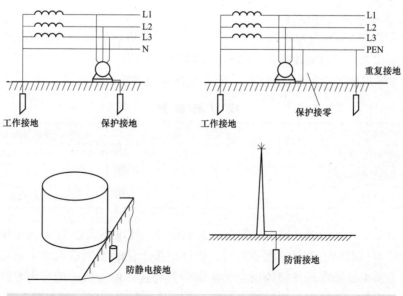

图 7-6　电气接地、接零

第二节　建筑物防雷接地工程施工图识读

一、建筑物防雷接地工程图的设计要求与工程设计要点

（一）建筑物防雷接地工程图的设计要求

在施工图设计阶段，建筑物防雷接地工程图应包括以下内容。

（1）小型建筑物应绘制屋顶防雷平面图，形状复杂的大型建筑物除绘制屋顶防雷平面图外，还应绘制立面图。平面图中应有主要轴线号、尺寸、标高，标注避雷针、避雷带、引下线位置。注明材料型号规格，所涉及的标准图编号、页次，图样应标注比例。

（2）绘制接地平面图（可与屋顶防雷平面图重合），绘制接地线、接地极、测试点、断接卡等的平面位置，标明材料型号、规格、相对尺寸及涉及的标准图编号、页次，图样应标注比例。

（3）当利用建筑物（或构筑物）钢筋混凝土内的钢筋作为防雷接闪器、引下线、接地装置时，应标注连接点、接地电阻测试点、预埋件位置及敷设方式，注明所涉及的标准图编号、页次。

（4）随图说明可包括防雷类别和采取的防雷措施（包括防侧击雷、防雷击电磁脉冲、防高电位引入）；接地装置形式，接地材料要求、敷设要求、接地电阻值要求；当利用桩基、基础内钢筋作接地极时，应采取的措施。

（5）除防雷接地外的其他电气系统的工作或安全接地的要求（如电源接地形式、直流接地、局部等电位、总等电位接地等），如果采用共用接地装置，应在接地平面图中叙述清楚，交待不清楚的应绘制相应图样（如局部等电位平面图等）。

（二）建筑物防雷接地工程设计要点

❶ 建筑物防雷工程设计

（1）建筑物的防雷应与建筑物的形式和艺术造型相协调，避免对建筑物外观形象的破坏。合理确定建筑物的防雷分类，并采取相应地防雷措施。

（2）屋面采用避雷带作为接闪器时，其布置规定见表 7-6。

表 7-6　　　　　　　　　　　接 闪 器 布 置　　　　　　　　　　单位：m

建筑物防雷类别	滚球半径 h_r	避雷网网格尺寸
第一类防雷建筑物	30	≤5×5 或≤6×4
第二类防雷建筑物	45	≤10×10 或≤12×8
第三类防雷建筑物	60	≤20×20 或≤24×16

避雷带宜安装在屋顶的外檐和建筑物的突出部位，宽度不大于 20m 的平屋面的第三类防雷建筑物，可仅沿周边敷设一圈避雷带，否则应按上述避雷网格尺寸要求设计。高出接闪层的所有金属突出物均应与接闪层上的防雷装置相连，构成统一的导电系统。高出接闪层的非金属突出物，如烟囱、透气管、天窗等不在保护范围内时，应在其上部增加避雷带、避雷网或避雷针保护。

（3）高度超过 30m 的第一类防雷建筑物，高度超过 45m 的第二类防雷建筑物，高度超过 60m 的第三类防雷建筑物应采取防侧击和等电位的保护措施。

（4）防雷引下线应优先利用建筑物钢筋混凝土柱或剪力墙中的主钢筋，还宜利用建筑物的钢柱、金属烟囱等作为引下线。当利用建筑物钢筋混凝土主钢筋作为自然引下线，并同时采用基础钢筋作为接地装置时，不设断接卡，但应在室外适当地点设若干与柱内钢筋相连的连接板，供测量、外接人工接地体和做等电位连接用。

引下线的数量及间距应按以下要求设置。

1）当采用专用引下线时，引下线的数量不宜少于两根。

2）第一类防雷建筑物引下线间距不应大于 12m，第二类防雷建筑物引下线间距不应大于 18m，第三类防雷建筑物引下线间距不应大于 25m。

（5）接地装置应优先利用建筑物钢筋混凝土内的钢筋。有钢筋混凝土地梁时，应将地梁内的钢筋连成环形接地装置；没有钢筋混凝土地梁时，可在建筑物周边无钢筋的闭合条形混凝土内，用 40mm×4mm 热镀锌扁钢直接敷设在槽坑外沿，形成环形接地。如果结构基础被塑料、橡胶、油毡等防水材料包裹或涂有沥青质的防水层时，应利用基础内的钢筋作为接地装置；在有塑料、橡胶、油毡等防水材料情况下，当采用等电位连接时，宜在基础槽最外边做周圈式接地装置（同时施工），基础和地下地面内的钢筋应连成一体，作为等电位连接的一部分。

（6）当采用共用接地装置时，其接地电阻值应按各系统中最小值要求设置。在结构完成后，必须通过测试点测试接地电阻，若达不到设计要求，可在柱子预埋测试板处增设人工接地极。人工接地极应埋设在地面 0.8m 以下，在跨越建筑物门口或人行通道处应埋深 3m 以上或采用 50～80mm 的沥青层绝缘，其宽度应超过接地装置 2m，以减小跨步电压。

❷ 电气及电子设备的过电压保护

闪电电流及闪电高频电磁场所形成的闪电电磁脉冲，通过接地装置或电气线路导体的传导耦合和空间交变电磁场的感应耦合，在电气及电子设备中产生危险的过电压和过电流，对设备产生致命的伤害。此外，电力系统内部开关操作以及高压系统故障亦会在低电压配电系统中产生"电涌"，危及设备的安全。因此建筑物防雷设计除应遵守前述要求外，还应采取对雷击电磁脉冲干扰的防护措施，综合运用分流、均压（等电位）、接地、屏蔽、合理布线、保护（器件）等技术手段对电气及电子设备实施全面保护。

电源系统的保护措施除接地、等电位连接外，一般在各防雷区界面处的供电电源配电箱内装设电涌保护器，对重要场所的电气设备配电箱装设第二级、第三级电涌保护器。

建筑物电子信息系统的防雷设计，应满足雷电防护分区、分级确定的防雷等级要求。需要保护的电子信息系统必须采取等电位连接与接地保护措施。电子信息系统设备机房宜选择在建筑物底层中心部位，并采取屏蔽措施。电子信息系统设备由 TN 交流配电系统供电时，配电线路必须采取 TN-S 系统的接地方式，并在配电箱内装设多级电涌保护器。信号线路和电子设备均装设过电压抑制器（浪涌保护器）。

二、建筑物防雷接地工程施工图的识读

（1）某住宅建筑接地施工图。如图 7-7 所示，为某建筑接地平面图。

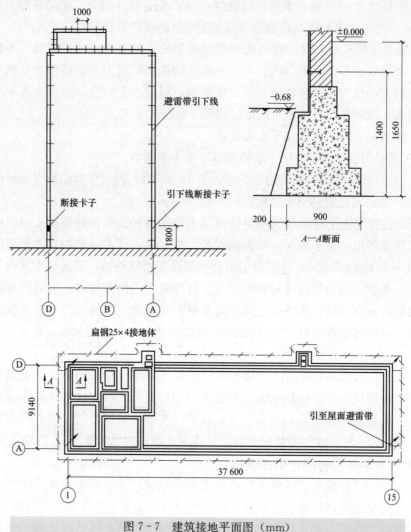

图 7-7　建筑接地平面图（mm）

从图 7-7 所示可以看出本建筑采用的是－25×4 扁钢作水平接地体、围建筑物四周埋设，其接地电阻不大于 10Ω。若施工后达不到要求时，可增设接地极。

从图 7-7 上可看出，此建筑接地体沿建筑物基础四周埋设，埋设深度在地平面以下 1.65m，在－0.68m 开始向外，距基础中心距离为 0.65m（200＋900/2）。

此住宅建筑接地体为水平接地体，要配合土建施工，在土建基础工程完工后，进行回填土之前，将扁钢接地体敷设好。并在与引下线连接处，引出一根扁钢，做好与引下线连接的准备工作。扁钢连接应焊接牢固，形成一个环形闭合的电气通路，测接地电阻达到设计要求后，再进行回填土。

从图 7-13 所示中还可以看出接地装置由水平接地体和接地线组成，水平接地体沿建筑物埋设一周，距基础中心线为 0.65m，其长度为 [(37.6＋0.65×2)＋(9.14＋0.65×2)]×2＝98.68m。因为该建筑物设有两个垃圾道，向外突出 1m，又增加 2×2×1m＝4m，故水平接地体的长度为 98.68＋4＝102.68m。

接地体是连接水平接地体和引下线的导体，当不考虑地基基础的坡度时，长度约为 $(0.65+1.65+1.8)\times4=16.4m$。若考虑地基基础的坡度时，需另计算。

（2）某变电所接地施工图。如图7-8所示为某变电所接地施工图，所需接地装置材料见表7-7。

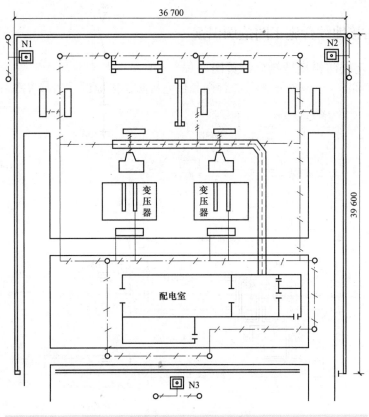

图7-8　某变电所接地施工示意图（mm）

表7-7　　　　　　　　　　接地装置材料表

名　称	规　格	单　位	数　量
接地体	镀锌钢管 $\phi50\times3.5\times2500$	根	17
接地干线	镀锌扁钢—40×4	m	120
接地支线	镀锌扁钢—25×4	m	50

从图7-8所示上看出此变电所有4个独立的避雷装置。其中3支避雷针的接地装置是防雷接地用、分别安装两根直径为50mm、管壁厚为3.5mm、长度为2.5m的镀锌钢管而制成的接地体，用镀锌扁钢（—40×4）相连。

变电所的整个接地装置由11根接地体，—40×4的扁钢接地干线和—25×4的扁钢接地支线等人工接地体、线和电缆沟支架连接用扁钢（图中虚线表示）的自然接地体构成一个接地网。可以看出图7-8中的接地网分为3个网络，图上方的网格环绕进线高压配电装置，中间的网格环绕两台主变压器，下方的网络环绕配电室。各种配电装置的金属外壳、设备基础等均就近与接地干线相连接。

从图7-8所示还可以看出接地干线与接地支线互相平行或垂直，且与各种设备基础平行或垂直，通常相邻接地体之间的距离大于5m，以此可保证接地网各点分布均匀及电流易于散流到大地中。

三、建筑防雷接地综合施工图范例识读

1 某住宅楼防雷接地措施设置图

如图7-9和图7-10所示为某综合楼和住宅楼防雷接地设计和布置图，供参考。

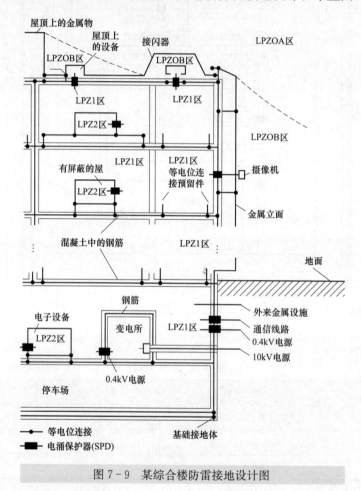

图7-9 某综合楼防雷接地设计图

2 某综合楼防雷接地施工图

如图7-11所示为某综合楼防雷接地施工图。此办公楼采用了外部与内部均防雷的方式。

从图7-11所示中可看出此综合楼的保护空间以雷击电磁环境有无重大变化为依据划成了不同的防雷区。即以各部分空间不同的雷电脉冲（LEMP）的严重程度来明确各区交界处的等电位连接点的位置，将保护空间划分为多个防雷区（LPZ）。

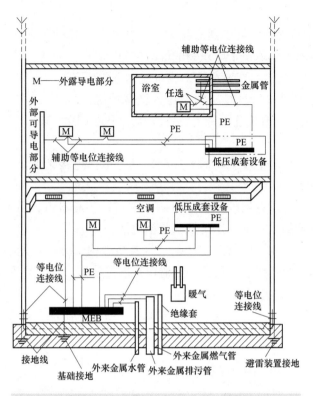

图 7-10　某住宅楼防雷接地布置图

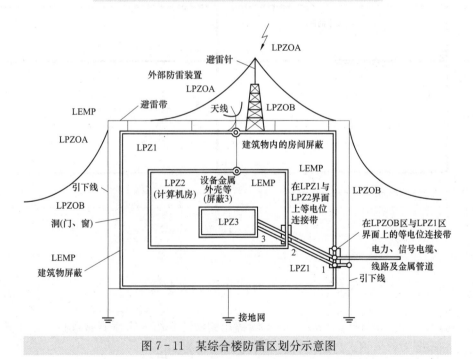

图 7-11　某综合楼防雷区划分示意图

（1）LPZOA 区。本区内的各物体都可能遭到直接雷击和经过全部电流，电磁场不衰减。

（2）LPZOB 区。本区内所选的防雷滚球半径对应的范围内，各物体不太可能遭直接雷

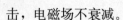

击，电磁场不衰减。

（3）LPZ1 区。本区内不太可能遭直接雷击，流经各导体的雷电流比 LPZOB 区小，电磁场得到衰减，其衰减大小取决于建筑物的屏蔽措施。

（4）LPZ2 区。当需要进一步减少流入雷电流和电磁场强度时，应增设的后续防雷区。

从图上可看出电力线和信号线从两点进入被保护区 LPZ1，并在 LPZOA、LPZOB 与 LPZ1 区的交界处连接到等电位连接带上，各线路还连到 LPZ1 与 LPZ2 区交界处的局部带电位连接带上。

可以看出图 7-11 所示中建筑物的外屏蔽连到等电位连接带上，里面的房间屏蔽连到两局部等电位连接带上。

从图 7-11 所示上可以看出外部防雷采用了避雷针、避雷带、引下线及接地体；内部防雷利用避雷器、屏蔽物、等电位连接带以及接地网。

可以看出防雷措施采取了防雷接地和电气设备接地两部分，从屋顶设置接闪器及引下线至接地体，防止直击雷，接地体与所有电器设备的接地构成等电位接地连接。

3 某工厂厂房防雷接地施工图

如图 7-12 所示为某一工厂厂房防雷接地平面图。从图上看出此厂房做了 10 根避雷引下线，引下线采用 φ8 镀锌圆钢，在距地 1.8m 以下做绝缘保护，上端与金属屋顶焊接或螺栓连接。

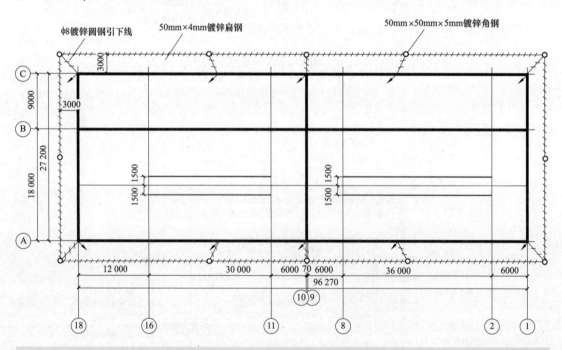

图 7-12　某工厂厂房防雷接地平面图（mm）

此厂房用 12 根 50mm×50mm×5mm 镀锌角钢做了 6 组人工垂直接地极，水平连接用了 50mm×4mm 镀锌扁钢，与建筑物的墙体之间距离为 3m。

此厂房防雷与接地共用综合接地装置，接地电阻不大于 4Ω，实测达不到要求时，应补打接地极。

参 考 文 献

[1] 何利民，等. 怎样阅读电气工程图（第2版）[M]. 北京：中国建筑工业出版社，1996.

[2] 王佳. 建筑电气识图 [M]. 北京：中国电力出版社，2008.

[3] 万瑞达. 建筑电气工程施工图识读快学快用 [M]. 北京：中国建材工业出版社，2011.

[4] 中国标准出版社. 电气制图国家标准汇编 [M]. 北京：中国标准出版社，2001.

[5] 王淑萍，等. 看图学建筑电气系统安装技术 [M]. 北京：机械工业出版社，2002.

[6] 夏国明. 建筑电气工程图识读 [M]. 北京：机械工业出版社，2010.

[7] 孙成明，等. 建筑电气施工图识读 [M]. 北京：化学工业出版社，2010.

[8] 冯波. 建筑电气工程图识读 [M]. 北京：机械工业出版社，2012.

[9] 赵宏家. 电气工程识图与施工工艺 [M]. 重庆：重庆大学出版社，2003.

[10] 张树臣. 建筑电气施工图识图 [M]. 北京：中国电力出版社，2010.